无人机复合材料结构设计与制造技术

符长青　符晓勤　曹兵　编著

U0195310

西北工业大学出版社

西安

【内容简介】 本书系统而全面地介绍了无人机复合材料结构设计与制造的主要内容和知识体系。全书共8章,主要内容包括无人机结构材料概述、复合材料的组分、无人机复合材料结构设计、无人机复合材料基础构件设计、无人机复合材料机身结构设计、固定翼无人机复合材料机翼和尾翼设计、旋翼无人机复合材料旋翼系统设计和无人机复合材料结构制造。每章后均附有习题。

本书既适合作为高等学校无人机、航空工程、复合材料、计算机(人工智能)及其相近专业的教材,也可作为从事无人机科研、生产和培训机构工作人员,以及广大航模爱好者的学习和培训教材;对于希望全面了解无人机复合材料结构设计与制造知识的读者也是一本有益的参考读物。

图书在版编目(CIP)数据

无人机复合材料结构设计与制造技术/符长青,符晓勤,曹兵编著. —西安:西北工业大学出版社,2019.3(2024.1重印)

ISBN 978 - 7 - 5612 - 6462 - 1

Ⅰ.①无… Ⅱ.①符… ②符… ③曹… Ⅲ.①无人驾驶飞机-复合材料-结构设计 ②无人驾驶飞机-复合材料-制造 Ⅳ.①V279

中国版本图书馆 CIP 数据核字(2019)第 038352 号

WURENJI FUHE CAILIAO JIEGOU SHEJI YU ZHIZAO JISHU

无人机复合材料结构设计与制造技术

责任编辑:何格夫　朱晓娟		**策划编辑**:杨　军	
责任校对:孙　倩		**装帧设计**:李　飞	
出版发行:西北工业大学出版社			
通信地址:西安市友谊西路 127 号		邮编:710072	
电　　话:(029)88491757,88493844			
网　　址:www.nwpup.com			
印 刷 者:兴平市博闻印务有限公司			
开　　本:787 mm×1 092 mm		1/16	
印　　张:17.5			
字　　数:460 千字			
版　　次:2019 年 3 月第 1 版		2024 年 1 月第 3 次印刷	
定　　价:59.00 元			

如有印装问题请与出版社联系调换

前　言

由于无人机机上"无人",其结构尺寸相对较小,经济性好,使用方便,可以进入危险恶劣的环境而不怕"牺牲"地工作,因此,无人机不但在军用方面被广泛应用,在民用方面的应用也越来越受到关注和重视。不论是军用还是民用无人机,减轻结构质量、缩小结构体积一直是现代无人机设计与制造追求的目标。只有严格控制结构质量系数,才能腾出质量空间让给燃油、有效载荷、补偿隐身带来的增重,满足轻结构、长航时、高隐身和高机动等技术要求。为了减轻无人机结构质量,除了采用合理的结构形式以外,最有效的方法是选用强度高、刚度大、质量轻、耐高温、抗低温、疲劳/断裂特性好、具有良好的加工性能,以及价格相对较低廉的新型高性能结构材料。

众所周知,航空飞行器的发展历程,是以材料性能的进步和提高为主要标志的,"一代材料,一代飞行器"是航空工业发展的生动写照。航空结构材料在很大程度上对航空飞行器的发展和创新起到了决定性作用。在物理学和化学领域中,人们常把材料按物理化学属性分为金属材料、无机非金属材料、复合材料等,因此航空结构材料通常也可分为金属材料、无机非金属材料和复合材料等。从 1903 年莱特(Wright)兄弟创造的固定机翼飞机滑跑起飞成功,到今天的 100 多年的时间里,航空结构材料至今已经历了三个大的发展阶段,即木布时代、金属时代和复合材料时代,目前已进入第三阶段——复合材料时代。

无人机结构设计中大量采用复合材料是结构减重的主要技术措施,如使用碳纤维复合材料、玻璃纤维复合材料、蜂窝夹层复合材料等。通常无人机除个别结构件(如起落架)采用金属材料外,机翼(或旋翼)、尾翼(或尾桨)、机身及各种天线罩、护板、蒙皮等结构件均大量使用复合材料。复合材料在无人机结构上的广泛应用对无人机结构轻质化、小型化和高性能化已经起到了至关重要的作用。

纵观世界各国的无人机,无一例外地大量使用了轻质、比强度高、比模量高、抗疲劳能力强、抗震能力强的结构复合材料。复合材料具有很强的可设计性,既可以设计出轻质、高性能、高气动弹性的结构,又可以很容易地在其表面喷涂隐身涂层,还可以添加不同的增强相从而降低高速下复合材料的损伤容限。此外,还可以在复合材料机体结构中埋入芯片或传感器,形成智能材料,对结构进行实时监测。无人机复合材料结构主要包括层合板结构、夹层结构、加筋板和格栅结构等。由于其具有很强的可设计性,在结构整体设计中可以大大减少无人机零部件的数量,采用复合材料整体化结构设计与制造技术已成为无人机发展趋势。

本书取材新颖、叙述方法深入浅出,注重无人机复合材料结构设计与制造的基础知识。但书中并不包括对烦琐数学公式的推导,而侧重讲述无人机复合材料结构设计与制造的相关技术,内容丰富、概念清楚易懂。

在本书编写过程中参阅了相关文献资料,在此,谨向其作者表示感谢。

由于水平与精力所限,书中难免有不妥之处,敬请各位同行、专家和读者批评指正。

编著者

2018 年 10 月

目　　录

第1章 无人机结构材料概述

本章主要内容包括以下方面:

(1)无人机结构设计相关的基础知识。

(2)航空结构材料的发展历程。

(3)无人机对高性能结构材料需求的意义。

(4)复合材料的基本概念。

(5)智能复合材料与隐身结构设计。

1.1 无人机结构设计相关的基础知识

本章首先介绍无人机结构设计相关的基础知识,包括基本概念和基本知识(如无人机及其结构的定义、无人机总体结构的类型等),它们属于无人机结构设计入门的知识;其次深入介绍和讨论无人机结构设计和制造的主要内容。

1.1.1 无人机及其结构的定义

1.无人机的定义

(1)航空飞行器的类型。

航空飞行器是指飞行动力依靠空气,只能在大气层内飞行的飞行器,如孔明灯、风筝、热气球、地效船、飞机、直升机和无人机等。航空飞行器根据其自身质量的比重(单位体积的质量)是否重于空气(大气)的比重,又分为以下两种:

1)无动力航空飞行器。一种自身质量的比重比空气的比重轻,如孔明灯、热气球等,或是靠风的推力升扬于空中,如风筝等,其特点都是不需要安装动力装置就能飞上天空,统称为无动力航空飞行器。

2)动力航空飞行器。自身质量的比重比空气的比重大,需要依靠动力装置提供飞行动力才能升空的航空飞行器,称为动力航空飞行器,包括固定翼飞机(简称"飞机")和旋翼飞行器(简称"直升机")等。其中飞机可分为有人驾驶飞机(简称"有人飞机")和无人驾驶飞机(简称"固定翼无人机")两类;直升机也可分为有人驾驶直升机(简称"有人直升机")和无人驾驶直升机(简称"旋翼无人机")两类。固定翼无人机和旋翼无人机统称为无人机。

(2)无人机的定义。

无人机(Unmanned Aerial Vehicle,UAV)就是无人驾驶飞行器(简称"无人飞行器")。它是指机上不搭载操作人员(飞行员)的一种动力航空飞行器,采用空气动力为飞行器提供所需的升力,能够携带有效载荷进行全自动飞行或无线引导飞行;既能一次性使用,也能进行回收或自动着陆,以便进行多次重复使用。它在无人机系统中全称为"无人机飞行平台",简称"无人机",是无人机系统中最基本、最重要部分。无人机的主要功能是承载各种仪器设备及任务载荷飞行到指定空域展开工作或进行战斗。

2.无人机结构的定义

所谓"结构"指的是受力系统,是能承受和传递载荷,并能保持足够强度和刚度的零部件的总称。无人机结构是能够承受和传递载荷的受力系统,外载荷在结构中以内力的形式传递,并最终实现相互平衡。它是构成无人机系统的基础,主要功能是承受和传递作用在它上面的各种载荷,维持一定的外部和内部形状,以满足无人机空气动力学、动力装置安装、结构静强度和疲劳强度、结构动力学、气动弹性力学、任务装载、飞行控制、生产工艺、使用维护和安全等各方面的要求。

无人机结构设计应保证结构在承受各种规定的载荷状态下具有足够的强度和刚度,不产生不能容许的残余变形,以及避免出现不能容许的气动弹性问题与振动问题,还应当具有足够的使用寿命等。但并不是要求强度和刚度愈大愈好,增大强度和刚度往往总是伴随着增加结构质量,从而影响无人机的飞行性能和有效载重,因此在满足一定的强度和刚度要求的前提下尽可能减轻结构质量。

1.1.2 无人机总体结构的类型

无人机按照其产生升力结构部件的不同,可分为固定翼无人机和旋翼无人机两大类。

1.固定翼无人机的总体结构

固定翼无人机的总体外形和基本结构与有人驾驶航空飞行器中的固定翼飞机(简称"飞机")相同。固定翼无人机总体结构主要由机翼、机身、尾翼、起落装置和动力装置(发动机)五个主要部分组成,如图1-1所示。机翼是固定翼无人机必不可少的关键部件,因为固定翼无人机必须依靠机翼产生向上的升力,克服重力,才能实现升空飞行。机翼的功用除了产生升力以外,同时也起到一定的稳定和操控作用。

固定翼无人机具有续航时间长、飞行速度快、飞行效率高和载荷大等优点,缺点是起飞降落时机场需要有长距离跑道,以及不能进行空中悬停等。

图1-1 固定翼无人机(全球鹰)总体结构示意图

2.旋翼无人机的总体结构

旋翼无人机的总体外形和基本结构与有人驾驶航空飞行器中的旋翼飞行器(简称"直升机")相同。旋翼无人机是指具有一个或多个由发动机驱动的旋转机翼(旋翼)的无人航空飞行器。

旋翼无人机总体结构的基本组成部分与有人直升机大致相同,其中单旋翼带尾桨无人机由旋翼系统、机体结构(机身)、涵道尾桨、起落装置和动力装置等主要部分组成,如图 1-2 所示。它与固定翼无人机在结构外形和飞行原理上的差别,使得它具有固定翼无人机所不具备的飞行特点:垂直升降,空中悬停,小速度前飞、后飞、侧飞,原地回转和树梢高度飞行等。其缺点是速度低、耗油量较高和航程较短等。

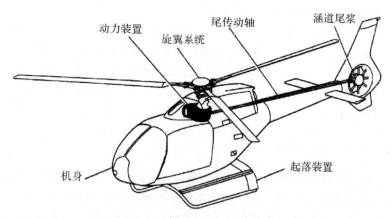

图 1-2　单旋翼带尾桨无人机结构示意图

旋翼是旋翼无人机的关键部件,旋翼绕主轴旋转时,每片桨叶与固定翼无人机的一个机翼类同。沿半径方向每段桨叶上产生的空气动力在桨轴方向上的所有分量的合成力,即为桨叶的总升力,所有桨叶的总升力合成构成旋翼总拉力,起到克服重力的作用。旋翼无人机旋翼由发动机驱动在空气中旋转,给周围空气以扭矩,因而空气必定以大小相等、方向相反的扭矩作用于旋翼,继而传递到机体上。如果不采取补偿措施,这个反作用扭矩将使机体发生逆向旋转。旋翼产生反扭矩的原理就好比人们用桨划船一样,如图 1-3 所示。

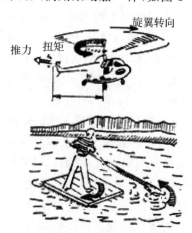

图 1-3　旋翼产生反扭矩的原理示意图

为了消除这个反扭矩作用以保持旋翼无人机机体的航向,可以采用不同的方式,因此出现了不同总体结构布局的旋翼无人机,包括单旋翼带尾桨式、双旋翼共轴式、双旋翼纵列式、双旋翼横列式布局、多旋翼式以及其他形式(如复合式、组合式、倾转旋翼式、涵道式等)。

1.2 航空结构材料的发展历程

材料是航空飞行器赖以存在和发展的物质基础,航空结构材料是泛指用于制造航空飞行器的材料。在人类航空发展史上,航空结构材料与航空飞行器两者是在相互推动下不断发展的,其中航空结构材料一直发挥着先导和基础作用。

航空飞行器的发展历程是以材料性能的进步和提高为主要标志的,"一代材料,一代飞行器"是航空工业发展的生动写照。航空结构材料在很大程度上对航空飞行器的发展和创新起着决定性作用。在物理学和化学领域中,人们常把材料按物理化学属性分为金属材料、无机非金属材料和复合材料等,同样地,航空结构材料通常也可分为金属材料、无机非金属材料和复合材料等。航空结构材料至今已经历了三个大的发展阶段,目前已进入第三阶段。

1.2.1 第一阶段:木布结构时代

在人类航空事业发展史的早期阶段(1903—1918 年),即从 1903 年莱特(Wright)兄弟创造的固定翼飞机滑跑起飞成功,到 1918 年的十多年的时间,飞机结构较为简单,主要用到的材料有木材、蒙布、金属丝和钢索等。这期间所有的飞机都是用木三夹板、木条等来做飞机大梁和飞机骨架,采用亚麻布做机翼的翼面,这一阶段被称为航空结构材料的木布结构时代,其代表作即世界上第一架飞机——莱特兄弟的"飞行者"号,该飞机为木制骨架、布蒙皮双翼机。

1.2.2 第二阶段:金属时代

从 1919 年世界上第一架金属飞机 F - 13 旅客机诞生之日起,直到 2004 年,在长达 85 年的时间,用于飞机制造的航空结构材料都是采用金属,或以金属为主,辅助以其他材料(如复合材料),因此这一阶段称为航空结构材料的金属时代。金属时代以金属材料制造的飞机为主,一般把金属用量达到整机结构材料总重的 51% 以上的飞机称为"金属飞机";把金属用量达到整机结构材料总重的 91% 以上的飞机称为"全金属飞机"。俗话说"坚强如钢",在人们的头脑中采用金属材料就意味着强度高、刚度硬、寿命长、稳定性好,这样的飞机才是品质优良的飞机。

通常航空结构材料金属时代又可细分为下面三个子时期(阶段)。

1. 铝、钢时期(从 1920 年到 1949 年)

飞机结构采用木质材料的缺点主要是很难提高飞机的强度、载重能力和飞行性能,而且木质材料具有吸湿性强、易燃、易腐蚀等许多缺点。为了取代木质材料,在航空结构材料发展的第二阶段,人们成功地研制出性能优异的铝合金,它是在铝中加入铜、锌、镁、锂、硅等元素形成的合金,具有较高的强度、刚度和较轻的质量,以及工艺性能优良、成型方便、成本低等其他合金所不能比拟的优点,成为许多航空飞行器的主要结构材料。

除了铝合金,这一阶段最重要的航空结构材料还包括合金钢。合金钢是在普通碳素钢基础上添加适量的一种或多种元素而构成的铁碳合金。根据添加元素的不同,采取适当的加工工艺,可获得高强度、高韧性、耐磨、耐腐蚀、耐低温、耐高温、无磁性等特殊性能。由于合金钢具有较高的强度,性能稳定,工艺简单,成本低廉,是制造承受大载荷的接头、起落架和主梁等构件最合适的材料之一。材料应用技术水平的提高也在推动起落架寿命的进一步延长和适应性的扩大。如空客 A380 大飞机起落架采用了超大型整体锻件锻造技术、新型气氛保护热处理技术和高速火焰喷涂技术,使得起落架寿命满足设计要求。由此可知,新材料和制造技术的进步确保了飞机的更新换代。

(1)铝合金材料的出现。

1906 年德国工程师 Wilm(威尔姆)在一次实验中,发现含有一定成分其他金属的铝合金其硬度和强度均有所增加,这就是世界上第一种铝合金。后来由杜拉金属公司制造成功,故被称为杜拉铝。杜拉铝属于可热处理强化铝合金,具有较高的力学性能,比镁铝合金更轻、更薄,硬度是铝镁合金的两倍。1919 年德国容克斯公司设计制造出世界上第一架全金属飞机 F 13 旅客机,机翼用 9 根杜拉铝管作翼梁以承担弯矩,用波纹铝板作蒙皮以承担扭矩。该机于 1919 年 6 月 15 日首次试飞成功,这在国际民航史上占有重要地位。到 20 世纪 30 年代,金属(主要是铝合金和钢)才逐渐成为普通的常用的飞机结构材料。

(2)铝合金的发展。

变形铝合金采用熔融法制备,再经受金属塑性变形加工,可制成各种形态的铝合金,适宜于用作飞机结构材料;铸造铝合金可用金属铸造成型工艺直接获得零件的铝合金,适宜于作航空发动机结构材料。

1)20 世纪 20 年代,美国在铝合金中增加了硅的含量,研制出 2014 铝合金,进一步提高了铝合金的抗拉强度。

2)20 世纪 30 年代,美国在铝合金中又增加了镁的含量,并稍稍增加了铜的含量,研制出性能更好的 2024 铝合金(超杜拉铝合金),进一步提高了塑性。至今它都是飞机结构的主要材料。

3)1937 年日本五十岚勇研制成功超强铝合金 ESD(超高级杜拉铝),应用于日本的零式战斗机。这种铝合金比钢还硬。有了这种金属零式战斗机设计时就采用了很细的飞机框架,并且敢在上面钻减重孔,此外铆钉尺寸也非常小,在能保证战机结构强度的情况下大大减轻了飞机质量。不久,美国获得了零式飞机的合金样本,研制出了 7075 铝合金,并将其用于 B-29 轰炸机。

4)1943 年美国埃肯公司研制成功新合金 75S,加入了铬,使得合金的抗腐蚀性得到改善,从 20 世纪 40 年代开始,合金 75S 广泛用于飞机结构材料,是航空结构材料史上一次重大突破。

5)1954 年美国埃肯公司研发出 2219 铝合金,用作在 260~316℃下工作的部件。

6)1969 年,随着高速飞机出现,美国凯瑟公司为了提高材料的疲劳、断裂性能,研制出 7049 及 7050 铝合金,应用到美国 F-111,F-5,B-52 和 DC-10 等军用和民用飞机上。

7)近年来,面对航空碳纤维(Carbor Fiber,CF)复合材料的崛起与竞争,人们成功研发出了铝锂合金材料,其气动性更好、防腐能力更强、质量更轻,并且其制造、运行、维修成本更低。在新型航空飞行器设计制造中,采用铝锂合金材料可使原铝合金零部件的质量减轻 14%~30%。铝锂合金材料已成为包括新一代航空飞行器在内的关键性结构材料。铝锂合金材料被运用在先进的特大型民用飞机上,例如空客 A380 选用铝锂合金材料制造地板梁、机身蒙皮和地板结构等,其用量达总结构质量的 23%。

2. 铝、钢、钛时期(从 1950 年到 1969 年)

在飞机速度不断提高的过程中,遇到的第一个关口是"声障"。飞机在突破"声障"以后,随着速度的提高,又会遇到一个新关口——"热障",热障的出现使飞机结构材料面临新课题。实验表明,当飞机以 $Ma=2.0$ 的速度在同温层飞行时,机头温度可达 120℃;当飞行速度提高到

$Ma=3.0$ 时，机头温度可达 370℃。此时，作为飞机主要结构材料的铝合金，材料性能急剧下降，无法在高温环境下长期工作，从而造成飞机结构破坏，危及飞行安全。

由于铝合金所能承受的温度载荷有限，从 20 世纪 50 年代开始，航空结构材料进入了包含铝、钢、钛合金时期。钛合金具有比强度高、耐腐蚀性好和耐高温等一系列优点，能够进行各种方式的零件成型、焊接和机械加工，因而在先进飞机及发动机上获得了广泛应用。钛合金在飞机结构上的应用始于 1949 年，钛合金首次用在 F-86 战斗机后机身隔热板、导风罩和机尾罩上，约占全机结构质量的 1%。钛合金用量占飞机结构的质量分数曾经成为衡量飞机用材先进程度的重要标志之一，例如 SR-71"黑鸟"是美国空军曾经使用的一款长航程、超声速战略侦察机，于 1964 年 12 月 22 日首飞，1966 年 1 月服役，1998 年退役。因其 93% 的机体结构采用了钛合金，号称全钛飞机，所以"黑鸟"顺利地越过了"热障"，创造了 3.3 倍声速的世界纪录。

当然在这一时期，除了高超声速飞机要比较大量地使用钛合金以外，其他非高超声速飞机主要还是使用铝合金和合金钢材料，但钛合金所占的比例有所增加，或者是有相当明显的增加，也有的飞机钛合金的用量相当于或超过铝合金材料用量。

3. 过渡时期（从 1970 年到 2004 年）

在人类航空事业发展史上，减重是航空飞行器发展所一直追求的主要目标。虽然金属材料的性能有很大提高，但是单单依靠提高金属材料性能来进一步降低飞机结构质量系数（即飞机结构质量与飞机起飞质量的比值）已达到了限度。为此，航空结构材料和结构设计师们不得不寻求新的途径，世界上各主要航空大国都对航空飞行器结构设计所用的高性能材料的研发工作给予高度重视，投入了大量的研发资金，并取得了非常突出的进展和成绩。

材料科学的发展造就了高强度、高模量、低密度的碳纤维，从而掀开了先进复合材料时代的序幕。日本于 1959 年首先发明了聚丙烯腈（PAN）基碳纤维，并于 20 世纪 60 年代初将其投入工业化生产，70 年代中期以碳纤维为增强相的先进复合材料诞生。所谓复合材料就是运用技术方法将不同性质的材料分化后组合而成的新材料，它需要满足以下条件：

1）必须是人工合成的材料和根据需要设计的新材料才能是复合材料。

2）复合材料必须是两种以上的性质不同材料相组成，并且各组成部分之间没有明确的界限存在。复合材料不仅可以取不同材料的优点，还能使不同材料间的性质更加接近互补。

从 20 世纪 70 年代到 21 世纪初，高比强度、高比刚度且能按控制结构变形要求来设计的纤维增强树脂基复合材料，为航空高性能结构材料的发展打开了一扇充满希望的大门。由于人们最初对复合材料结构的对环境敏感性和损伤破坏机理不是很清楚，复合材料只用在固定翼飞机的舱门、整流罩、尾部安定面等非主要受力结构上，逐步扩展应用到机翼、旋翼和机身等主承力结构上。

这一时期，航空结构材料虽然仍以铝、钢、钛金属材料为主，但复合材料在飞机结构上的应用已经受到越来越受到世界各国的重视，并逐步普及开来。以美国军用有人驾驶军用飞机的发展过程为例，从第三代战斗机（如 F-15，F-16 和 F-18 等）到第四代战斗机（如 F-22）的材料需求，以进一步减重、提高飞机推重比和机动性，以及忍耐飞行中带来的热负荷和具有隐身功能为目标，逐步减少传统金属加工的比例，优先发展复合材料制造，使复合材料的质量分数增至 40%（如 F-22）以上。F-22 战斗机，绰号"猛禽"，是美国一型单座双发高隐身性第五代战斗机，是世界上第一种进入服役的第五代战斗机。F-22 战斗机结构设计中大量采用复合材料，复合材料用量占全机总质量 40%，应用整体化技术使金属零部件用量减少了 95%，各种紧固件用量减少了 96％,而复合材料结构件本身也从 600 个零部件减少到 200 个,复合材料的用量也减少了 66％。其隐身性能、灵敏性、精确度和态势感知能力结合,组合其空对空和空对地作战能力,使得它成为当今世界综合性能最佳的战斗机。

　　由美国贝尔公司和波音公司联合设计制造的一款倾转旋翼直升机 V-22 鱼鹰直升机,整机结构有超过 51％为复合材料制造,包括旋翼系统、机身、机翼和尾翼等,成为世界上第一款复合材料军用飞机。它兼具直升机和固定翼螺旋桨飞机的优点,从垂直起飞到水平飞行的转换是自动完成的,如图 1-4 所示。执行飞行任务时有超过 70％时间以固定翼飞机模式飞行,最大速度可达 650km/h,最大悬停质量可达 21 800kg,最大航程可达 3 890km,如果进行空中加油,该机具有从美国本土直飞欧洲的能力,而常规直升机的航程很少超过 1 000km,最大速度通常也小于 300km/h。

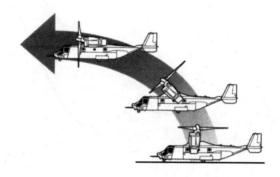

图 1-4　V-22 从垂直起飞到水平飞行的转换示意图

　　表 1-1 列出了美国主要有人驾驶军用飞机结构设计所采用的四种材料比例的变化情况。

表 1-1　美国主要军用飞机结构设计所用四种材料比例的变化　　　　单位:％

机　种	设计年代	复合材料	钛合金	铝合金	钢
F-14	1969 年	1	24	39	17
F-16	1976 年	2	3	64	3
F-18	1978 年	10	13	49	17
AV-8B	1982 年	26	9	49	15
B-2	1988 年	28	26	19	6
F-22	1989 年	40	37	11	5
V-22	1989 年	51	26	12	4

　　从表 1-1 可以看出,美国主要军用飞机结构材料使用的复合材料数量,从 20 世纪 70 年代的微不足道,发展到 51％只用了 20 年的时间。这 20 年的时间可以视为航空结构材料从"金属材料"向"复合材料"方向转变的过渡时代。

　　航空飞行器复合材料技术是随着航空结构材料科学的发展而逐步发展起来的,不仅是军用飞机,各国民用飞机也都在朝着大量使用复合材料的方向发展,如图 1-5 所示。从图 1-5可以看出,20 世纪 60 年代中期,随着碳纤维的诞生,以碳纤维为主要增强材料的先进复合材料也随之问世,70 年代中开始应用于航空飞行器结构上,并以其高比强度、高比刚度、可设计性强、疲劳性能好、耐腐蚀、多功能兼容性、材料与构件制造的同步性和便于大面积整体成型等特点,在航空领域的应用日益广泛,是继铝、钢、钛之后已迅速发展成最重要的航空飞行器结构材料。新一代大型民用飞机(如波音787和A350)复合材料的质量分数超过51%以上,成为名副其实的复合材料大型民用飞机。

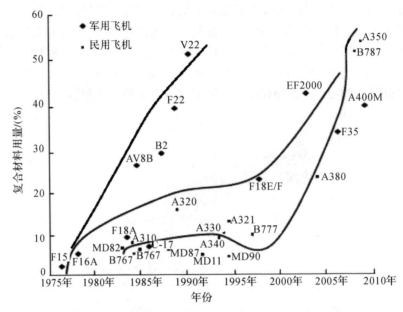

图1-5　典型军用和民用飞机复合材料用量发展趋势图

1.2.3　第三阶段:复合材料时代

前面已经定义了航空结构材料的"金属时代"是指航空飞行器结构所使用的材料以金属(铝、钢、钛等)为主的时间段,同样道理,如果新研制的航空飞行器结构所使用的航空结构材料以复合材料为主,即新研制的绝大多数飞行器结构的复合材料用量达到或超过结构总质量的51%,而金属材料及其他一些材料(如木材和化工材料等)只起到辅助材料的作用(质量分数低于49%),那就可以称该时间段为航空结构材料的"复合材料时代"。现代高性能复合材料与金属(铝、钢)相比,意味着结构强度更高、刚度更大、质量更轻、耐高温、抗低温、疲劳/断裂特性好、具有良好的加工性能,以及价格相对较低廉等。

如果航空飞行器结构所使用的复合材料的质量达到或超过全机结构总质量的51%,则可定义该飞行器为复合材料飞行器;如果复合材料的质量达到或超过结构总质量的91%,则可定义该飞行器为全复合材料飞行器。2005年10月美国贝奇飞机制造公司制造出世界上第一架全复合材料密封固定翼飞机,复合材料的质量达到全机结构质量98%。它是一架载客用的民用飞机,载客10人,由2 600个部件组成,部件数量要比全金属同类型飞机少了30%,部件数量少也会降低发生事故的概率。它使用了耐热性能好的碳纤维层,中间夹有环氧化物、石墨和环氧化物的保护层包裹着一种蜂窝状材料。这种复合结构要比全金属结构普遍使用的铝、钢和钛的金属材料轻一半,强度和耐热性几乎相同,具有结构载重效率高、质量轻、安全性好、航速快等优点。

虽然从 21 世纪初(2001 年)开始的头五年,世界上新设计研制的航空飞行器型号,大多数的复合材料的质量都已经超过结构总质量的 51% 以上,即达到了以"复合材料为主,金属材料为辅"的标准,但人们还是认为,2005 年诞生的第一架全复合材料飞机是航空结构材料发展史上发生的一件具有历史意义的重大事件,它标志着航空结构材料的发展已从全金属时代进入到了复合材料时代,因此人们把 2005 年作为航空结构材料的"复合材料时代"元年。航空飞行器从金属时代迈向复合材料时代是航空结构材料发展的必然结果。

发展航空高性能结构材料,尤其是先进复合材料已成为世界上各主要航空大国的战略任务。例如,美国政府的"高技术发展战略"计划,以及美国政府的"关键技术报告"和美国国防部投资计划中都把航空高性能结构材料列为最优先发展项目。此外,西欧、日本、俄罗斯等国家也不甘落后,竞相大力发展航空飞行器所需的高性能结构复合材料,争取技术优势,以提高航空飞行器的战术性能。

复合材料属于新型高性能结构材料。随着复合材料先进技术的成熟,其性能最优和低成本成为可能,这大大推动了复合材料在航空产品上的广泛应用。现在,复合材料以质量轻、比强度高、耐磨损等优势已经成为航空飞行器结构材料的首选,即成为新一代航空飞行器的主体结构材料,其使用量比例也成为衡量一种机型先进性的指标。航空飞行器结构从全金属时代进入了复合材料时代,航空金属材料将成为飞机的"补充"结构材料,而不再作为飞机"常规"结构材料而存在。

航空用的复合材料种类不少,其中的绝对主力就是树脂基碳纤维复合材料。这是因为碳纤维是目前已知的比强度、比刚度最好的材料,它比铝合金还要轻,比合金钢还要硬,其密度是钢的 1/4,比强度是钢的 10 倍,而且化学组成非常稳定,还具有高抗腐蚀性,非常适用于航空飞行器结构。

1.3　无人机对高性能结构材料需求的意义

高性能结构材料是指那些具有高强度、高韧性、耐高温、耐磨损、抗腐蚀等特殊性能的材料,其中主要是指复合材料。复合材料是由基体材料(包括树脂、金属和陶瓷等)和增强剂(有纤维状的、晶须状的和颗粒状的等)复合而成的。复合材料的力学性能和功能,可以根据实际需要,通过适当选材和优化设计来获得。复合材料是目前国际上竞争最激烈的高技术新材料领域之一。

1.3.1　无人机对高性能结构材料的需求和实例

1. 无人机对高性能结构材料的需求

无人机机上"无人",结构尺寸相对较小,经济性好,使用方便,可以进入危险、恶劣的环境而不怕"牺牲"地工作,因此,无人机不但在民用上被广泛应用,在军事方面的应用也越来越受到关注和重视。随着无人机技术的进步和应用领域的延伸,未来战争必然向"信息化、无人化、智能化"发展,随之而来的是,无人机系统在先进战斗力生成和体系作战中将发挥持续而强劲的作用。

无人机包括无人作战机,无人侦察机和各种小型、微型、超微型无人机。军用无人机具有的低成本、轻结构、高机动、大过载、高隐身和长航程的技术特点,决定了其对减重的迫切需求,因此复合材料的使用比例都很大,这鲜明地体现了飞机结构复合材料化的趋势。

与此同时,对无人机结构设计的要求也就越来越高,其中包括无人机结构设计对减重有特殊的需求。减轻结构质量、缩小结构体积一直是无人机设计追求的目标。只有严格控制结构质量系数,才能腾出质量空间让给燃油、有效载荷、补偿隐身带来的增重,满足轻结构、长航时、高隐身、高机动等技术要求。为了减轻无人机结构质量,除了采用合理的结构形式以外,最有效的方法之一是选用强度高、刚度大、质量轻、耐高温、抗低温、疲劳/断裂特性好、具有良好的加工性能,以及价格相对较低廉的新型高性能结构材料。

无人机结构设计中大量采用复合材料结构是机体结构减重的主要技术措施,复合材料在无人机领域已成为主要结构材料,如使用碳纤维复合材料、玻璃纤维复合材料和蜂窝夹层复合材料等。通常,无人机除个别结构件(如起落架)采用合金钢外,机翼、旋翼、尾翼、尾桨及各种天线罩、护板、蒙皮等结构件均大量使用复合材料。复合材料在无人机结构上的广泛应用对无人机结构轻质化、小型化和高性能化已经起到了至关重要的作用。

目前,在各种无人机上大量使用高性能材料已是不争的事实,这为复合材料技术的发展和应用提供了大好机遇。

2. 现代无人机结构大量使用复合材料

现在,随着人工智能技术的高速发展,无人机的发展进入了一个崭新的时代。性能各异、技术先进、用途广泛的各种新型无人机不断涌现。随着自主化与自动化的融合,无人机系统可以组成群(一个操作手指挥多架次多任务无人机开展行动),实现集中、不间断和规模化的攻击。无人机的发展经历了爆炸性增长过程,促使航空新型高性能结构材料的发展方向、重点领域和技术正在出现新的大规模突破。

综观世界各国的现代无人机,无一例外地大量使用了复合材料。复合材料具有很强的可设计性,既可以设计出轻质、高性能、高气动弹性的结构,又可以很容易地在其表面喷涂隐身涂层,还可以添加不同的增强相降低高速下复合材料的损伤容限。此外,还可以在复合材料机体结构中埋入芯片或传感器,形成智能材料,实现对结构实时监测。无人机复合材料结构主要包括层合板结构、夹层结构、加筋板和格栅结构等,由于其具有很强的可设计性,在结构部件的整体设计中可以大大减少无人机零部件数量,采用复合材料整体化结构设计与制造技术已成为无人机发展趋势。

3. 无人机结构大量使用复合材料的实例

(1)"捕食者"无人机。

"捕食者"无人机是美国通用原子航空系统公司研制的"中海拔、长航时"大型无人机,是目前世界上装备数量和累计飞行时数最多的察打一体无人机之一。

"捕食者"无人机除机身大梁外全机由复合材料制成(复合材料结构质量占85%),如图1-6所示。机长8m,机体高度2.1m,机翼翼展17m,空重512kg,最大起飞质量1 020kg,发动机采用一台86kW的涡轮增压活塞式四缸发动机。其飞行速度220km/h,升限7 620m,最大活动半径3 700km,续航时间40h。

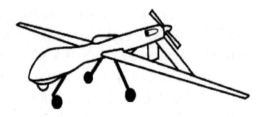

图1-6 "捕食者"无人机示意图

（2）"全球鹰"无人机。

"全球鹰"无人机是由美国诺斯罗普·格鲁曼公司研制的"高海拔、长航时、高速"无人侦察机，是目前世界上续航时间最长、高度最高和航程最远的无人机系统型号之一，如图 1-7 所示。

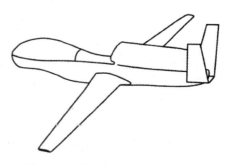

图 1-7　"全球鹰"无人机示意图

"全球鹰"无人机相貌不凡，看起来很像一头虎鲸。它身体庞大、双翼直挺，翼展 39.9m，超过波音 737 客机，球状机头将直径达 1.2m 的雷达天线隐藏了起来。其起飞质量高达 13t，最大飞行速度 740km/h，巡航速度 635km/h，航程 26 000km，飞行高度 18 000m，续航时间 42h，可从美国本土起飞到达全球任何地点进行侦察。

"全球鹰"无人机除机身主结构为铝合金的外，其余均为复合材料制成，包括机翼、尾翼、后机身、雷达罩和发动机整流罩等，复合材料的质量约为结构总质量的 65%。其中复合材料机翼长达 35 m，长于 B737 的机翼，翼内为整体油箱，前后缘均为蜂窝夹层结构。

（3）"X-45C"无人机。

"X-45C"是美国波音飞机公司为美空军研制的无人战斗机，采用高度翼身融合的无尾式飞翼布局，机长约 11.9m，翼展 14.9m，空重 3 629kg，燃油重 1 220kg，如图 1-8 所示。其外部结构为复合材料结构（95% 以上结构质量为复合材料），是一种全复合材料固定翼无人机。X-45C 的巡航高度为 12 192m，巡航速度为 $Ma=0.8$，武器载荷达 2 041kg，作战半径超过 2 222km。为了尽可能地降低结构质量，无人战斗机结构的一个显著特点就是大量应用复合材料，且远远超过有人战斗机的应用水平。

图 1-8　"X-45C"无人战斗机示意图

1.3.2　无人机结构使用复合材料的意义及其局限性

无人机复合材料结构的大量应用说明，复合材料无人机结构技术已日趋成熟。采用复合材料带来的结构效益不仅在于材料具有的高比强度、高比刚度带来的结构减重效益，而且还包括材料优异的疲劳性能和耐介质腐蚀性能，使机体寿命延长和维修间隔延长，以及通过结构优化设计、材料和工艺改进带来的结构性能和功能、效能的改善与提高，使运营成本下降等综合效益。

1. 无人机结构大量使用复合材料的意义

1) 先进复合材料与传统金属材料相比,具有比强度和比刚度高、热膨胀系数小、抗疲劳能力和抗震能力强的特点,将它应用于无人机结构中可以减重25%~30%。树脂基复合材料具有结构质量轻、复杂或大型结构易于成型、设计空间大、比强度和比刚度高、热膨胀系数小等诸多优点。

2) 复合材料结构的优点是能够整体成型,从而大大减少零件数量,降低制造成本。

3) 具有隐身设计的无人机多半采用高度翼身融合的飞翼式总体布局,需要结构上的大面积整体成型。先进复合材料本身具有可设计性,在不改变结构质量的情况下,可根据无人机的强度刚度要求进行优化设计;在设计制造技术上满足了大多数无人机在高度翼身融合结构所需的大面积整体成型这一特点。

4) 通常多用的聚合物基复合材料是一种非金属材料,具有特殊的电磁性能,研究改性后具有一定的隐身功能,有希望实现无人机结构-功能一体化,以达到和满足无人机高隐身的技术要求。

5) 复合材料具有优异的耐腐蚀性能,可满足无人机在各种环境条件下长储存寿命的特殊要求,降低使用维护的寿命周期成本。

6) 采用复合材料的结构不仅能减轻质量,而且能控制结构变形。最突出的是用复合材料的机翼可以使机翼设计成在特定的飞行条件下,其受载变形后达到最有利的气动性能,这种设计称为气动弹性剪裁。在使用复合材料前,有优良的大迎角气动性能的前掠翼,因气动弹性发散而得不到发展。

7) 复合材料易形成智能材料,智能结构可与自适应结构融合,能为无人机大展弦比、高升阻比机翼提供气动特性和颤振主动控制以及柔性机翼的主动控制技术提供发展空间。

综上所述,无人机结构材料需要采用复合材料,其结构设计为复合材料结构设计。

2. 复合材料还不具备完全取代金属材料的条件

从军用无人机到民用无人机、从小型旋翼无人机到大型固定翼无人机,从小零件到机体主结构,在一般人心目当中,复合材料俨然已经成为"先进"材料的代名词。然而,现实情况是无人机上如何合理应用复合材料仍然是一个复杂课题,可以确定的是在无人机结构设计中复合材料还不具备完全取代金属材料的条件。复合材料的复杂性在于它仍然存在一些缺点,人类对它的认识仍然有限。

虽然复合材料在比强度、比刚度、抗腐蚀等方面较金属材料有很大优势,但是复合材料十分容易"受内伤",对外来物冲击比较敏感。比如一个地勤人员在维护无人机时,不小心碰了无人机的蒙皮,如果是金属材料,会很容易发现机体瘪进去了一块,从而引起维护人员的注意;而若是复合材料,则其表面几乎没有任何变化,但内部的损伤就很难发现了。因此,现在使用复合材料的大型客机要在机体内大量安装传感器,以随时监测材料的变化。美国航空公司每年为此种损伤检测成本高达20亿美元,即使是这样依然不能完全阻止灾难的发生。例如2001年11月12日清晨,一家美国航空公司的587号航班准时从机场跑道上起飞,然而几分钟后,客机坠毁,机上全部乘客和机组人员,以及地面上五名无辜生命,全部遇难。2005年3月6日,一架飞往加拿大航班961号班机,在距佛罗里达海岸6mi(1mi≈1 609.344m)的高空,突然发生复合材料方向舵断裂的险情。6个月后,同样的险情又发生了一次。事故起因是一个地面维护人员在对另一架装有碳复合材料的方向舵和尾翼的"空中客车"做例行维修检查的时候,不小心把方向舵上的一部分弄坏了,结果发现方向舵的内层剥落了。但无人机机上无人,因此不必担心会发生机毁人亡的特大事故,这也是无人机上采用复合材料的比例远远大于载人客机的重要原因之一。

在无人机结构设计中复合材料还不具备完全取代金属材料的原因,还有就是复合材料不能类似于金属构件那样得到精确的几何或构型尺寸,特别是对于大型整体化复杂复合材料结构,往往可能因为一个较小的局部结构制造变形,最终会造成大型整体化复杂结构产生很大的变形,不能用于无人机部件的组合装配,因而只能采用金属材料。

根据复合材料在航空飞行器(包括无人机)上实际使用情况的统计资料表明,目前复合材料的主要缺点有以下几点,需要进一步改进和完善。

1)抗冲击性差。

2)层间剪切强度和横向强度低。

3)长期耐高温及耐老化性能差。

4)工艺质量不够稳定,材料性能的分散性大。

5)复合材料是非规范化的,存在较大的变异性。

3. 结论

通常认为无人机结构采用复合材料质量占全机结构总质量的百分比达到 51% 以上,即可认为是"复合材料无人机"。现在,虽然在无人机结构设计中尚需要采用少量的金属和其他材料,但这并不妨碍其结构设计采用复合材料为主,只是辅以少量金属及其他材料的基本事实,即定义为复合材料为主的"无人机复合材料结构设计"这一明确的主题。换而言之,在航空结构材料正处于复合材料时代的今天,"无人机结构设计"实质上指的就是"无人机复合材料结构设计"。为此,人们需要更深入细致地探讨和了解有关复合材料的构成、特性、工艺方法和检测技术等内容。复合材料对外来物的冲击敏感,会给结构损伤容限带来了不少麻烦,因此,无人机复合材料结构的效益在相当大的程度上取决于结构设计师(包括结构分析师)和制造工艺师对复合材料认知水平和经验积累及其合作的程度。

1.4　复合材料的基本概念

复合材料是材料家族中最年轻、最活跃的新成员之一,所谓"复合"是指在金属材料、有机高分子材料和无机非金属材料自身或相互间进行,从而获得单一材料无法比拟的、综合性能优异的新型材料。复合材料可保留组分材料的主要优点,克服或减少组分材料的许多缺点,也可能产生新的优异性能或弱点,复合材料性能不仅受基体材料、增强材料及其界面性能的影响,在很大程度上还受制造技术的影响。

1.4.1　复合材料的定义、组分和界面

复合材料并不是人类发明的一种新材料,因为在自然界中自古以来就存在许许多多的天然复合材料。例如,树木和竹子是纤维素和木质素的复合体,动物的骨骼则由无机磷酸盐和蛋白质胶原复合而成。这些天然复合材料在与自然界长期抗争和演化的过程中形成了优化的复合组成和结构形式,达到了最优的强韧组合。人类很早就接触和使用各种天然复合材料,并仿效自然界制造各种各样的复合材料。

1.复合材料的定义

(1)复合材料的定义。

从广义上讲,复合材料是由两种或两种以上物理和化学性质不同的物质组合而成的一种多相固体材料,它既保持了原组分材料的主要特点,又具备了原组分材料所没有的新性能。但在现代材料学界中,人们采用的是狭义定义,即将复合材料定义为:用经过选择的、含一定数量比的两种或两种以上的组分,通过人工复合、组成多相、三维结合且各相之间有明显界面的、具有特殊性能的固体材料。

上述复合材料的狭义定义较易被人们普遍接受,它不仅明确指出了复合材料是"通过人工复合的"和"有特殊性能的"材料,而且还指明了复合材料的组分、结构特点及与其他种材料(如简单混合物、化合物和合金)的特征区别。

根据上述复合材料的定义,复合材料应不包括自然形成的具有某些复合材料形态的物质、化合物、单相合金和多相合金。复合材料中存在两种或者两种以上的物理相,可以是连续的,也可以是不连续的。其中连续的物理相称为基体材料,而不连续的物理相以独立的形式分散在连续的基体中,即分散相。如果分散相对材料起到增强作用,则称增强材料。现代增强材料也有连续的情况,例如三维编织用于复合材料的增强材料。

在复合材料的两种主要组分(即基体和增强材料)中间存在着一个界面,界面对复合材料的性质也起到非常重要的作用。基体材料、增强材料及复合方式(界面结合形式)构成了复合材料的三要素,大部分复合材料是根据这三要素进行分类的。增强体(如纤维)和基体材料这两大构成部分的关系可以简单地理解为"骨头"和"肉"的关系,增强体是复合材料的关键组分,是"骨头",它主要起承载、提高强度、改善性能的作用;基体是"肉",起着黏结纤维和其他功能填充材料、传递载荷的作用;作为第三要素的界面是增强体和基体相连接的桥梁,同时是应力的传递者。

(2)复合材料定义的内涵。

从复合材料的定义中可以看出,复合材料可以是一个连续物理相与一个分散相的复合,也可以是两个或者多个连续相与一个或多个分散相在连续相中的复合,复合后的产物为固体时才称为复合材料。若复合产物为液体或气体时,就不能称为复合材料。复合材料既可以保持原材料的某些特点,又能发挥组合后的新特征,它可以根据需要进行设计,从而最合理地达到使用所要求的性能。复合材料的定义的内涵如下:

1)复合材料具有可设计性。复合材料的组分和相对比例是由人工选择和设计的。

2)复合材料是由两种或两种以上不同性能的组元材料通过宏观或微观复合形成的一种新型材料,组元之间存在着明显的界面。

3)复合材料是人工制造的而非天然形成的。

4)组成复合材料的某些组分在复合后仍然保持其固有的物理和化学性质(区别于化合物和合金),但能赋予复合材料以优良的特殊性能。

5)复合材料的性能取决于各组成相性能的协同。复合材料具有新的、独特的和可用的性能,这种性能是单个组分材料性能所不及或不同的,它优于单个组元的性能,特别是强度、刚度、韧性和高温性能。

2.复合材料的组分

组分是指混合物的组成成分,复合材料的组分是指构成复合材料的组元材料。由于复合材料是由多组分构成的,其性能直接受各组分的性能、配比、相几何等因素影响。各组分材料虽然保持其相对独立性,但复合材料的性能却不是组分材料性能的简单加法之和,而是有着重要的改进。一般复合材料的性能优于其组分材料的性能,并且有些性能是原来组分材料所没有的,复合材料改善了组分材料的刚度、强度和热学等性能。人们生活中经常用到的胶合板、钢筋混凝土、夹布橡胶轮胎和玻璃钢等都属于复合材料。

复合材料的组分可分为基体组分和增强组分两部分。基体组分采用各种树脂或金属、非金属材料,增强组分采用各种纤维状材料或其他材料。其中增强材料(组分)在复合材料中起主要作用,由它提供复合材料的刚度和强度。基体材料(组分)起配合作用,它用来支持和固定增强材料、传递增强材料之间的载荷、保护增强材料等。当然,基体材料也可以改善复合材料的某些性能,如要求密度小,则选择树脂作为基体材料;要求有耐高温性能,可用陶瓷作为基体材料;为得到较高的韧性和剪切强度,一般考虑用金属作为基体材料。

复合材料的性能不仅取决于组分材料各自的性能,还依赖于基体材料与增强材料的界面性质。两者黏合性好,能形成较理想的界面,对于提高复合材料的刚度和强度是很重要的。

3.复合材料的界面

由于组成复合材料的几相材料中(至少有两相),一般有一相以溶液或熔融流动状态与另一相或其他相接触,然后进行物化(固化)反应使相与相之间结合在一起。而两相互相作用的结果即生成复合材料的界面。因此界面并不是单纯的一个几何面,而是一个过渡区域。一般来说,这个区域是从与增强物内部性质不同的那一点开始到基体内与基体性质一致的某点终止。该区域材料的结构与性能不同于两相组分材料中的任一相,称此区域为界面相或界面层。

界面对复合材料的性能具有很大的影响,如刚度、疲劳、裂纹及韧性等重要力学参数。界面的微观结构包括界面的组成和结构、界面区的成分及其分布、近界面基体一侧的位错密度及其分布等,复合材料的界面会受到温度、与基体和增强剂结构性能匹配度等各种因素的影响,而且这些因素的影响作用几乎是决定性的。测定界面性能的方法主要有单丝拔出试验、微脱黏试验,以及微压痕试验、双悬臂梁法等非直接方法。

1.4.2　复合材料的发展历程和分类

1.复合材料的发展历程

人类在远古时代就从实践中认识到,可以根据用途需要,组合两种或多种材料,利用性能优势互补,制成原始的复合材料。所以,复合材料既是一种新型材料,也是一种古老的材料。复合材料的发展历程大体上分为古代复合材料和现代复合材料两个阶段。

(1)古代复合材料。

人类开发利用复合材料起源于远古时代,我国考古工作者有很多发现,如以下实例:

1)早在公元前 2000 年以前,人类就开始制造复合材料。例如,在西安东郊半坡村仰韶文化遗址,发现公元前 2000 年前古代人就用草茎增强土坯作为住房墙体材料。

2)中国沿用至今的漆器是用漆作基体,麻绒或丝绢织物作增强体的复合材料,这种漆器早在 7 000 年前的新石器时代即有萌芽。

3)湖南长沙马王堆汉墓出土的漆器鼎壶、盆具和茶几等,用漆作黏合剂,丝麻作增强体。

4)元代蒙古弓用木材芯子受拉面贴单向纤维,受压面黏牛角片,丝线缠绕,漆作黏结,弓轻巧有力,是古代复合材料中制造水平高超的夹层结构。

(2)现代复合材料。

20世纪40年代玻璃纤维和合成树脂大量商品化生产以后,纤维复合材料发展成为具有工程意义的材料,同时与之有关的研究设计工作相应地开展,这可以认为是现代复合材料的开始也是对复合材料进入理性认识阶段。早期发展出的现代复合材料,由于性能相对较低,生产量大,使用面广,被称为普通复合材料。后来随着高技术发展的需要,在此基础上又发展出性能高的先进复合材料。

现代复合材料的发展过程,大致可分为以下四个阶段。

1)第一阶段:1940—1960年,主要生产和应用玻璃纤维强化塑料,这种塑料属于普通复合材料。

2)第二阶段:1960—1980年,先进复合材料的发展始于20世纪60年代,这一阶段研制和生产出高强度、高模量的碳纤维,以碳纤维、凯芙拉(Kevlar)纤维增强环氧树脂复合材料的生产和应用为主,并被用于航空飞行器的主要承力件上。

3)第三阶段:1980—1990年,先进复合材料的发展重点是在维持结构性能不变的条件下,降低制造成本,以及开发以金属或陶瓷为基体的先进复合材料。

4)第四阶段:1990年至今,军用和民用航空飞行器全面采用复合材料,在性能表现上出现革命性的提升。同时,多功能复合材料、智能复合材料、梯度功能复合材料等获得大力发展。

2.复合材料的分类

复合材料的分类方法也很多,常见的分类方法有以下几种。

(1)按材料作用分类。

1)结构复合材料。结构复合材料是用于制造受力构件的复合材料。

2)功能复合材料。功能复合材料是指除机械性能以外还提供其他物理性能(如导电、超导、半导、磁性、压电、阻尼、吸波、透波、摩擦、屏蔽、阻燃、防热、吸声和隔热等)的复合材料。功能复合材料主要由基体及功能体或增强体组成。功能体可由一种或以上功能材料组成。多元功能体的复合材料可以具有多种功能。同时,还有可能由于复合效应而产生新的功能。

3)智能复合材料。它也称为机敏复合材料,是一类能感知环境变化,通过自我判断得出结论,自主执行相应指令的材料。智能材料必须具备感知、驱动和控制这三个基本要素。智能复合材料不同于结构材料和功能材料,它能通过自身的感知,获取外界信息,做出判断和处理,发出指令,具有执行和完成功能。

(2)按基体材料分类(见图1-9)。

1)聚合物基复合材料。它是以有机聚合物(如热固性树脂、热塑性树脂及橡胶等)为基体制成的复合材料。

2)金属基复合材料。它是以金属为基体制成的复合材料(如铝、钛)。

3)无机非金属基复合材料。它是以陶瓷材料、玻璃和水泥为基体制成的复合材料。

(3)按增强材料的形态分类。

1)连续纤维复合材料。作为分散相的纤维,每根纤维两个端点都位于材料边界处。

2)短纤维复合材料。短纤维无规则地分散在基体材料中制成的复合材料。

3)粒状填料复合材料。微小颗粒状增强材料分散在基体中制成复合材料。

4)编织复合材料。以平面二维或立体三维纤维织物为增强材料与基体复合而成的复合材料。

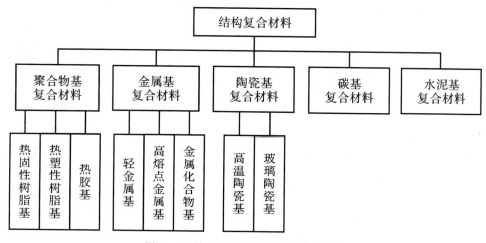

图1-9　结构复合材料按基体材料分类

(4)按增强纤维种类分类。

1)玻璃纤维复合材料。

2)碳纤维复合材料。

3)有机纤维复合材料(如芳香族聚酰胺纤维、芳香族聚酯纤维和高强度聚烯烃纤维等)。

4)金属纤维复合材料(如钨丝和不锈钢丝等)。

5)陶瓷纤维复合材料(如氧化铝、碳化硅和硼纤维等)。

1.4.3　复合材料的命名方法和制作过程

1.复合材料命名方法

复合材料在世界各国还没有统一的名称和命名方法。比较共同的趋势是根据增强体和基体的名称来命名,一般有以下三种情况:

1)以基体材料名称为主。强调基体时以基体材料的名称为主,如树脂基复合材料、金属基复合材料和陶瓷基复合材料等。

2)以增强体材料名称为主。强调增强体时以增强体的名称为主,如玻璃纤维增强复合材料、碳纤维增强复合材料和陶瓷颗粒增强复合材料等。

3)基体材料名称与增强体材料名称并用。这种命名方法常用来表示某一种具体的复合材料,习惯上将增强体材料的名称放在前面,基体材料的名称放在后边。如"玻璃纤维增强环氧树脂复合材料",或简称"玻璃纤维/环氧复合材料"。

2.复合材料的制作过程

无人机结构应用的复合材料主要是纤维增强树脂基复合材料,由纤维、基体和界面三个结构单元构成。高模量、高强度的增强纤维是承载主体,决定沿纤维方向的强度和模量;树脂基体提供了对纤维的支持和保护,同时决定横向(垂直纤维方向)的强度和模量,层合结构的层间性能也主要由基体性能确定;界面将纤维和基体黏结在一起,并实现纤维与基体间的载荷传递,从而构成了沿纤维方向具有高强度、高模量的新型材料。

(1)复合材料应用的各种纤维。

复合材料用增强体的品种很多,其中既包括已广泛应用的玻璃纤维、各种植物纤维,也包括各种新型的、高性能的纤维状增强体品种,如无机纤维中的碳纤维、氧化铝纤维、碳化硅纤维及特种玻璃纤维等纤维品种。20世纪90年代后,为满足先进复合材料高性能(高强度、高弹性模量)化、多功能化、小型化、轻量化、智能化及低成本化的发展需要,各种新技术和新设备已被开发,从而大大推动了高性能纤维的发展。

航空飞行器应用的复合材料采用高性能的纤维增强体,高性能纤维目前的主流产品仍是碳纤维,还包括芳纶和超高相对分子质量聚乙烯纤维。高性能纤维的界定主要是依据其优异的力学性能,即轻质高强和高模,也就是单位质量的高强度和高模量,即高比强度和高比模量,它们比传统的结构材料,如轻质高强的铝合金,还要高强许多倍,用来制造航空飞行器结构复合材料部件时,在节能降耗上体现出巨大的经济效益。

无人机结构常用的复合材料通常是由环氧树脂和碳纤维或玻璃纤维增强体构成的。典型的复合材料结构是由浸润在环氧树脂中各种方向的纤维或织物构成,如图1-10所示。从结构受力特点讲,常用的多向层合板结构可以分为面内承载的多向层合板结构和面外承载的多向层合板结构。对于面内承载的多向层合板结构其性能是由纤维固有特性决定的,纤维特性分为准各向同性、各向异性和正交各向异性。对于面外承载的多向层合板结构其性能由基体固有特性决定,采用板件承受此种载荷是可以接受的。

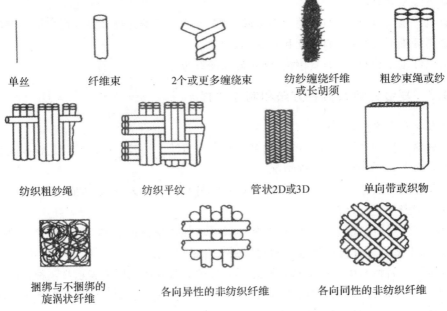

单丝　　　　纤维束　　　2个或更多缠绕束　　纺纱缠绕纤维　　粗纱束绳或纱
　　　　　　　　　　　　　　　　　　　　　　或长胡须

纺织粗纱绳　　　纺织平纹　　　管状2D或3D　　　单向带或织物

捆绑与不捆绑的　　各向异性的非纺织纤维　　各向同性的非纺织纤维
旋涡状纤维

图1-10　复合材料应用的各种纤维状态示意图

(2)复合材料制作过程。

复合材料可构造成各种形式和形状的零部件,其制作过程主要包括纤维预浸料制作和加温加压固化两个生产工艺阶段。

通常无人机的复合材料零部件都需要模具来生产,零件的固化是基体在持续的加热和加压作用下引起基体的聚合效应完成的。无人机的复合材料零部件性能特点取决于增强材料、基体材料、材料工艺、结构设计、成型工艺和制造工艺等,其中无人机复合材料构件制造过程对其性能有很大的影响。

1.4.4　复合材料的性能和制造过程特点

无人机结构常用的复合材料以高性能纤维(如碳纤维、芳纶等)增强的树脂基复合材料为主,它的主要组成型式为层合板、加筋板和夹层结构等。

1.复合材料的性能特点

复合材料的性能特点主要有以下方面。

(1)比强度和比模量高。

材料的强度除以密度称为比强度;材料的模量除以密度称为比模量。这两个参数是衡量材料承载能力的重要指标。比强度和比模量较高说明材料质量轻,而强度和模量大。这是结构设计,特别是航空飞行器结构设计对材料的重要要求。材料的比强度和比模量越大,用它制成同样强度构件的质量越小,这一点对无人机结构设计有着特别重要的意义。常用材料力学性能的比较情况由表 1-2 中列出的数据说明。

表 1-2　常用材料力学性能比较表

材　料	密　度 g·cm^{-3}	抗拉强度 GPa	弹性模量 GPa	比强度 MPa·g^{-1}·cm^{-3}	比模量 GPa·g^{-1}·cm^{-3}
钢	7.8	1.01	206	0.13	0.26
铝	2.8	0.46	74	0.17	0.26
钛	4.5	0.94	112	0.21	0.25
玻璃钢	2.0	1.04	39	0.52	0.20
CFII/Epoxy	1.45	1.47	137	1.02	0.95
CFI/Epoxy	1.6	1.05	235	0.66	1.47
Kevlar/Epoxy	1.4	1.37	78	0.98	0.56
硼纤维/Epoxy	2.1	1.34	206	0.64	0.98
硼纤维/铝	2.65	0.98	196	0.37	0.57

(2)抗疲劳性好。

结构的疲劳破坏是指结构材料在交变载荷作用下,由于裂纹的形成和扩展而造成的低应力破坏。一般金属抗疲劳性差,没有明显的预兆的突发性破坏。裂纹一旦达到临界尺寸就突然断裂,其疲劳强度极限是其抗拉强度的 30%~50%。

纤维复合材料抗疲劳性比金属材料好,其抗疲劳破坏是从纤维的薄弱环节开始,逐步扩展到纤维和基体的界面上,纤维复合材料中存在着难于计数的纤维/基体界面,这些界面能阻止裂纹进一步扩展,从而推迟疲劳破坏的发生。破坏前有明显的前兆,没有突发性的变化,因此,复合材料在破坏前有预兆,可以检查和补救。纤维复合材料还具有较好的抗声振疲劳性能。纤维复合材料的拉/压疲劳极限值达到静载荷的 70%~80%,用复合材料制成的旋翼无人机的旋翼系统,其疲劳寿命要比用金属的长数倍。

(3)减震性能好。

受力构件的自振频率正比于比模量的二次方根,而且纤维复合材料的比模量大,因此,自振频率高,在通常加载速度或频率下不容易因共振而快速脆断。同时,纤维复合材料的纤维和基体界面的阻尼较大,因此具有较好的减振性能。复合材料中的界面对振动产生的能量有反射和吸收作用,故复合材料振动阻尼强。例如,在同样条件下产生的振动,轻合金材料需 9s 才能停止,而碳纤维复合材料只需 2~3s 就能停下。

(4)破损-安全性好。

结构破损-安全性是指结构发生部分损伤时,仍能安全地承受住一定损伤的能力。纤维复合材料的横截面是大量的纤维,即使小量纤维断裂,其他未断裂纤维也能承受一段时间,因为载荷会迅速重新分配并传递到未受到破坏的纤维上,不至于造成整个构件在瞬间完全失去承载能力而断裂,仍能安全地使用或安全使用一定期限,即纤维复合材料具有较好的破损-安全性。

(5)可设计性强。

复合材料构件可根据需求设计制造,不需进行焊、铆、切割等二次加工。利用复合材料各向异性(如力学性能)的特点,可根据载荷及使用条件的不同选择相应的铺层设计,达到优化设计的目的,以使结构设计更加安全可靠、经济合理。例如,在某种铺层形式下,材料在一方向受拉而伸长时,在垂直于受拉的方向上材料也伸长,这与常用材料的性能完全不同。又如利用复合材料的耦合效应,在平板模上铺层制作层板,加温固化后,板就自动成为所需要的曲板或壳体。

(6)耐高温。

在高温下,用碳或硼纤维增强的金属其强度和刚度都比原金属的强度和刚度高很多。普通铝合金在 400℃时,弹性模量大幅度下降,强度也下降;而在同一温度下,用碳纤维或硼纤维增强的铝合金的强度和弹性模量基本不变。复合材料的热导率一般都小,因而它的瞬时耐超高温性能比较好。

(7)成型工艺简单。

复合材料的成型工艺简单。纤维增强复合材料一般适合于整体成型,因而减少了零部件的数目,从而可减少设计计算工作量并有利于提高计算的准确性。另外,制作纤维增强复合材料部件的步骤是把纤维和基体黏结在一起,先用模具成型,而后加温固化,在制作过程中基体由流体变为固体,不易在材料中造成微小裂纹,而且固化后残余应力很小。

2.复合材料结构件制造过程特点

复合材料结构件一般是采用模具热压固化成型,要求制造工艺技术精确控制实现结构设计所确定的纤维方向,并且应尽量减少切断纤维的机械加工。对于极其复杂的复合材料制造过程,要实现高品质规模化生产,必须要用自动化技术与数据分析技术提升制造水平。

1)工艺流程数字化设计。复合材料工艺流程的数字化设计无疑是重点与难点。相比于无人机的设计参数、材料特性等较直观的数据,如何将复合材料工艺流程数字化表征,体现工艺的特点,形成智能制造空间的分析依据,是提升制造水平的重点。

2)虚拟仿真技术。利用计算机辅助工程虚拟仿真技术对材料数据和工艺数据进行数学与力学建模,建立设计与制造数据与复合材料零件质量的内在联系,形成核心数据关系链条,是解决复合材料设计与制造质量的核心关键问题。

3)虚拟制造技术。利用信息技术、仿真技术、计算机技术对现实制造活动中的人、物、信息及制造过程进行全面的仿真,以发现制造中可能出现的问题,在产品实际生产前就采取预防措施,形成最优工艺方案,从而达到产品一次性制造成功,来达到降低成本、缩短产品开发周期的目的,如图 1-11 所示。它进行的过程是虚拟过程,所生产的产品也是虚拟的。所谓"虚拟",是相对于实物产品的实际制造系统而言的,强调的是制造系统运行过程的计算机化,可克服传统产品开发中采用费时费钱的"反复试错方法"的弊端。

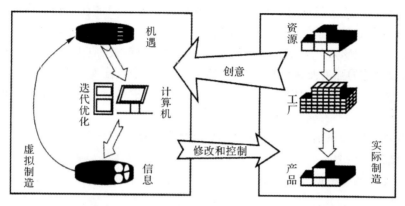

图 1-11　虚拟制造系统与实际制造系统之间关系示意图

4)材料属性与固化环境监测。复合材料制造过程中的材料参数与工艺参数密切相关,在铺带、铺丝、树脂传递模塑成型设备及模具上考虑安装监测传感器,形成材料参数与工艺参数在线监测与反馈机制,尤其是形成材料固化过程中的材料属性监测与固化环境监测的闭环,是复合材料智能制造条件下零件质量的重要保证。

1.5　智能复合材料与隐身结构设计

智能复合材料是一种能感知外部刺激,能够判断并适当处理且本身可执行的新型高性能材料。它是继天然材料、合成高分子材料、人工设计材料之后的第四代材料,是现代高技术新材料发展的重要方向之一,实现结构功能化、功能多样化、损伤自愈化。航空飞行器的隐身能力是指通过降低无人机雷达、红外、激光、电视、目视及声学特征,使敌方的各种探测设备难以探测和跟踪飞行器的能力。

1.5.1　智能复合材料

1.智能复合材料的定义和特征

(1)智能复合材料的定义。

智能复合材料(Intelligent Composites/Smart Materials)与结构是在复合材料基础上发展起来的一项高新材料技术,它是一种由传感器、信息处理器和功能驱动器等部分构成的新型复合材料。不同于结构材料和功能材料,它能通过自身的感知,获取外界信息,做出判断和处理,发出指令,具有执行和完成功能,所以单一材料不可能实现,往往要由多种材料组分复合构成。智能复合材料是计算机信息科学融入材料科学的产物,一般功能材料仅能感知和判断但不能自主执行的材料不归入此范畴。

智能材料的构想来源于仿生,它的目标就是想研制出一种材料,使它成为具有类似于生物的各种功能的"活"的材料。因此智能材料必须具备感知、驱动和控制这三个基本要素。智能材料的设计、制造、加工和性能结构特征均涉及了材料学的最前沿领域,这使智能材料代表了材料科学的最活跃方面和最先进的发展方向。

(2)智能复合材料的特征。

设计智能材料的两个指导思想是材料的多功能复合和材料的仿生设计,所以智能材料系统具有或部分具有如下的智能功能和生命特征:

1)感知功能。能感知外界或自身所处的环境条件,如负载、应力、应变、振动、热、光、电、磁、化学和核辐射等的强度及其变化,可监测应力、应变、压力、温度和损伤等。

2)反馈功能。通过传感网络,对系统输入与输出信息进行对比后,将判断结果提供给控制系统。

3)识别功能。能够识别传感网络得到的各类信息并将其积累起来,具有自我处理信息、判别原因、得出结论的能力。

4)响应功能。能够根据外界环境和内部条件变化,适时动态地做出相应的反应,并采取必要行动。

5)自诊断功能。能通过分析比较系统目前的状况与过去的情况,对诸如系统故障与判断失误等问题进行自诊断并予以校正。

6)自修复功能。能通过自繁殖、自生长、原位复合等再生机制,来修补某些局部损伤或破坏,执行损伤的自愈合。

7)自调节功能。对不断变化的外部环境和条件,能及时地自动调整自身结构和功能,并相应地改变自己的状态和行为,自行改变应力应变分布、结构阻尼、固有频率等特性,从而使材料系统始终以一种优化方式对外界变化做出恰如其分的响应。

智能复合材料所具有的优良特性,将使航空飞行器结构的性能产生巨大变化,对推动航空技术进步有重大意义,已受到各国关注。

近年来,国内外对智能复合材料进行了大量的航空应用研发,重点是结构健康监测、结构运行、自适应和振动抑制。在航空飞行器的蒙皮中植入能探测激光、核辐射等多种传感器的智能蒙皮,可用于对敌方威胁进行监视和预警,提高武器平台抵御破坏的能力。智能复合材料还能降低航空飞行器系统噪声。除此以外,智能复合材料的再一个重要进展标志就是形状记忆合金,或称记忆合金。这种合金在一定温度下成型后,能记住自己的形状。当温度降到一定值(相变温度)以下时,它的形状会发生变化;当温度再升高到相变温度以上时,它又会自动恢复原来的形状。科学家预言,智能复合材料的研制和大规模应用将导致材料科学发展的重大革命。

2. 智能复合材料的构成

智能复合材料通常是在成型过程中,将传感材料、致动材料紧密地融合到预浸料铺层、湿片铺层、纤维铺放、纤维缠绕和树脂传递模塑成型等复合材料上,通过与之集成的控制器,使复合材料在承受机械载荷的同时,能自诊断、自适应、自愈合,实现复合材料的智能功能。

智能复合材料在航空领域有广阔的应用前景,如航空飞行器的智能蒙皮与自适应机翼等,其关键是微电子技术、计算机技术与材料科学的交叉应用。智能复合材料主要构成如下:

1)基体材料。基体材料担负着承载的作用,一般宜选用轻质材料,首选高分子材料,因为其质量轻、耐腐蚀,尤其具有黏弹性的非线性特征。其次也可选用金属材料,以轻质有色合金为主。

2) 敏感材料。敏感材料担负着传感器的任务,其主要作用是感知环境变化,如压力、应力、温度、电磁场和 pH 值等。常用敏感材料如形状记忆材料、压电材料、光导纤维、磁致伸缩材料、pH 致伸缩材料、电致变色材料、电致黏流体、磁致黏流体、液晶材料、功能梯度材料和功能塑料合金等。

3) 驱动材料。驱动材料起驱动器作用,埋在复合材料中。常用有效驱动材料主要有形状记忆合金、磁致伸缩材料、pH 值致伸缩材料和电致伸缩材料等。在受到激励后可产生较大的应变和应力,从而起到响应和控制的作用。可以根据温度、电(磁)场等的变化而改变其形状、尺寸、位置、刚性、自然频率、阻尼以及其他一些力学特征,因而具有对环境的自适应功能。实际上,这些材料往往既是驱动材料又是敏感材料,显然起到了身兼两职的作用,这也是智能材料设计时可采用的一种思路。

4) 信息处理器。信息处理器部分是智能复合材料的最核心部分。随着高度集成的硅晶技术的发展,信息处理器也变得越来越小,这就为将信息处理器复合进智能复合材料提供了良好的条件。

智能化结构是复合材料结构发展的一个新阶段,能满足高性能无人机飞行速度对结构快速反应的越来越高的要求。目前,大多采用兆纤传感器技术,即将光层纤维嵌入复合材料中的不同部位,通过光纤的感知来预报结构在使用期间的内部损伤情况,如图 1-12 所示。

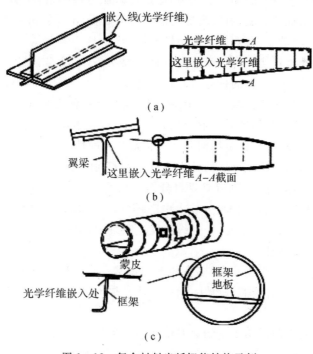

图 1-12　复合材料光纤智能结构示例
(a)光纤嵌入位置;(b)翼合段;(c)机身

3. 航空飞行器结构健康监测

航空飞行器结构健康监测系统是将先进的传感/驱动网络集成在飞行器结构中,通过在线监测飞行过程中重要构件的应变(临界载荷)、振动模态(当裂纹与振动产生的应力正交时敏感度更高)和声发射(结构承载时因损伤而产生的应力波)等信息的变化,采用先进信息处理、计算分析和损伤模式识别等方法,判定损伤的性质、位置和程度。目前,多采用光纤和压电传感器进行检测,其关键技术是利用各种高敏感度传感器器件,通过力、热、声等对航空飞行器结构进行微信号监测。

航空飞行器结构健康监测技术可实现复合材料固化工艺的实时监控;监测复合材料结构在制造、运输、贮存期间可能产生的结构损伤,及时检测出可能产生的基体与纤维断裂、分层,衬层与复合材料层脱黏,以及受到的冲击损伤;进行寿命预测的自诊断;自动抑制损伤扩展和自动修补。这些对保障航空飞行器可靠工作、防止发生灾难性事故有重要意义。近年来,国内外对航空飞行器的结构健康监测研究取得了较大进展,多集中在先进信息处理技术领域,如神经网络、小波分析和希尔伯特-黄变换等。监测光纤与微机系统相连,航空飞行器结构部件应变数据沿光纤连续采集,故可检查机身的总体变形。通过采集和分析数据,可成功监测复合材料结构生产过程的温度和应变分布,还可测量结构试验期间机身在静态载荷下的应变。

4.航空飞行器结构自适应和自愈合

结构自适应是指航空飞行器在飞行过程中能根据工作环境要求改变自身的构型和外形,以达到最优性能,智能复合材料所用的敏感(传感)和驱动材料主要有压电聚合物、压电陶瓷、记忆合金、电流变流体和光纤。航空飞行器结构减振智能复合材料与自适应材料相似,压电材料是使用最多的一种敏感(传感)和驱动元件,通过埋入压电传感器,获得结构振动信息,在此过程中通过负载电阻消耗了电能,可实现振动的部分抑制,再由计算机对所得信息进行模态分析,形成信号触发压电驱动器,有效抵消原始振动信号。

航空飞行器自愈合是智能复合材料的另一种重要功能,可使复合材料部件内部的损伤及裂纹的自愈合成为可能。自愈合的核心是能量与物质的补给、模仿生物体损伤愈合的原理使复合材料的内部或外部损伤能自愈合,以消除隐患、增强材料强度和延长使用寿命。修复过程的物质补给由流体(或流体与固体粉末混合物)提供,能量补给由化学作用实现。自愈合采用微粒子或中空纤维封装技术,将修复用树脂或固化剂放入脆性壳内或中空纤维中,可将修复物质与树脂体系的树脂基体一体化。这两种方法可分别或同时用于生产有自愈合能力的复合材料。所有中空纤维均可用单组分树脂或双组分树脂填充,可将树脂装入 0°铺向的纤维,而固化剂装入 90°铺向的纤维;或将一种组分装入中空纤维,另一组分分散在基体(或脆性壳、微胶囊)中。当复合材料内部出现裂纹时,中空纤维发生断裂,其中的树脂流向发生损伤部位,与固化剂结合固化,从而实现修复。

自愈合复合材料主要有金属基、陶瓷基和聚合物基三类。聚合物基自愈合复合材料是当前的研究热点,采用的方法有液芯纤维法、微胶囊法及热可逆交联反应法等。

5.弹性记忆复合材料

弹性记忆复合材料专门应用于空间展开结构的一种复合材料。这种复合材料以热固性形状记忆聚合物树脂为基体,增强纤维为碳纤维、玻璃纤维和凯芙拉纤维等。弹性记忆复合材料与传统的纤维增强复合材料类似,但是由于电磁兼容性采用了热固性形状记忆树脂作为基体,使得电磁兼容性可以比普通的复合材料承受更高的包装应变而不会发生材料的损伤,同时电磁兼容性具有形状记忆性能。这些特点是由热固性形状记忆树脂的特性决定的。

弹性记忆复合材料可采用常规的复合材料工艺制作,在固化成型后其力学性能接近于普通高性能复合材料,可按各种设计要求卷曲折叠,在降至玻璃熔化温度以下后包装形状不会发生变化。在再次加热至高于玻璃熔化温度时,因其聚合物基体有记忆功能,无须施加任何外力材料会恢复至初次固化成型的形状。随着温度改变,该过程可反复进行,不会对材料性能产生影响。电磁兼容性典型基体材料为环氧类和氰酸酯类聚合物。

弹性记忆复合材料的独特性能对航空飞行器结构尤为适用,如可将大型结构在地面紧凑包装,起飞升空后再伸展开。因复合材料密度低,强度和模量高,所设计的部件质量可很小,且集结构部件和伸展机构于一体,展开过程通过加热即可实现,无须另外配备传统机械展开装置,可实现简单、轻便、鲁棒的可展开复合材料结构。

6. 高分子智能复合材料

将高分子材料作为结构材料使用的特点是:密度小,比强度高,耐腐蚀,加工性好,易加工成型,可制成复杂形状的零部件,摩擦性能好,易满足不同摩擦条件要求,具有绝缘性、密封性、减震性及可染色性等特点。高分子材料还有一个最大的特点是可设计性,这就为高分子材料与其他材料(如磁电致伸缩材料、压电材料和形状记忆合金等)复合而成智能高分子复合材料提供了良好的条件。

7. 功能梯度智能复合材料

功能梯度材料是指一种功能(如组分、结构和性能)随空间或时间连续变化或阶梯变化的高性能材料。功能梯度薄膜材料也就是使成分、组织从基体到表面呈无界面连续变化。利用功能梯度材料或功能梯度材料薄膜的这一特性,与其他材料复合,便可制得具有特殊性能的智能复合材料。目前,这种材料已广泛应用于生物、机械、光电、电磁、信息及航空航天等领域。在信息工程领域,它主要用来制造光纤元件、一体化传感器、声音传感器、声呐和超声波诊断器等。

梯度性复合材料的性质是从一点到另一点发生变化的。比如玫瑰的刺,它们是由天然的有机聚合物构成的,也就是说,本质上是由软材料组成的,但由于玫瑰刺的不均匀性结构,而具有不起褶、高强度的特性。再比如哺乳动物的骨头也是梯度性复合材料,外部很硬,但内部是大孔隙结构。人类已经研制出了类似的复合材料,但大自然创造的要比人类好得多。自然界中的所有结构材料,包括硬的和软的结构材料,都是按照复合材料的原则构成的。比如木质材料就是由天然的聚合物纤维构成的。

1.5.2　无人机隐身结构设计

隐身技术是一种把自己隐藏在暗处,在敌方不易察觉的情况下,对敌方实施突然打击的自我防护技术。雷达是当前远距离探测和跟踪的主要手段,对于无人机的安全构成的威胁最大,因此对雷达的隐身是无人机隐身设计的首要内容,也是提高无人机生存力研究的重点。雷达隐身技术主要分为外形隐身技术、红外隐身技术、材料隐身技术和等离子体隐身技术四大类,它们的目的是通过采取多种技术措施减弱、抑制、吸收、偏转目标的雷达回波强度,减少无人机对雷达的反射截面积,使对方雷达难以发现和识别。

1. 外形隐身技术

外形隐身技术主要依据电磁波散射理论,对无人机总体及构成无人机的主要部件进行合理布局,采用针对性的优化设计,目的在于尽可能避免雷达探测方向上由于机体结构在威胁方向上产生的强反射点,重点是机翼、机身、尾翼、进气道和座舱等强反射点的雷达反射截面积减

缩设计。部件采用斜置外形设计,将电磁波向非主要威胁方向反射,这是降低无人机雷达反射截面积的主要设计方法,包括以下几种:

1)采用角锥型机头、平板形表面机身或多面体机身;翼身一体化,机翼与机身融合,设备舱与机身融和,变成类似飞行翼的外形,如图1-13所示;以及舱盖表面金属化,斜切进气口、斜切翼尖等措施,对雷达形成瞬时、闪烁的微弱回波。

图1-13　固定翼无人机翼身一体化示意图

2)采用弱散射部件遮挡强散射部件,包括利用大后掠机翼、三角形机翼遮蔽机身的侧向散射,利用机身前端遮蔽进气口,改武器外挂为内挂,取消吊舱和副油箱等一切外挂物等措施。

3)消除或兼容角反射器效应,避开耦合波峰,包括采用倾斜式双垂尾、V形尾翼或无尾翼来取代正交尾翼,并合理设计倾斜角,以及安装可收放的天线、平板雷达天线及隐身雷达罩等措施。

4)尽量消除面向主反射方向的表面台阶和缝隙,包括将舱门、舱口、口盖直线缝隙改为锯齿形,采用边缘衍射代替镜面反射,提高接缝处电传导性等措施。

2.红外隐身技术

红外隐身顾名思义就是使红外反射信号最小,其措施主要有以下方面:

1)采用红外辐射较弱的涡扇发动机。

2)发动机采用二元喷管,可滤掉90%的红外辐射,采用异型喷管改变红外波长。

3)尾喷管处采用红外挡板遮挡和屏蔽红外辐射。

4)采用新型雾化喷嘴,使燃油充分燃烧,减少发动机排烟,以减弱红外辐射。

5)在燃油中加入特殊添加物,以降低排气的红外辐射或改变排气的红外波长。

6)加装红外抑制器或引入冷空气,降低排气的温度。

7)采用吸热、隔热材料,抑制无人机表面温度,降低红外辐射。

8)发动机安装采用半埋式或完全机内、翼内安装方式。

9)发动机采用蛇形曲面S进气道,利用机身或机翼遮挡进气口和尾喷口,或加装进气口隐身网罩等措施。

3.材料隐身技术

材料隐身技术主要指采用能吸收雷达波的涂料或复合材料,此类材料可将雷达波能量转化为其他形式的能量,损耗雷达波的反射强度。采用隐身外形往往受到无人机气动外形的限制,广泛采用吸波、透波材料和涂层则能显著降低雷达反射面积,因此,应尽量采用能吸收电磁波和透过电磁波的非金属复合材料做无人机的构件,在必须采用金属材料的部位,涂敷电磁波吸收涂层。材料隐身技术按材料损耗入射雷达波的机理可分为电阻型、电介质型、磁介质型和复合材料型等多种类型。

(1)电阻型。

电阻型损耗材料主要包含碳纤维材料和导电高聚物吸波材料等。碳纤维复合材料电阻率可控,既能降低雷达波特性,又能降低红外特征,可用它制作发动机舱蒙皮、机翼前缘以及机身前段。

(2)电介质型。

电介质损耗材料主要包含钛酸钡类材料等,其吸波机理主要是介质极化、离子极化、分子极化和界面极化等。

(3)磁介质型。

磁介质损耗材料主要包含磁性金属粉、铁氧体和羰基铁颗粒等,它们具有较高的磁损耗角正切,依靠磁滞损耗、畴壁共振和自然共振等磁极化机制衰减。铁氧体系列吸波材料是成熟的吸波材料,其吸收电磁波的主要机理是自然共振。

(4)复合材料型。

1)碳纤维复合吸波材料。碳纤维增强复合材料不但是轻质高强的结构材料,还具有隐身的重要功能,如碳纤维/聚醚醚酮(CF/PEEK)复合材料、碳纤维/聚苯硫醚(CF/PPS)复合材料都具有极好的宽峰吸收性能,能有效地吸收雷达波。

2)纳米复合吸波材料。纳米复合吸波材料是指材料的组分特征尺寸在 $0.1\sim100nm$ 的材料。纳米材料的特殊结构引起的小尺寸效应、表面与界面效应和量子尺寸效应,使它具有许多宏观材料所没有的特性。其对雷达波的透过率比常规材料要强得多,这会大大减少反射率,且其对电磁波和红外光波的吸收率也比常规材料大得多。

3)手性吸波涂料。手性材料是指一个物体与其镜像不存在几何关系对称性,且不能通过任何操作使物体与其镜像互相完全重合。手性吸波涂料是近年来开发的新型吸波涂料,是一种双(对偶)各向同性(异性)的功能材料,其电场与磁场相互耦合。

4)多晶铁纤维。多晶铁纤维为羰基铁单丝,直径 $1\sim5\mu m$,长度 $50\sim500\mu m$,纤维密度低,它的研究始于 20 世纪 80 年代中期,包括铁、镍、钴及其合金纤维。其吸波机理是涡流损耗和磁滞损耗。它是一种良导体,具有较强的介电损耗吸收,在外界交变电场的作用下,纤维内的电子产生振动,将电磁能部分地转化为热能。

习　题　1

1.航空飞行器的类型有哪些?说明无人机和无人机结构的定义。

2.固定翼无人机的总体结构一般由哪些主要部分组成?

3.旋翼无人机的总体结构一般由哪些主要部分组成?

4.航空结构材料发展历程可分为几个阶段?分别说明每个发展阶段的特点。

5.用三个典型实例说明无人机结构大量使用复合材料的情况。

6.简述无人机结构使用复合材料的意义及其局限性。

7.简述有关复合材料的定义、组分和界面的内容。

8.简述复合材料发展历程。复合材料如何分类?

9.复合材料的命名方法有哪些?简单说明复合材料的制作过程。

10.简述复合材料的性能特点及其制造工艺特点。

11.什么是智能复合材料?说明智能复合材料的构成和用途。

12.简述航空飞行器结构健康监测、结构自适应和自愈合的内容。

13.什么是隐身技术?航空飞行器采取的主要隐身技术措施有哪些?

第 2 章　复合材料的组分

本章主要内容包括以下方面：
(1)碳纤维。
(2)玻璃纤维。
(3)硼纤维与芳纶纤维。
(4)填充材料。
(5)复合材料树脂基体。

2.1　碳　纤　维

航空用的复合材料种类不少,但是其中的绝对主力就是树脂基纤维复合材料。在纤维复合材料中,纤维起增强作用,是增强体,承受大部分载荷。基体和纤维通过界面连接在一起,基体将载荷经界面传递给纤维,不仅能够充分发挥纤维的抗张性能优异的特点,还能起到使载荷均匀分布和保护纤维免遭外界损伤的作用。

碳纤维是目前已知的比强度、比模量最好的材料之一。它比铝还要轻比钢还要硬,它的密度是铁的1/4,比强度是铁的10倍;具有优越的抗张强度和抗拉模量,碳纤维在化学组成上非常稳定,还具有高抗腐蚀性。最直观描述碳纤维就是这种材料基本不会开裂。

2.1.1　碳纤维的定义、结构特点和性能特点

1.碳纤维的定义

碳纤维是一种含碳量在90％以上的无机高分子纤维,其中含碳量高于99％的称石墨纤维,是近数十年来为满足高性能航空飞行器对材料的需求而发展起来的一种新型材料。

所有商用的连续碳纤维的制造,都是将碳质先驱体通过各种纺丝工艺转变成纤维状态后,将先驱体纤维交联(稳定化),再在惰性保护性气体中加热(碳化)到1 200～3 000℃,以除去非碳元素而形成多晶碳纤维。最有代表性的碳材料是连续碳纤维,它不仅具有碳材料的固有本征特性,而且兼备纺织纤维的柔软可加工性。它是最近几十年来商业化的碳制品中最成功的产品之一,已经发展成为现代最重要的工业材料之一,主要用作聚合物基、陶瓷基及碳基复合材料的增强体。

尽管碳纤维的含碳量在90％以上,但是它不是直接从碳材料中抽取的。碳材料不溶于任何溶剂,也不能用熔融纺丝法制取,而是由有机高分子纤维(即聚丙烯腈纤维),或石油沥青或煤沥青纤维经专门的碳化处理而制得的。制作过程是首先将前驱体纤维制成碳纤维后,然后经2 000～3 300℃石墨化处理,使其含碳量高达99％,因此弹性模量也大大提高。

2. 碳纤维的结构特点

从外观形状上看,碳纤维是一种连续细丝碳材料,直径为 $6\sim8\mu m$,仅为人的头发丝的 1/3 左右。碳纤维的微观结构尚未完全清楚,但基本可以认为碳纤维的微观结构类似人造石墨,碳原子以石墨化的六方微晶体的形式连接在一起,形成无规乱层石墨结构,并沿纤维的轴向进行取向排列,这种结晶的取向排列使碳纤维强度变得非常高。

碳纤维的微观结构类似人造石墨,是乱层石墨结构,如图 2-1 所示。碳纤维各层面间的间距为 $3.39\sim3.42\text{Å}$,各平行层面间的各个碳原子,排列不如石墨那样规整,层与层之间借分子作用力(范德瓦耳斯力)连接在一起。通常也把碳纤维的结构看成由两维有序的结晶和孔洞组成,其中孔洞的含量、大小和分布对碳纤维的性能影响较大。

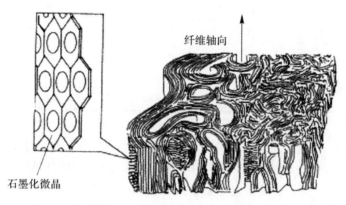

纤维轴向

石墨化微晶

图 2-1　碳纤维微观结构示意图

当孔隙率低于某个临界值时,孔隙率对碳纤维复合材料的层间剪切强度、弯曲强度和拉伸强度无明显的影响。有些研究指出,引起材料力学性能下降的临界孔隙率是 $1\%\sim4\%$。孔隙率在 $0\sim4\%$ 范围内时,孔隙率每增加 1%,层间剪切强度大约降低 7%。通过对碳纤维环氧树脂和碳纤维双马来酰亚胺树脂层合板的研究看出,当孔隙率超过 0.9% 时,层间剪切强度开始下降。由实验得知,孔隙主要分布在纤维束之间和层间界面处;并且孔隙率越高,孔隙的尺寸越大,这会显著降低层合板中层间界面的面积,当材料受力时,易沿层间破坏,这也是层间剪切强度对孔隙相对敏感的原因。另外,孔隙处是应力集中区,承载能力弱,当受力时,孔隙扩大形成长裂纹,从而遭到破坏。

即使两种具有相同孔隙率的层合板(在同一养护周期运用不同的预浸方法和制造方式),它们也表现出完全不同的力学行为。力学性能随孔隙率的增加而下降的具体数值不同,表现为孔隙率对力学性能的影响离散性大且重复性差。由于包含大量可变因素,孔隙对复合材料层合板力学性能的影响是个很复杂的问题。这些因素包含:孔隙的形状、尺寸、位置;纤维、基体和界面的力学性能;静态或者动态的荷载。

相对于孔隙率和孔隙长宽比,孔隙尺寸、分布对力学性能的影响更大些,并发现大的孔隙(面积大于 0.03mm^2)对力学性能有不利影响,这归因于孔隙对层间富胶区的裂纹扩展的产生影响。

3. 碳纤维的性能特点

碳纤维具有许多优良性能,它的轴向强度和模量高,密度低,比性能高,无蠕变,非氧化环境下耐超高温,耐疲劳性好,比热容及导电性介于非金属和金属之间,热膨胀系数小且具有各向异性,耐腐蚀性好,X 射线透过性好,以及良好的导电性能、优良的导热性能、电磁屏蔽性好等。其中碳纤维最突出的优点体现在它的超出其他工程材料许多的比强度和比模量,表 2-1 列出了碳纤维与金属的性能数据比较。

表 2-1 碳纤维与金属的性能比较表

材 料	密 度(ρ) g·cm^{-3}	抗拉强度(σ) MPa	拉伸模量(E) GPa	比强度 GPa·g^{-1}·cm^{-3}	比模量 GPa·g^{-1}·cm^{-3}
高模碳纤维	1.7	4 000	240	2.4	140
高强钢	7.8	340~2 100	208	0.04~0.27	27
高强铝合金	2.7	144~650	69	0.05~0.23	26
E-玻璃纤维	2.54	3 100~3 800	72.5~75.5	12.6~15	28.5~29.5
芳纶 49	1.44	2 800	126	1.94	88
硼纤维	2.36	2 750	382	1.17	162
碳化硅	2.69	3 430	480	1.28	178

由表 2-1 可以看出,碳纤维的比强度和比模量要远高于钢和铝合金,用碳纤维增强的树脂基复合材料是一种优良的轻质高强的结构材料。实践证明,用碳纤维复合材料代替钢或铝,减重效率可达 20%~40%,因而在航空领域内得到广泛的应用。业内专家指出,航空飞行器自重每减少 1kg,相当于增加 500 万美元的经济效益,由此可以看出复合材料在航空领域内的重要地位。不仅如此,其他如汽车、海运、交通和发电等与运行速度有关的部门都会因采用复合材料而大为受益。

2.1.2 碳纤维的分类和生产方法

1.碳纤维的分类

几十年来碳纤维发展很快,品种繁多,性能各异,用途不同,主要有三大分类方法。

(1)按原丝种类分类。

目前,工业生产碳纤维的原丝主要有三大类,即聚丙烯腈基碳纤维原丝、沥青基碳纤维原丝和黏胶基碳纤维原丝。由这三大类原丝生产出碳纤维,分别叫作聚丙烯腈基碳纤维、沥青基碳纤维和黏胶基碳纤维。其中,聚丙烯腈基碳纤维占据主流地位,产量占碳纤维总量的 90% 以上,黏胶基碳纤维还不足 1%。

1)聚丙烯腈基碳纤维。聚丙烯腈基碳纤维的生产工艺主要包括原丝生产和原丝碳化工艺两个过程。首先通过丙烯腈聚合和纺纱等一系列工艺加工成被称为"母体"的聚丙烯腈纤维或原丝,将这些原丝放入氧化炉中在 200~300℃ 的温度下进行氧化,还要在碳化炉温度为 1 000~2 000℃ 下进行碳化等工序制成碳纤维。

2)沥青基碳纤维。沥青基碳纤维是一种以石油沥青或煤沥青为原料,经沥青的精制、纺丝、预氧化、碳化或石墨化而制得的含碳量大于 92% 的特种纤维,是一种力学性能优异的新材料。按产品性能分为通用型沥青基碳纤维和高性能沥青基碳纤维两种。

通用型沥青基碳纤维为各向同性型,在结构上存在着不均匀性,既存在着有序排列程度较高的晶区，又存在着有序程度较低的非晶区。晶区由无规取向的片状微晶组成，微晶之间相互缠绕，并通过分叉形成网状结构，由发展不充分的微晶或无定形碳组成的非晶区镶嵌在微晶之间的"网眼"中。

高性能沥青基碳纤维的原料是中间相沥青，中间相沥青是由重质芳烃类物质在热处理过程中生成的一种由圆盘状或者棒状分子构成的向列型的液晶物质，其原料可以是煤焦油沥青、石油沥青和纯芳烃类物质以及它们的共混体。

全世界沥青基碳纤维的生产能力较小，国内沥青基碳纤维的研究和开发较早，但在开发、生产及应用方面与国外相比有较大的差距。

3）黏胶基碳纤维。黏胶基碳纤维是由含纤维素为主成分的黏胶纤维作为前驱体所制成的碳纤维。其主要用作耐烧蚀功能复合材料、活性碳纤维和面状（塑料薄膜或板间层合板导电碳纤维）发热体等。

（2）按碳纤维束丝 k 数分类。

k 数指的是碳纤维束里面单丝的根数，k 其实就是千的英文缩写，1k 的碳纤维丝含有 1 000 根单丝。按照碳纤维束丝 k 数分类还没有严格的定义，一般把 1～24k 的碳纤维叫作小丝束碳纤维，把 48～480 k 以上的碳纤维叫作大丝束碳纤维。

（3）根据碳纤维的力学性能分类。

碳纤维的种类不同，力学性能不同，功能不同，用途也不同。碳纤维按力学性能分为高强型、超高强型、高模量型和超高模量型，其主要力学性能范围如表 2-2 所示。碳纤维的力学性能可以看成在断裂之前呈线性的应力应变关系，表示它的强度与应变成正比。但碳纤维断裂是瞬时的脆性断裂，这在进行碳纤维复合材料结构设计时必须充分考虑。

表 2-2　碳纤维类型和主要力学性能

性　能	碳纤维			
	超高模量型	高模量型	超高强型	高强型
弹性模量/GPa	＞400	300～400	200～350	200～250
拉伸强度/GPa	＞1.70	＞1.70	＞2.76	2.0～2.75
碳含量/（%）	99.8	99.0	96.5	94.5

2.聚丙烯腈基碳纤维的生产方法

碳纤维和石墨纤维在强度和弹性模量上有很大差别，这主要是由于其结构不同，碳纤维是由小的乱层石墨晶体所组成的多晶体，含碳量 75%～95%；石墨纤维的结构与石墨相似，含碳量可达 98%～99%，杂质少。碳纤维的含碳量与制造纤维过程中碳化和石墨化过程有关，如图 2-2 所示。由图上可以看出，从原料丙烯腈到聚丙烯腈基碳纤维的制备过程中可以看出四个关键步骤，包括聚丙烯腈的聚合、原丝的制备、原丝的预氧化及预氧化丝的碳化和石墨化。

（1）聚丙烯腈的聚合。

由于聚丙烯腈分子结构的特性，纯聚体聚丙烯腈不适宜作为碳纤维前驱体。工业生产中，往往采用共聚聚丙烯腈来制备聚丙烯腈原丝。引入共聚单体可以起到如下作用：减少聚合物原液中凝胶的产生；增加聚合物的溶解性和可纺性；降低原丝环化温度及变宽放热峰。但也可能带来一些副作用：降低原丝的结构规整性和结晶度；增加大分子链结构的不均匀性；引入更多的无机的和有机的杂质等。

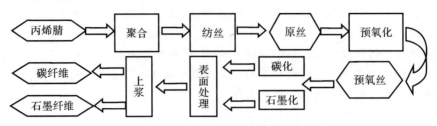

图 2-2　聚丙烯腈基碳纤维的生产工艺流程

（2）原丝的制备。

优质聚丙烯腈原丝是生产高性能碳纤维的前提，也对生产稳定性和生产成本有着重大的影响。聚丙烯腈原丝的质量指标较多，主要性能指标有以下方面：

1）纯度高，其中碱、碱土金属和铁的总含量要控制。

2）抗拉强度高。

3）弹性模量高。

4）断裂伸长适中，应在 10%～18% 之间。

5）单丝直径细。

6）均质化，无明显的皮芯结构。

7）沸水收缩率低，应在 5% 以下。

聚丙烯腈在熔点（317℃）以下就开始分解，形成纤维主要通过湿法或干湿法进行纺丝，其中干湿法纺丝将挤出膨化与表皮凝固进行了隔离，纤维的成型机理有所改变，因此湿法纺丝凝固过程中皮层破裂或径向大孔及表皮褶皱等现象基本消失，干湿法纺丝的原丝表面及内部的缺陷减少、致密性提高。干湿法纺丝还具有高倍的喷丝头拉伸（3～10mm 的空气层是有效拉伸区），纺丝速度高（为湿法纺丝的 5～10 倍），容易得到高强度、高取向度的纤维等特点，从而保证了碳纤维有足够的强度，是当前碳纤维原丝生产的发展方向。

（3）原丝的预氧化。

预氧化的目的是使聚丙烯腈的线型分子链转化为耐热的梯形结构，使其经得起在高温碳化处理而保持纤维形态。预氧化为放热反应。此外，还可用预氧丝的密度大小、吸湿量多少等来表征预氧化程度。

预氧化过程中原丝的颜色由白色向黄、棕、黑过渡，主要发生的反应为环化、脱氢及氧化反应，其中环化反应是预氧化过程中最关键的一步。

1）环化反应。聚丙烯腈热处理时，由于分子间相邻氰基的加成反应，形成稳定性较高的梯形结构。

2）脱氢反应。为环化的聚合物或环化的杂环均可由于氧的作用发生脱氢反应，产生大量的水。脱氢反应是预氧化过程中主要反应之一，其结果导致主链上双键的形成，赋予主链更高的稳定性，使预氧化丝具有耐燃性。

3）氧化反应。预氧化开始时，氧化脱氢为氧化反应的主要部分。除此之外，氧同时还直接与预氧化丝结合，主要生成羟基、羰基和羧基等。若聚丙烯腈原纤被充分预氧化，预氧化丝中的含氧量甚至高达 16%～23%。

影响聚丙烯腈原丝预氧化的因素主要有纤维的张力、热处理温度和介质。

（4）碳化及石墨化。

碳化是在惰性气体保护下进行的，一般采用高纯度氮气（99.998%）。碳化时纤维仍会发生物理收缩和化学收缩，因此要对纤维施加张力进行拉伸以得到优质碳纤维。碳化温度通常在 1 350～1 800℃ 之间，但 700℃ 左右是结构转化的敏感温度，700℃ 后逐步转化为碳纤维的乱层石墨结构。碳化阶段以多段式的升温速率进行。低于 700℃ 的温区，需低升温速率，升温速率需严格控制在小于 5℃/min 的范围内。因为这一温区包含大部分的化学反应及挥发性物质的逸出，提高升温速率的话，纤维表面会形成气孔或不规则的形态。700℃ 以上的温区，可以以较快的升温速率进行，此加热段仍有挥发性产物的逸出，同时形成分子链聚合物之间的交联。经 700℃ 左右的低温碳化处理后，碳纤维的强度为 1.5～2.0GPa，模量约为 120GPa。从 900℃ 升温到 1 350℃，可制取强度为 3～4GPa，模量约为 220GPa 的碳纤维；升温到 1 500℃，可制取强度为 4～5GPa，模量约为 240GPa 的碳纤维；升温到 1 800℃，可制取强度为 4GPa，模量约为 280GPa 的碳纤维。

为了得到更高模量的碳纤维，将碳纤维放入 2 500～3 000℃ 的高温下进行石墨化处理。在高温石墨化过程中，非碳原子进一步逸走，碳原子进一步富集，使碳纤维的含碳量高达 99%～100%，碳纤维弹性模量显著提高。由此可见，通过不同的热处理工艺，可以获得高强型、高模型或强度与模量相匹配的碳纤维。

（5）表面处理。

碳纤维不仅含碳量高，而且经高温碳化处理后，表面活性基团很少，使其表面呈现出憎液性，与基体树脂润湿性很差，导致复合材料的层间剪切强度低。碳纤维表面处理目的是使憎液性表面转化为亲液性，提高两相界面的润湿性，从而使复合材料的层间剪切由未处理时的 50～70 MPa 提高到 90 MPa 以上，可充分发挥碳纤维的增强效果。与碳纤维生产线在线配套的主要表面处理方法有阳极氧化法、臭氯氧化法、空气氧化法和气液双效法。硝酸等液相氧化的时间长，不具备在线配套的条件，其他方法还处于研究和开发阶段。

（6）上浆。

碳纤维经表面处理后，紧接着是上浆工序。在国内外的碳纤维生产线上，上浆剂大多是环氧树脂，上浆量控制在 1% 以下，最好在 0.4%～0.8% 之间。上浆量高于 1%，使碳纤维僵硬；低于 0.4%，后加工过程易产生毛丝。上浆剂环氧树脂可分为油溶性和水溶性两种。油溶性环氧树脂的溶剂多用丙酮，水溶性的溶剂用水。前者的优点是上浆后易干燥，缺点是损耗大，污染环境；后者稳定，价廉，但需充分干燥。一般碳纤维生产厂大多用水溶性的上浆剂。

3. 沥青基碳纤维的生产方法

沥青基碳纤维大致可分为两大类型：一是各向同性的通用型沥青基碳纤维；二是各向异性的高性能沥青基碳纤维。中间相沥青属于非牛顿流体，黏度对温度的敏感性要比聚丙烯腈高聚物大得多，需严格控制温度及其传热系数，保持熔纺工艺参数的稳定性。所以，沥青原料的调制、熔融纺丝和不溶化处理构成制造高性能沥青基碳纤维的三大要素。

沥青基碳纤维的生产成本较低，在经济性方面有更强的竞争力。但沥青基碳纤维生产的工艺成本远远超过原料的成本。此外，聚丙烯腈基碳纤维细旦化成效显著；沥青基的单丝直径比聚丙烯腈基的粗 30%～35%，是其强度低的原因之一。细旦化是提高碳纤维抗拉强度等力学性能的主要技术途径之一。

并不是所有的沥青都能用作纺丝沥青,一般纺丝沥青具有以下特性:芳烃含量高、相对分子质量分布窄、软化点高、具有较好的流变性、黏度低等。生产通用型沥青碳纤维的原料一般使用乙烯裂解焦油,生产高性能沥青碳纤维的原料使用煤焦油。沥青基碳纤维的生产方法是以石油沥青或煤沥青为原料,经沥青的精制、纺丝、预氧化、碳化或石墨化而制得的含碳量大于92%的特种纤维。

4. 黏胶基碳纤维的生产方法

纤维素是自然界存在量最大的一类有机化合物,是棉、麻、木材等材料的主要成分,通常用来制造黏胶纤维的木浆或棉浆要经过一系列化学处理。我国的原料主要是棉浆,俄罗斯是以木浆为主。杂质少、纯度高是制取高性能黏胶基碳纤维的基本条件。

由黏胶纤维生产碳纤维的工艺流程如下:

(1)水洗工序。

用无离子水洗涤黏胶纤维的目的是洗掉油剂和碱、碱土金属以及铁离子等杂质,提高原丝的纯度,有利于提高碳纤维的力学性能,这也是其能作为烧蚀材料的必备条件之一。

(2)催化浸渍。

浸渍剂有无机系、有机系或混合系三种,其目的是控制羟基的脱水,防止左旋葡萄糖的生成。对于黏胶基碳纤维来说,催化浸渍剂既影响其质量,也影响碳化收率,是关键技术之一。

(3)预氧化。

预氧化是一种热裂解的脱水过程,生成芳烃碳的中间产物,主要产物是碳四原子残片(链)。后者是形成乱层石墨结构的基本单元。因此,在预氧化过程中,原丝结构完全被破坏,新的结构还未形成,纤维的强度大幅度下降,工艺上不能进行牵伸,只能控制收缩。这完全不同于聚丙烯腈原丝的预氧化条件。

(4)碳化。

在碳化过程中,主要发生了碳四残片的芳构化和彼此间的缩聚反应,伴随着深度脱水和进一步热裂解而逸出废气和产生焦油,如何瞬时排出废气和焦油是一重要的设计因数,也是工艺上需解决的问题。在低温碳化过程中(300~800℃),几乎不能牵伸,而在高温碳化阶段(1 300~1 500℃)可适当牵伸,这有利于碳四残片之间的缩聚和择优取向,使碳纤维力学性能得到提高。

(5)石墨化。

在高温石墨化(2 500~3 000℃)阶段施加张力牵伸是获得高模量黏胶基石纤维的主要手段之一,已在工业生产中得到应用。在高温区,它呈现出较大的塑性变形,有利于牵伸和择优取向,其效果更好。此外,表面处理与聚丙烯腈基碳纤维相似,目的也是改善表面形态结构和表面化学环境,提高与基体树脂复合后的界机结合强度。

纤维素转化为碳纤维大致经历以下阶段:

1)25~150℃:主要是脱除物理吸附的水分(一般吸水量5%~10%)。

2)150~240℃:纤维素环的羟基(—OH)以水的形式脱除,生成了羰基等双键链结构。

3)240~400℃:键断裂,释放出小分子 H_2O,CO 和 CO_2 等;在 400℃时,纤维素环破裂,生成新的碳四残片(链)。

4)400～700℃：进行热缩聚和芳构化，生成碳的六元环及石墨层片，同时释放出氢和甲烷等。

5)700～2 800℃：到 900℃时，生成乱层石墨结构；在 2 800℃时，生成的石墨层片沿纤维轴取向，使碳纤维的弹性模量得到显著提高。

5.碳纤维生产的技术要点

目前，世界碳纤维产量达到每年 4 万吨以上，全世界主要是日本、美国、德国以及韩国等少数国家掌握了碳纤维生产的核心技术，并且有规模化大生产。我国虽然加大了对碳纤维行业的引导和扶持力度，但在较大的技术差距下，国产碳纤维的突围之路仍然坎坷。

要想生产得到高质量碳纤维，需要注意以下技术要点：

1)实现原丝高纯化、高强化、致密化以及表面光洁无瑕是制备高性能碳纤维的首要任务。碳纤维系统工程需从原丝的聚合单体开始。原丝质量既决定碳纤维的性质，又制约其生产成本。优质聚丙烯腈原丝是制造高性能碳纤维的首要条件。

2)杂质缺陷最少化。这是提高碳纤维拉伸强度的根本措施，也是科技工作者研究的热门课题。从某种意义上说，提高强度的过程实质上就是减少、减小缺陷的过程。

3)在预氧化过程中，保证均质化的前提下，尽可能缩短预氧化时间。这是降低生产成本的方向性课题。

4)研究高温技术和高温设备，以及相关的重要构件。高温碳化温度一般在 1 300～1 800℃，石墨化温度一般在 2 500～3 000℃。在如此高的温度下操作，既要连续运行又要提高设备的使用寿命，因此研究新一代高温技术和高温设备就显得格外重要，如在惰性气体保护、无氧状态下进行的微波、等离子和感应加热等技术。

2.2　玻 璃 纤 维

玻璃纤维(Glass Fiber，GF)是一种性能优异的无机非金属材料，种类繁多，优点是绝缘性好、耐热性强、抗腐蚀性好、机械强度高，但缺点是性脆、耐磨性较差，主要用于对强度要求较高的聚合物基复合材料的制作，如火箭发动机的壳体、飞机螺旋桨叶、起落架和雷达罩等，也可用作炮盖、炮弹引信和火箭筒壳体、深水水雷外壳、防弹衣、炮弹箱等的材料，在提高武器的性能和质量方面起到了重要作用。在民品开发上可制作各种高压容器(如航空气瓶、保健气瓶)、救生艇、冷藏船及螺旋桨等。

2.2.1　玻璃纤维的定义和特点

1.玻璃纤维的定义

玻璃纤维是以石英砂、石灰石、白云石和石蜡等为组分并配以纯碱、硼酸等，有时为简化工艺和获得预期的性能还适当掺入 TiO_2，ZrO_2 和 Al_2O_3 等氧化物来制备各种玻璃纤维后，经熔融窑熔制拉丝而成。玻璃组成以及拉丝工艺对纤维的性能有较大的影响。玻璃纤维主要特点是不燃、不腐烂、耐热、拉伸强度高、断裂伸长率较小、绝热性与化学稳定性好，且具有良好的电绝缘性及低的热膨胀系数。

玻璃纤维是最早开发的一种性能优异的无机非金属材料，已有数十年的发展历史，种类很多,技术已较成熟,目前以商品形式提供的主要品种有纤维本身和各种纤维布或织物。它是最早用于制备聚合物基复合材料(俗称"玻璃钢")的低成本增强纤维。

2.玻璃纤维的特点

玻璃纤维单丝的直径为几个微米到二十几个微米,即直径一般为 $5\sim20\mu m$,相当于一根头发丝的 $1/20\sim1/5$,每束纤维原丝都由数百根甚至上千根单丝组成。玻璃纤维的纤维直径越细,性能越好。

玻璃纤维主要成分为二氧化硅、氧化铝、氯化钙、氧化硼、氧化镁、氧化钠等,根据玻璃中碱含量的多少,可分为无碱玻璃纤维(氧化钠 $0\sim2\%$,属铝硼硅酸盐玻璃)、中碱玻璃纤维(氧化钠 $8\%\sim12\%$,属含硼或不含硼的钠钙硅酸盐玻璃)和高碱玻璃纤维(氧化钠 13% 以上,属钠钙硅酸盐玻璃)。

玻璃纤维作为强化塑料的补强材料应用时,最大的特征是抗拉强度大;密度约为 $2.54g/cm^3$;耐热性好,温度达 $300℃$ 时对强度没影响;有优良的电绝缘性,是高级的电绝缘材料,也用于绝热材料和防火屏蔽材料;一般只被浓碱、氢氟酸和浓磷酸腐蚀。玻璃是一种非晶体,它没有固定的熔点,一般认为它的软化点为 $500\sim750℃$,沸点为 $1\,000℃$,密度为 $2.4\sim2.76g/cm^3$。

玻璃纤维比有机纤维具有耐温高,不燃,抗腐,隔热、隔音性好,抗拉强度高,电绝缘性好等优点;但性脆、耐磨性较差。用来制造增强塑料或增强橡胶,作为补强材料的玻璃纤维具有以下特点:

1)拉伸强度高,伸长小(3%)。

2)弹性系数高,刚性佳。

3)弹性限度内伸长量大且拉伸强度高,故其吸收冲击能量大。

4)为无机纤维,具不燃性,耐化学性佳。

5)吸水性小。

6)尺度安定性、耐热性均佳。

7)加工性佳,可做成股、束、毡、织布等不同形态之产品。

8)透明可透过光线。

9)与树脂黏结性良好。

10)价格便宜。

11)不易燃烧,高温下可熔成玻璃状小珠。

2.2.2　玻璃纤维的分类和生产方法

1.玻璃纤维的分类

玻璃纤维按品种用途和原料的成分进行分类,按已有的商业玻璃纤维类型及代号有以下方面。

(1)E-玻璃纤维。

E-玻璃纤维也称无碱玻璃纤维,是一种硼硅酸盐玻璃纤维,也是目前应用最广泛的一种采用玻璃成分的玻璃纤维,具有良好的电气绝缘性及机械性能,广泛用于生产电绝缘用玻璃纤维,也大量用于生产玻璃钢用玻璃纤维。其总的碱含量小于 0.8%,确保其抗腐蚀性和高电阻,是现代工程材料中性能很好的电绝缘材料,用它制成的电磁线、浸渍材料、云母制品、层合板制品及其聚合物基复合材料制品的绝缘性能可适用于 B,F,H 级,最高可达 C 级(7 180℃),已在电机、电器、电工和电子工业中获得广泛使用。

E-玻璃纤维还具有高强度、较高弹性模量、低密度及良好的耐水性能,是当代增强高聚物的较为理想的增强玻璃纤维,是一种性能优良的制备结构材料和功能材料的原材料。用 E-玻璃纤维增强橡胶制品或制成高温过滤布,使用温度可达 150～300℃,可在水泥、电力、冶金和碳黑工业中进行高温尾气收尘过滤。E-玻璃纤维的主要缺点是其在酸、碱介质中抗化学腐蚀性较低,从而限制了它在水泥基体中的应用。

(2)C-玻璃纤维。

C-玻璃纤维也称中碱玻璃纤维,其特点是耐化学侵蚀,耐化学性特别是耐酸性优于无碱玻璃,但其电气性能差,力学性能比无碱玻璃纤维低 10%～20%。通常国外的中碱玻璃纤维含一定数量的三氧化二硼(B_2O_3),而我国的中碱玻璃纤维则完全不含硼。在国外,中碱玻璃纤维只是用于生产耐腐蚀的玻璃纤维产品,如用于生产玻璃纤维表面毡等,也用于增强沥青屋面材料,但在我国中碱玻璃纤维占据玻璃纤维产量的一大半(60%),广泛用于玻璃钢的增强以及过滤织物、包扎织物等的生产,因为其价格低于无碱玻璃纤维而有较强的竞争力。

(3)A-玻璃纤维。

A-玻璃纤维也称高碱玻璃纤维,含有高碱金属氧化物,含约 16% 的二氧化锆(ZrO_2),是抗碱玻璃纤维,可用作水泥基复合材料增强体,其抗碱性优于普通玻璃纤维。A-玻璃纤维增强的复合材料与未增强的水泥砂浆相比,拉伸强度可提高 2～3 倍,弯曲强度可提高 3～4 倍,韧性可提高 15～20 倍,主要用以制造大尺寸的墙板、屋面板、波纹瓦、阳台栏板、各种管材等。

(4)S-玻璃纤维。

S-玻璃纤维也称高强度玻璃纤维,具有高拉伸强度,是高性能玻璃纤维的一种,其特点是高强度、高模量。它的单纤维抗拉强度为 2 800MPa,比无碱玻璃纤维抗拉强度高 25% 左右;弹性模量 86 000MPa,比 E-玻璃纤维的强度高;密度为 2.49g/cm³,软化点为 970℃,纤维直径视用途可为 7～12μm 不等,并可制成各种规格的无捻粗纱、有捻纱、布及其他制品。采用KH-550 浸润剂浸润后可直接与环氧树脂、酚醛树脂及尼龙等基体复合,主要用于对强度要求较高的聚合物基复合材料的制作。它可用于火箭发动机的壳体、飞机螺旋桨叶、起落架和雷达罩等武器装备中,也可用作炮盖、炮弹引信、火箭筒壳体、深水水雷外壳、防弹衣、炮弹箱等的材料,在提高武器的性能和质量方面起到重要作用。在民品开发上可制作各种高压容器(如航空气瓶、保健气瓶)、救生艇、冷藏船及螺旋桨等。

(5)E-CR 玻璃纤维。

E-CR 玻璃纤维也称无硼无碱玻璃纤维,是一种改进的耐酸耐水性好的玻璃纤维,其耐水性比无碱玻璃纤维高 7～8 倍,耐酸性比中碱玻璃纤维也优越不少,是专为地下管道、贮罐等的制作而开发的新品种材料。

(6)D-玻璃纤维。

D-玻璃纤维也称低介电常数玻璃纤维,具有高介电性能,是一种介电强度高的低介电常数玻璃纤维。

(7)AR 玻璃纤维。

AR 玻璃纤维也称耐碱玻璃纤维,是水泥基复合材料的良好增强纤维。AR 玻璃纤维用作玻璃纤维增强(水泥)混凝土(简称"GRC")的肋筋材料,是 100％无机纤维,在非承重的水泥构件中是钢材和石棉的理想替代品。耐碱玻璃纤维的特点是耐碱性好,能有效抵抗水泥中高碱物质的侵蚀,弹性模量、抗冲击、抗拉、抗弯强度极高,不燃,抗冻,耐温度、湿度变化能力强,抗裂、抗渗性能卓越,具有可设计性强、易成型等特点。耐碱玻璃纤维是广泛应用在高性能增强(水泥)混凝土中的一种新型的绿色环保型增强材料。

除了以上种类的玻璃纤维以外,近年来还出现了一种新的无碱玻璃纤维,它完全不含硼,从而减轻环境污染,但其电绝缘性能及力学性能都与传统的 E‐玻璃纤维相似。另外,还有一种含双玻璃成分的玻璃纤维,已用于生产玻璃棉,据称在用作玻璃钢增强材料方面也有潜力。此外,还有无氟玻璃纤维,是为满足环保要求而开发出来的改进型无碱玻璃纤维。

2.玻璃纤维生产方法

生产玻璃纤维的主要原料有石英砂、氧化铝和叶蜡石、石灰石、白云石、硼酸、纯碱、芒硝、萤石等。生产方法大致分两类:一类是将熔融玻璃直接制成纤维;一类是将熔融玻璃先制成直径 20mm 的玻璃球或棒,再以多种方式加热重熔后制成直径为 $3\sim80\mu m$ 的甚细纤维。通过铂合金板以机械拉丝方法拉制的无限长的纤维,称为连续玻璃纤维,通称长纤维。通过辊筒或气流制成的非连续纤维,称为定长玻璃纤维,通称短纤维。

玻璃纤维生产工艺有两种:两次成型(坩埚拉丝法)和一次成型(池窑拉丝法)。

1)坩埚拉丝法。两次成型的坩埚拉丝法工艺繁杂,先把玻璃原料高温熔制成玻璃球,然后将玻璃球二次熔化,高速拉丝制成玻璃纤维原丝。这种工艺有能耗高、成型工艺不稳定、劳动生产率低等种种弊端,基本被大型玻璃纤维生产厂家淘汰。

2)池窑拉丝法。一次成型的池窑拉丝法把叶蜡石等原料在窑炉中熔制成玻璃溶液,排除气泡后经通路运送至多孔漏板,高速拉制成玻璃纤维原丝。窑炉可以通过多条通路连接上百个漏板同时生产,如图 2‐3 所示。这种工艺工序简单、节能降耗、成型稳定、高效高产,便于大规模全自动化生产,成为国际主流生产工艺,用该工艺生产的玻璃纤维占全球产量的 90％以上。

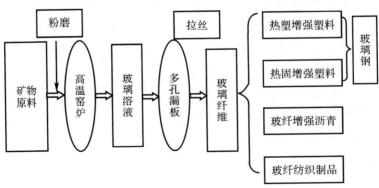

图 2‐3 玻璃纤维工艺流程示意图

2.3　硼纤维与芳纶纤维

硼纤维和芳纶纤维都是航空树脂基纤维复合材料中常用的增强材料,其中硼纤维是在金属丝上沉积硼而形成的无机纤维,通常用氢和三氯化硼在炽热的钨丝上反应,置换出无定形的硼沉积于钨丝表面获得,属脆性材料。芳纶纤维是继玻璃纤维、碳纤维和硼纤维之后被用作复合材料的增强纤维,由美国杜邦公司首先实现工业化生产。

2.3.1　硼纤维

1. 硼纤维的定义和特性

(1)硼纤维的定义。

硼纤维,也称为硼丝,是一种在金属丝上沉积硼而形成的耐高温的无机纤维。硼纤维是高性能复合材料重要的增强纤维品种之一,是用化学气相沉积法使硼沉积在钨丝或碳纤维状芯材上制得的直径为 $100\sim200\,\mu m$ 的连续单丝。常用的钨丝芯材直径为 $3.5\sim50\,\mu m$,通过反应管由电阻加热,三氯化硼(BCl_3)和氢气(H_2)的化学混合物从反应管的上部进口流入,在沉积过程中被加热至温度为 $1\,120\sim1\,200\,℃$ 时,硼扩散渗入钨丝的核心,比钨丝向外扩散的速度快得多。钨丝芯转变为各种硼化钨,如 WB,W_2B_5 和 WB_4 等,此阶段仅有少量的硼沉积。当温度为 $1\,200\sim1\,300\,℃$ 时,经过化学反应,硼的沉积速度加快,硼层就在干净的钨丝表面上沉积,最后得到所需直径的硼纤维。在沉积过程中钨丝芯受到压应力,在最初的沉积层中存在拉应力,使硼纤维存在辐射状裂纹。

为避免在与金属复合时发生不良的界面反应和微裂纹的进一步扩展,常在沉积的后期设置涂覆室,通入三氯化硼(BCl_3)、甲烷(CH_4)及氢气(H_2),发生反应生成碳化硼沉积于纤维表面。涂层厚度一般为 $3\,\mu m$,对纤维有良好的保护作用。制成的硼纤维被导出,缠绕在丝筒上。

(2)硼纤维的特性。

硼纤维在 20 世纪 60 年代得到开发应用,国内 70 年代开始研制。成熟的制备工艺、合理的价格是硼纤维得以发展的最本质的原因。

硼纤维最突出的优点有以下方面:

1)力学性能高。硼纤维拉伸强度为 3.5GPa,弹性模量为 400GPa。

2)抗弯曲性能好。硼纤维相应压缩强度为 6.9GPa,是其拉伸强度的 2 倍。

3)密度低。硼纤维密度为 2.5g/cm³,相对密度只有钢材 1/4。

硼纤维的主要缺点是制备工艺复杂,不易大量生产,价格昂贵。

硼纤维复合材料在航空工业中有非常广泛的应用,硼纤维与环氧树脂带材可用于飞机金属机体的修补。金属机体因长期运行会出现龟裂及金属疲劳,采用硼纤维复合材料修补飞机无须分解机体就可进行修补,可缩短修理、停飞时间,提高工效,降低维修成本。

2. 纳米硼纤维

纳米硼纤维是在硼纤维的基础上经过纳米技术处理,使其成为质量更轻、强度更大的一种复合材料增强纤维。它的质量只有碳纤维的 1/3,但是强度却是碳纤维的三倍。纳米硼纤维作为一种性能强劲的增强剂,已经越来越广泛地应用于复合材料生产中。

纳米增强材料是近 20 年来发展起来的一门新材料技术,纳米材料是指至少有一个维度的尺寸小于100nm或由小于100nm的基本单元组成的材料。纳米材料通常按照维度进行分类:0维纳米材料,包括原子团簇、纳米微粒;一维纳米材料,包括纳米线和纳米管等;二维纳米材料,为纳米薄膜;三维纳米材料,为纳米块体。

当材料维度进入纳米级,便表现出一般材料不具备的独特效应,具体如下:

1)尺寸效应。当材料处在0.1～100nm的纳米尺寸范围时,其物性系统会因此呈现出异常的物理、化学和生物特性,声、光、电、磁、热力学等特征性能,即呈现新的小尺寸效应,如光吸收显著增加;材料的磁性也会发生很大变化,如一般铁的矫顽力约为80A/m,而直径小于20nm的铁,矫顽力却增加了1000倍。若将纳米粒子添加到聚合物中,不但可以改善聚合物的力学性能,甚至还可以赋予其新性能。

2)量子效应。微观粒子贯穿势垒的能力称为隧道效应。纳米粒子的磁化等也具有隧道效应,它们可以穿越宏观系统的势垒而产生变化,这称为纳米粒子的宏观量子隧道效应。它的研究对如导电、导磁、微波吸收高聚物等的基础研究及实际应用都具有重要意义。

3)表面效应。纳米材料由于表面原子数增多,使晶界上的原子占相当高的比例,而表面原子配位数不足和高的表面自由能,使这些原子易与其他原子相结合而稳定下来,从而具有很高的化学活性,这对提高复合材料的界面结合非常有帮助。

2.3.2 芳纶纤维

1.芳纶纤维的定义

芳纶纤维的全称是芳香族聚酰胺纤维,是一种性能优异的高科技合成纤维。其类型可分为邻位、间位及对位3种,其中邻位无商业价值;对位芳纶产品主要有美国杜邦公司的凯芙拉;间位芳纶产品主要有杜邦公司的Nomex和美国帝人公司的Conex等。

对位芳纶是指每个单体的活性基团均位于苯环1,4位,也称芳纶14,其主链结构具有高度的规则性,大分子以十分伸展的状态存在,它具有耐高温、防火、耐化学腐蚀性能及高的力学性能和抗疲劳性。强度为钢的3倍,它的热稳定性好,在150℃温度下收缩率为0。在高温下仍能保持较高的强度,如在260℃温度下仍可保持原强度的65%。在实际生产中,航空复合材料主要使用对位芳纶纤维的凯芙拉系列,其他两种较少使用。

杜邦公司芳纶纤维的商品名为凯芙拉,它是一种新型高科技合成纤维,具有高强度、高模量和耐高温、耐酸耐碱、质量轻等优良性能,其强度是钢丝的5～6倍,模量为钢丝或玻璃纤维的2～3倍,韧性是钢丝的2倍,而质量仅为钢丝的1/5左右,在560℃的温度下,不分解,不融化。它具有良好的绝缘性和抗老化性能,具有很长的生命周期。

2.芳纶的合成方法

(1)界面缩聚法。

界面缩聚法于1959年由美国杜邦公司发表,方法是将二羧酸酰氯溶解在与水不相混合的有机溶剂中,如苯、四氯化碳等,再将二元胺溶于水中,然后将上述两种溶液混合。在两种液体界面上发生缩聚反应生成聚合体薄膜,因为反应在界面上进行,所以称为界面缩聚。为获得产量高、易于分离、水洗和干燥的粉状或颗粒状的聚合物,要不断地搅拌。通常将有机溶剂配制的酰氯液体加入搅拌的二胺水溶液中,反应在室温下开始,因反应放热温度可升至50～60℃,生成的高聚物可经过分离而得到。

(2)低温溶液缩聚法。

低温溶液缩聚法是目前工艺最成熟的合成芳纶纤维的方法,目前已工业化生产的芳纶纤维合成均采用此种方法。在装有不锈钢搅拌器并通有干燥氮(N_2)的玻璃聚合反应器中,加入含一定量无水氯化锂(LiCl)和 N -甲基吡啶烷酮(NMP)溶液,在室温下加入粉末状对苯二胺,待其溶解后,用冰水浴将溶液降到一定温度,然后加入化学计量的粉末状对苯二甲酰氯,同时加快搅拌速度,随着反应进行,溶液黏度增大,液面突起,数分钟后,发生爬杆现象并出现凝胶化,继续搅拌数分钟,粉碎黄色凝胶团,然后将产物静置 6 h 以上。将所得的聚合体加少量水,粉碎过滤,再用冷水及热水洗涤多次,以除去残留的溶剂、氯化锂(LiCl)、盐酸(HCl)及吡啶,至洗液显中性,再将聚合物于 100℃下干燥 5h 以上,得干燥聚合体。然后将聚合体于冷浓硫酸中混合,再加热至 75 ℃,成为向列型液晶溶液,再进行纺丝。

(3)气相聚合法。

将芳香族二胺和芳香族二酰氯汽化,并在惰性气体和气态叔胺类类化合物(如三乙胺或吡啶)存在下进行混合,然后在管式反应器或单体式反应器中进行气相缩聚反应,单体摩尔浓度为 2%～50%,反应温度为 150～350℃,反应时间为 0.101s。此法制得的芳香族聚酰胺,可以经过干法、湿法或干-湿法纺制成纤维。

2.4　填 充 材 料

复合材料除了有基体材料和增强材料,有时候在基体材料中还会加入填充材料。填充材料是以粉末、颗粒的形式加入到基体中,目的是改善复合材料力学性能,或赋予复合材料以某种特殊功能。

2.4.1　填充材料的定义和选择原则

1.填充材料的定义

填充材料简称"填料",是主要以粉末、颗粒的形式加入到基体中以改善复合材料力学性能,或赋予复合材料以某种特殊功能的细微同体材料的统称。填充材料还可包括微珠、短纤或其他形状的细微材料,如现在广泛研究的纳米材料,也可看成是一种新型的填充材料。

有些填充材料虽然也能提高或改善复合材料力学性能,但填料不能归类于增强材料,其主要目的不是在于增强,而是在于改性,更多的是赋予某种声、光、电、热、磁和生物化学上的功能。复合材料的改性主要体现在性能上的改进和成型工艺的改进,如果把改性也作为填料的一种功能,则目前所用的大多数填料都可归类于功能填料。用功能填料制备的复合材料则称为功能复合材料。

2.填充材料选择原则

填充材料种类繁多,按形状分为球形、立方体形、矩形、薄片形和纤维形;按化学成分分为无机填料和有机填料。无机填料包括玻璃、碳、碳酸钙、金属氧化物、金属粉末、二氧化硅、硅酸盐等;有机填料包括纤维素和塑料等。通常应用的填料为无机填料。

如何选择填充材料主要考虑以下方面:

1)填充材料具有一定的弹性,不能阻碍复合材料正常的膨胀与收缩。

2)填充材料具有耐候性、防水性、保温性、隔声性以及一定的阻燃性,材料本身要保持长时间的物理化学性质稳定。

3)填充材料与复合材料结构有较好的适应性,不能对复合材料造成腐蚀。

2.4.2　填充材料的类型

填充材料包括的范围很广,种类繁多,而且新的品种还在不断研发,从材料属性看,填料大致可分为金属填料、无机非金属填料和有机高分子填料,但用得最多的是用无机矿物质和它们的化合物制备的填料。填料主要的应用对象是树脂基复合材料。常用的几种功能填充材料有如下几个方面。

1.导电填充材料

导电填充材料是用于制备导电高分子复合材料的固体材料,主要类型有碳黑、碳纤维、金属粉、金属纤维及碎片、镀金属的玻璃纤维及其他各种新型导电材料。导电填料分散法是制备这类复合材料的主要方法,将填料以一定的比例加入到树脂基体中,均匀分散,再成型为复合材料。导电复合材料具有防静电和电磁波屏蔽功能,被广泛地应用于航空、电子、电气、石油化工、机械、照相和军火工业等领域,用作包装、保温、密封和集成电路材料等。

2.磁功能填料

磁功能填料主要有铁素体类钡铁氧体、稀土类钴等,可制成磁性复合材料,成本比金属磁铁低,主要用于电子、通信和电气等领域。磁性复合材料的磁力强度取决于磁性填料量,填料越多磁力越好,一般为 30%～90%。另外,填料的结晶形态和取向性能对磁力也有很大的影响。填料晶体形状均匀且取向性好时,磁场强度也好。

3.光功能填料

光功能填料主要有光散射、光反射、光致发光和光致变色等类型的填料,主要品种有玻璃珠、荧光粉、过渡金属和稀土金属等。光功能填充材料主要用于夜间交通标志、信息贮存、显示、彩色装饰、照明及半导体等方面,在电子信息、家电和建筑交通等领域得到广泛应用。

4.压电功能填料

压电功能填料主要有压电晶体、压电陶瓷、压电金属薄膜和压电高分子材料。用于制造具有声学功能的高分子压电复合材料,这种复合材料具有能量转换率高、易于成型、使用方便等特点,主要用于制备声呐、水声器和超声传感器。压电晶体还用作传感元件,用于制造智能型的复合材料结构。

5.电磁波屏蔽功能填料

电磁波屏蔽功能填料采用金属丝或金属颗粒制取,主要有铝纤维、黄铜纤维和镀镍碳纤维,与高分子基体复合成复合材料后,具有一定导电性,对电磁波有反射作用,既能屏蔽外来电磁波,也能防止电器内部电磁波外泄,并具有质轻、易加工成型和屏蔽效果好的特点。

6.吸波功能填料

吸波材料是指能吸收投射到它表面的电磁波能量,并通过材料的介质损耗使电磁波能量转化为热能或其他形式的能量而耗散掉的一类材料。它的工作原理与材料的电磁特性有关。吸波材料必须具备两个条件:一是雷达波射入到吸波材料内时,能量损耗尽可能大;二是吸波材料的阻抗与雷达波的阻抗相匹配,此时满足无反射。

吸波功能填料主要有电阻型的碳化硅、石墨,电介质型的钛酸钡和磁介质型的铁氧体、羰基和多晶铁纤维等。用吸波功能填料制取的复合材料具有隐身功能,是研制隐身结构复合材料的新型材料。

7. 阻燃功能填料

阻燃功能填料具有阻燃、抑烟和降低燃烧速率功能的一类物质,主要有卤素(溴和氯)、无机材料和三聚氰胺化合物。近年来,卤素化合物因燃烧时放出毒气而逐渐被禁用,新型阻燃剂有氢氧化镁、氢氧化铝和硼酸锌等。用阻燃剂制备的树脂基复合材料用于飞机、船舶和车辆的内装饰上。

2.5　复合材料树脂基体

用于制造复合材料的原材料称为组分材料,主要包括基体材料和增强材料。复合材料结构原理是将两者进行有效的组合,以发挥各自的作用,形成优势互补,得到原单一组分材料所不具备的优异性能。复合材料的力学、物理性能除了与增强材料(如纤维)的种类及含量、排列方向、铺层次序和层数有关,还与所使用的基体材料密切相关。高性能复合材料的使用温度、耐环境性能、力学性能和电性能在很大程度上也取决于所采用的基体材料。

2.5.1　树脂基体的定义和性能要求

1. 树脂基体的定义

复合材料的基体是指在复合材料中起到黏结增强体和填料,使之成为整体并传递载荷的主要组分材料。复合材料的基体基本上按原材料的类别区分,可分为树脂(高聚物)基、金属基、陶瓷基、玻璃与玻璃陶瓷基、碳基(包括石墨基)和水泥基等几种类型。其中树脂基又可分热固性高聚物基(如环氧树脂、不饱和聚酯和聚酰亚胺等)和热塑性高聚物基(如各种通用型塑料以及聚醚酚、聚苯硫醚、聚醚醚酮等高性能品种)。树脂基体在复合材料中应用很广泛,其工艺成熟,尤其是热固性高聚物使用历史长,但一般只能在 300℃ 以下使用。金属基体的使用温度范围为 400~1 100℃,但工艺尚不成熟。玻璃与陶瓷基体仍处在试验阶段,工艺很不成熟,但由于使用温度范围为 600~1 400℃,是很有吸引力的。碳(石墨)基体使用温度在有抗氧化措施的条件下可超过 2 000℃。水泥基体用于复合材料历史较短,但可望成为用量很大的基体材料。

目前航空复合材料结构中(包括无人机结构),绝大多数用的是树脂基复合材料,而金属和陶瓷基等其他类型基体复合材料的应用较少,因此本节主要是介绍和讨论航空用高性能树脂基体,同时涉及不同树脂基复合材料的应用。

2. 树脂基体的性能要求

制造无人机结构零部件选择使用什么样的复合材料树脂,取决于树脂本身的性能。对于复合材料结构零部件来说,所选树脂基体不但需要满足综合性能好的要求,还要满足室温下适用期长、黏度低等工艺性需要,以适应结构较复杂的复合材料结构件的成型。需要考虑的最重要的有以下方面的性能要求:

(1)黏结性能。

复合材料使用的树脂基体与纤维或芯材之间的黏结性能是很重要的,比较环氧树脂、乙烯基树脂、聚酯树脂这三种树脂基体的黏结性能,其中环氧树脂的黏结性能最好,乙烯基树脂的黏结性能中等,聚酯树脂的黏结性能最差,因此许多高强度的复合材料都是采用环氧树脂作为基体材料。环氧树脂的这种高黏结性能尤其适用于夹芯蜂窝结构的生产,黏结面积虽然很小,但可最大限度地增加黏结强度。

(2)力学性能。

复合材料不论使用何种树脂基体,最重要的两项力学性能是拉伸强度和模量。相比于聚酯树脂和乙烯基树脂,环氧树脂具有更高的强度和模量(在80℃,5h条件下固化)。

在复合材料的设计和生产阶段,收缩也需要重点考虑,收缩发生在树脂固化过程和固化后阶段。其原理是树脂分子相对于液态和半凝胶状态下进行重新排列并重新取向。聚酯树脂和乙烯基树脂固化过程中需要大量的分子从新排列,所以他们的固化收缩率达到8%。然而,环氧树脂独特的反应特性使其固化过程中只有很少的分子需要重新排列,固化收缩率仅在2%左右。

(3)耐水性能。

树脂的一个重要的特性是能经受住水的降解。任何树脂都会吸收水分并增加自身的质量,但重要的是这些水和树脂及树脂/纤维黏结界面作用,会引起一个逐渐积累的长期力学性能损失过程。分子结构中的酯基团、聚酯和乙烯基树脂都很容易让水分解,因此聚酯复合材料在水中浸泡一年后只能保留65%的剪切强度,而环氧树脂复合材料浸泡同一时间(一年)能保持90%左右的剪切强度。由此可见,环氧树脂的聚合物链结构在抵御水的影响方面要大大优于其他树脂系统,即环氧树脂显示出良好的耐化学性能、耐水性、对于水有低的渗透率、具备非常良好的力学性能。

(4)韧性。

除上述性能外,对树脂基复合材料而言,还有一个值得关注的性能就是树脂的韧性,增韧的树脂可改善复合材料的断裂韧性和疲劳性能,在损伤下保持较高剩余强度,提高无人机结构的使用安全。

环氧树脂和双马来酰亚胺树脂是目前用得最多的两种高性能热固性树脂基体,但它们都有固化物脆性较大的缺点。这是由于固化后形成的立体网状分子交联结构密度高,使整个分子结构的刚性增大,导致固化物的脆性大。高性能树脂基体的增韧改性主要从以下三方面进行:

1)分子结构改性。进行分子结构原创性改性,如在分子主链结构上引入柔性链段改变交联网络的化学结构组成,这类方法主要包括接枝共聚、嵌段共聚和互穿网络等。

2)改进固化工艺。简单的降低交联密度,有可能导致树脂基体的耐热性下降,更好的方法是通过控制固化反应历程来控制固化物的分子结构形态,使最终形成的交联网络是非均匀的连续相结构,既有刚性部分,也有柔性部分,且柔性部分则起到增韧作用。通过控制这种交联网络的非均匀性,可得到不同的增韧效果。

3)采用共混的方法。在树脂中加进一些能增韧的成分,如刚性无机填料、橡胶弹性体、热塑性树脂单体和热致性液晶聚合物,以及新型的纳米填料等。

2.5.2 高性能树脂基体的类型

高性能树脂基体实际上是一种高分子聚合物材料,按照加工性能不同,分为热固性和热塑性,以及各种各样改性或共混基体。热塑性树脂可以溶解在溶剂中,也可以在加热时软化和熔融变成黏性液体,冷却后又变硬。热固性树脂只能一次加热和成型,在加工过程中发生固化,形成不熔和不溶解的网状交联型高分子化合物,因此不能再生。

1.热固性树脂基体

热固性树脂在固化后,由于分子间交联,形成网状结构,其优点是刚性大、硬度高、耐温高、不易燃、受压不易变形和制品尺寸稳定性好。热固性树脂基体主要有环氧树脂、双马来酰亚胺、聚酰亚胺、聚酯、酚醛和异氰酸酯等类型。无人机结构复合材料的树脂基体以热固性树脂为主。热固性树脂被大量地用来制造无人机的各种结构件,包括机翼、机身和尾翼等主承力结构件。

从耐热性考虑,用作轻质高效结构材料的热固性高性能树脂基体主要有三大类,即 130℃ 以下长期使用的环氧树脂体系、150~220℃ 下长期使用的双马来酰亚胺树脂体系和 260℃ 以上使用的聚酰亚胺树脂体系。

环氧树脂最高使用温度达 150℃,越来越多地应用在无高温要求的军用无人机结构和民用无人机结构上。双马来酰亚胺树脂成本较高,主要用在高性能军用无人机上的耐高温构件上。而聚酰亚胺树脂由于优异的高温性能,已被开发应用在无人机发动机部件上。

2.热塑性树脂基体

高性能热塑性基体主要是一些半结晶型的新型热塑性树脂,如聚醚醚酮、聚醚酮、聚苯硫醚和聚醚酰亚胺等。这些新型的热塑性树脂是在 20 世纪 80 年代开发出来的,与热固性树脂基体相比,它们具有耐温性、工艺性及可再生重复使用等方面的优势,已被开发用于制造无人机结构件。

2.5.3　环氧树脂

环氧树脂基体实际上是由环氧树脂、固化剂和其他助剂组成的一种树脂体系,其性能主要取决于所选用的环氧树脂。

1.环氧树脂的定义

环氧树脂是指分子结构中含有两个或两个以上环氧基并能与某些化学试剂发生反应形成三维网状交联分子结构的高分子材料。这种由线性的大分子结构变成立体的网状分子交联结构的过程称为固化。环氧树脂的固化,通常需要借助于一种叫固化剂的化学物质的作用,有时还需要加热。经固化后,树脂由黏流状态转变成坚实的固体状态,同时伴有热量放出,因此环氧树脂的固化反应是放热反应,这一特性成为表征和研究环氧树脂的分子结构、固化行为以至最终性能的重要依据。有多种方法可以用来进行这方面的研究,其中用得最多的是热分析方法。

环氧树脂是一类重要的热固性树脂,与酚醛树脂及不饱和聚酯树脂并称为三大通用型热固性树脂,但环氧树脂性能最好,用得最多。环氧树脂中含有独特的环氧基,以及羟基、醚键等活性基团和极性基团,因而具有许多优异的性能。与其他热固性树脂相比较,环氧树脂的种类和牌号最多,性能各异。环氧树脂固化剂的种类更多,再加上有众多的促进剂、改性剂、添加剂等,因此可以进行多种多样的组合和组配,从而能获得各种各样性能优异的、各具特色的环氧固化物材料,几乎能适应和满足各种使用性能和工艺性能的要求。

用高性能环氧树脂作为基体,与高性能的纤维增强体复合,能得到性能非常优异的复合材料,在包括无人机的航空等高端领域得到了大量应用,且现在还在不断地发展中。

2.环氧树脂的性能特点

环氧树脂分子中含有两个或两个以上环氧基团的有机高分子化合物,可与多种类型的固化剂发生交联反应而形成不溶不熔的、具有三向网状结构的高聚物。

环氧树脂的性能特点如下：

1) 固化方便。可以适应多种固化剂、改性剂体系的要求，几乎可以在 0~180℃ 温度范围内固化。

2) 力学性能好。环氧树脂具有很强的内聚力，分子结构致密，所以它的力学性能高于酚醛树脂和不饱和聚酯等通用型热固性树脂。固化后的环氧树脂体系具有优良的力学性能。

3) 黏附力强。环氧树脂固化体系中活性极大的环氧基、羟基，以及醚键、胺键、酯键等极性基团使环氧固化物对各种固体材料都有极高的黏结强度。环氧树脂固化时的收缩性低，产生的内应力小，这也有助于提高黏附强度。

4) 收缩性低。环氧树脂和所用的固化剂的反应是通过直接加成反应或树脂分子中环氧基的开环聚合反应来进行的，没有水或其他挥发性副产物放出。与不饱和聚酯树脂、酚醛树脂相比，它们在固化过程中显示出很低的收缩性（小于 2%）。

5) 工艺性好。适用于各种成型工艺。环氧树脂固化时基本上不产生低分子挥发物，所以可低压成型或接触压成型。配方设计的灵活性很大，可设计出适合各种工艺性要求的配方，用于浇注、模压、浸渍、层合板料、黏合剂和涂料等方面。

6) 电性能好。固化后的环氧树脂体系是一种具有高介电性能、耐表面漏电、耐电弧的优良绝缘材料。环氧树脂体系是热固性树脂中介电性能最好的品种之一。

7) 化学稳定性好。环氧固化物具有优良的化学稳定性，其耐碱、酸和盐等多种介质腐蚀的性能优于其他热固性树脂。

8) 尺寸稳定性好。环氧树脂固化物的尺寸稳定性好。固化收缩率一般为 1%~2%，是热固性树脂中固化收缩率最小的品种之一，其产品尺寸稳定，内应力小，不易开裂。

9) 耐霉菌。固化的环氧树脂体系耐大多数霉菌，可以在苛刻的热带条件下使用。

3. 环氧树脂的类型

环氧树脂品种繁多，其分类方法是按分子化学结构分类。根据环氧基（又称缩水甘油基）相连官能基团化学结构不同和环氧基相连化合物结构不同，环氧树脂大致可以分成以下几类。其中复合材料工业上使用量最大的环氧树脂品种是缩水甘油醚类环氧树脂，而缩水甘油醚类环氧树脂又以二酚基丙烷型环氧树脂（简称"双酚 A 型环氧树脂"）为主，其次是缩水甘油胺类环氧树脂。改性环氧树脂是根据所用的元素和原母体进行分类，如元素有机（如硅、磷）环氧树脂、聚氨酯环氧树脂等。

(1) 缩水甘油醚型环氧树脂。

这类环氧树脂中最具有代表性的是双酚 A 二缩水甘油醚（DECBP－A），占世界环氧树脂总产量的 75% 以上，它的应用遍及国民经济的各个领域，因此被称为通用型环氧树脂。这类树脂最典型的性能其优点有以下方面：

1) 黏结强度高，黏结面广，可黏结除聚烯烃之外几乎所有的材料。

2) 固化收缩率低，小于 2%，是热固性树脂中收缩率最小的一种。

3) 稳定性好，未加入固化剂时可放置 1 年以上不变质。

4) 耐化学药品性好，耐酸碱和多种化学品。

5) 机械强度高，可作结构材料用。

6) 电绝缘性优良，普遍性能超过聚酯树脂。

但它也有以下缺点：

1)耐环境气候性差,在紫外线照射下会降解,造成性能下降。

2)冲击强度低。

3)不太耐高温。

(2)缩水甘油酯型环氧树脂。

缩水甘油酯型环氧树脂的性能特点是：

1)黏度低,与常温固化剂反应速度快。

2)与中、高温固化剂配合适用期长,在一定温度时具有高反应性。

3)与酚醛树脂及环氧树脂相容性好。其固化物的力学性能与双酚 A 环氧树脂大体相同,耐热性低于双酚 A 型环氧树脂,耐水、酸、碱性不如双酚 A 型环氧树脂。但有优良的耐候性和耐漏电痕迹性。

4)缩水甘油酯的固化反应活性比双酚 A 型环氧树脂大,固化物在超低温(−190℃)下仍具有良好的黏结强度。

(3)缩水甘油胺型环氧树脂。

缩水甘油胺型环氧树脂是由多元胺同环氧氯丙烷反应脱去氯化氢而制得的。缩水甘油胺固化产物的耐热性、机械强度都超过双酚 A 型环氧树脂。它们和二氨基二苯甲烷(DDM)或二氨基二苯砜的组成物与碳纤维有良好的浸润性和黏结强度。

(4)脂环族环氧化合物。

脂环族环氧化合物的环氧基直接连在脂环上,化合物和酸酐、芳香胺固化后得到的产物具有较高的耐热性、电绝缘性和耐候性,但是固化物性脆,耐冲击性差。有些产品经多元醇醚化后可以改善性能。这类环氧化合物的主要用作玻璃纤维复合材料的基体。

4.环氧树脂固化剂

环氧树脂的固化关系到复合材料成型工艺的质量控制和最佳化,它最终决定复合材料的性能和质量,因此一直是复合材料技术的重要研究课题。环氧树脂固化反应的原理目前尚未完全明确,固化物的性能除取决于树脂本身的性能外,还与所选用的固化剂密切相关,目前用于环氧树脂的固化剂主要有以下几种：

(1)胺类固化剂。

胺类固化剂一般都含带有活泼氢原子的氨分子,而活泼氢原子能与环氧树脂的环氧基作用,使环氧基开环并与其中的氧原子化合生成羟基,生成的羟基再与环氧基起醚化反应,最后生成网状或体型聚合物。胺类固化剂使用比较普遍,其固化速度快,而且黏度也低,使用方便,但产品耐热性不高,介电性能差,并且固化剂本身的毒性较大,易升华。胺类固化剂包括脂肪族胺类、芳香族胺类和胺的衍生物等,可以根据不同的环氧树脂选用。

(2)酸酐类硬化剂。

酸酐类硬化剂硬化反应速度较缓慢,硬化过程中放热少,使用寿命长,毒性较小,硬化后树脂的性能(如力学强度、耐磨性、耐热性及电性能等)均较好;但由于硬化后含有酯键,容易受碱的侵蚀并且有吸水性,另外,除少数在室温下是液体外,绝大多数是易升华的固体,而且一般要加热固化。

酸酐和环氧树脂的固化机理,至今尚未完全明确,比较公认的说法是,酸酐先与环氧树脂中的羟基起反应而生成单酯;第二步由单酯中的羟基和环氧树脂的环氧基起开环反应而生成双酯;第三步再由体系中的羟基对环氧基起开环作用,生成醚基,所以可得到既含醚键,又含有酯基的不溶不熔的体型结构。

(3)咪唑类固化剂。

咪唑类化合物是一种新型固化剂,可在较低温度下固化树脂而得到耐热性优良的固化物,并且固化物具有优异的力学性能。

5.环氧树脂基体改性

虽然环氧树脂具有优良的综合性能,但是,由于固化后的分子交联密度高、内应力大,因而存在质脆、耐疲劳性差、抗冲击韧性差等缺点,对于航空复合材料,环氧树脂的增韧改性一直都是重要的研究课题。

(1)热致液晶聚合物增韧。

利用热致液晶聚合物改性环氧树脂,既可显著提高环氧树脂的韧性,又可同时改善体系的强度和耐热性。其大致的工作原理是液晶的分子结构中含有大量的刚性介晶基元和一定量的柔性链段,它属于特殊的高性能热塑性聚合物,当其加入到环氧树脂体系中时能明显改善环氧树脂连续相的性质,有利于在应力作用下产生剪切滑移带和微裂纹,使裂纹端应力集中得到松弛,阻碍裂缝扩展。研究结果表明,在热致液晶与环氧树脂共混体系中,控制液晶的形态对提高环氧固化物的力学性能非常关键。

利用热致液晶聚合物增韧环氧树脂的主要途径可以归纳为以下两类:

1)制成热致性液晶环氧树脂,通过选用适当的固化剂,使液晶环氧树脂在液晶温度范围内固化,从而提高固化物的韧性。

2)将热致液晶聚合物采用共混的方式加入到环氧树脂固化体系中进行增韧改性。

(2)热塑性树脂增韧。

热塑性树脂增韧是应用得较多的一种方法。通常是以高相对分子质量或低分子官能齐聚物形式进行增韧改性。常用的热塑性树脂有聚醚醚酮、聚砜、聚碳酸酯等耐热性较好、力学性能高的树脂。热塑性树脂增韧机理可用桥联和裂纹钉锚模型来描述。

1)桥联约束效应。热塑性树脂往往具有与环氧树脂相当的弹性模量和远大于环氧树脂的断裂伸长率,这使得桥联在已开裂的脆性环氧基体表面的延性塑性颗粒对裂纹扩展起约束闭合作用。

2)裂纹钉锚。颗粒桥联不仅对裂纹前缘的整体推进起约束作用,分布的桥联力还对桥联点处的裂纹起钉锚作用,从而使裂纹前缘呈波浪形弓出。

热塑性树脂还可与环氧树脂形成半互穿网络结构,这两种组分互相贯穿,相互融合,从而改善环氧树脂固化产物的韧性。如热塑性的聚氨酯与环氧树脂混合固化时,脆性的环氧树脂网络与弹性的聚氨酯分子链互穿,缠结在一起,这样形成的弹性互穿网络起到了分散应力与应变的作用,阻止了环氧受力后裂纹的扩展,提高了拉伸强度和断裂伸长率。互穿网络的性能主要取决于互穿的顺序及其形成网络的结构,同步互穿能最大限度地抑制相分离的过程,因而能取得最好的互穿效果。

(3)纳米粒子增韧。

纳米复合材料是指两种或两种以上的固相材料中至少有一相是纳米量级的材料。纳米复合材料因其独特的尺寸效应、体积效应、量子效应而表现出常规材料所不具备的优异性能和特殊性能。

纳米粒子的粒径在 1～100nm 范围内,由于粒径很小,表面非配对原子多,与聚合物发生物理或化学结合的可能性大,加到聚合物中可以达到很好的改性目的。在纳米粒子的应用中,如何避免粒子团聚是关键问题之一。通常对无机纳米粉末的表面采用表面活性剂或偶联剂进行预处理,然后将其与环氧树脂进行混合。通常环氧树脂与纳米粉末采用混合法及插层复合法进行混合:对于环氧树脂而言,采用溶液混合法将环氧树脂与无机纳米粉末混合最有效。方法是先将无机纳米粉末进行预处理,然后将环氧树脂溶于适当的溶剂中,再将处理后的无机纳米粉末加入,充分搅拌,使两者充分混合均匀,然后除掉溶剂即得预定材料。

2.5.4 聚酰亚胺树脂

1. 聚酰亚胺树脂的定义

聚酰亚胺树脂是指含有酰亚胺基团结构的一类聚合物,它包括热固性和热塑性两大类,其中热固性聚酰亚胺具有优异的热氧化稳定性、良好的成型工艺性和综合力学性能,可在高温环境中长期使用。

聚酰亚胺作为一种特种工程材料,已广泛应用在航空、航天、微电子、纳米、液晶、分离膜、激光等领域。近年来,各国都在将聚酰亚胺的研究、开发及利用列入 21 世纪最有希望的工程塑料之一。聚酰亚胺,因其在性能和合成方面的突出特点,不论是作为结构材料或是作为功能性材料,其巨大的应用前景已经得到充分的认识,其被称为是"解决问题的能手",并认为"没有聚酰亚胺就不会有今天的微电子技术"。

2. 聚酰亚胺树脂的类型

作为复合材料树脂基体的聚酰亚胺主要是热固性聚酰亚胺。热固性聚酰亚胺依据其活性封端基可分为 3 种主要类型。

1)单体反应物原位聚合聚酰亚胺,主要指 Nadic 酸酐封端的一类聚酰亚胺。PMR-15 是常用的聚酰亚胺,具有优异的工艺性,在固化反应过程中没有小分子挥发物产生,因此可在较低压下进行热压罐和模压成型。PMR-15 复合材料具有优良的热氧化稳定性和综合力学性能。

2)乙炔封端聚酰亚胺,包括 Thermid 和 Thermcon 树脂系列。Thermcon 树脂的特点是固化物具有优异的介电性能,可作为绝缘材料使用。但经过适当处理后,Thermcon 树脂又是在环境条件下性能稳定的导电塑料。

3)双马来酰亚胺。虽然聚酰亚胺树脂有卓越的耐热性,但苛刻的工艺条件限制了它的推广应用。而居于环氧树脂与聚酰亚胺之间的加成聚酰亚胺——双马来酰亚胺,既有接近聚酰亚胺的耐热性,又基本保留了环氧树脂的成型工艺性,因而得到极大的关注。自 1980 年以来,它的应用范围已从耐热绝缘材料推广到先进复合材料的基体树脂。

3. 聚酰亚胺合成方法

聚酰亚胺品种繁多、形式多样,在合成上具有多种途径,可以根据各种应用目的进行选择,这种合成上的易变通性也是其他高分子所难以具备的。

1)聚酰亚胺主要由二元酐和二元胺合成,这两种单体与众多其他杂环聚合物,如聚苯并咪唑、聚苯并噁唑、聚苯并噻唑、聚喹噁啉和聚喹啉等单体比较,原料来源广,合成也较容易。二酐、二胺品种繁多,不同的组合就可以获得不同性能的聚酰亚胺。

2)聚酰亚胺可以由二酐和二胺在极性溶剂,如二甲基甲酰胺、二甲基乙酰胺、N-甲基吡咯烷酮与甲醇混合溶液中先进行低温缩聚，获得可溶的聚酰胺酸，成膜或纺丝后加热至 300℃ 左右脱水成环，转变为聚酰亚胺；也可以向聚酰胺酸中加入乙酐和叔胺类催化剂，进行化学脱水环化，得到聚酰亚胺溶液和粉末。二胺和二酐还可以在高沸点溶剂，如酚类溶剂中加热缩聚，一步获得聚酰亚胺。此外，还可以由四元酸的二元酯和二元胺反应获得聚酰亚胺；也可以由聚酰胺酸先转变为聚异酰亚胺，然后再转化为聚酰亚胺。这些方法都为加工带来方便，前者称为单体反应物原位聚合法，可以获得低黏度、高固量溶液，在加工时有一个具有低熔体黏度的窗口，特别适用于复合材料的制造；后者则增加了溶解性，在转化的过程中不放出低分子化合物。

3）只要二酐（或四酸）和二胺的纯度合格，不论采用何种缩聚方法，都很容易获得足够高的相对分子质量，加入单元酐或单元胺还可以很容易的对相对分子质量进行调控。

4）以二酐（或四酸）和二胺缩聚，只要达到一定的物质的量比，在真空中热处理，可以将固态的低相对分子质量预聚物的相对分子质量大幅度的提高，从而给加工和成型带来方便。

5）很容易在链端或链上引入反应基团形成活性低聚物，从而得到热固性聚酰亚胺。

6）利用聚酰亚胺中的羧基，进行酯化或成盐，引入光敏基团或长链烷基得到双亲聚合物，可以得到光刻胶或转移沉积到基底上的膜的制备。

7）一般的合成聚酰亚胺的过程不产生无机盐，对于绝缘材料的制备特别有利。

8）作为单体的二酐和二胺在高真空下容易升华，因此容易利用气相沉积法在工件，特别是表面凹凸不平的器件上形成聚酰亚胺薄膜。

2.5.5　双马来酰亚胺树脂

1. 双马来酰亚胺树脂的定义

双马来酰亚胺树脂，是由聚酰亚胺树脂体系派生的另一类树脂体系，是以马来酰亚胺为活性端基的双官能团化合物，有与环氧树脂相近的流动性和可模塑性，可采用与环氧树脂类同的一般方法进行加工成型，克服了环氧树脂耐热性相对较低的缺点，因此，近 20 年来得到迅速发展和广泛应用。

对目前大量使用的环氧树脂而言，最高工作温度一般在 120～150℃。较高的使用温度要求（180℃ 以上）已成为一道难以逾越的障碍，因而势必要开发新型的性能优良的耐高温树脂。双马来酰亚胺树脂既有接近聚酰亚胺的耐热性，又基本保留了环氧树脂的成型工艺性，以其优异的耐热性、电绝缘性、透波性、耐辐射、阻燃性、良好的力学性能和尺寸稳定性、成型工艺类似于环氧树脂等特点，广泛应用于航空、航天、机械、电子等工业领域中，先进复合材料的树脂基体、耐高温绝缘材料和黏合剂等。

2. 双马来酰亚胺树脂的性能

双马来酰亚胺树脂的主要性能有如下方面：

（1）耐热性。

双马来酰亚胺树脂由于含有苯环、酰亚胺杂环及交联密度较高而使其固化物具有优良的耐热性，其玻璃化转变温度（T_g）一般大于 250℃，使用温度范围为 180～230℃。脂肪族的双马来酰亚胺树脂中乙二胺是最稳定的，热分解温度（T_d）达 420℃，随着亚甲基数目的增多，热分解温度将有所下降。芳香族双马来酰亚胺树脂的热分解温度一般都高于脂肪族双马来酰亚胺树脂，其中二氨基苯类的双马来酰亚胺树脂的热分解温度目前最高可达 450℃。另外，热分解温度与交联密度密切相关，随着交联密度的增大，热分解温度在一定范围内有所升高。

(2)溶解性。

常用的双马来酰亚胺树脂单体不能溶于普通有机溶剂(如丙酮、乙醇、氯仿)中,只能溶于二甲基甲酰胺、N-甲基吡咯烷酮等极性强、毒性大、价格高的溶剂中。这是由双马来酰亚胺树脂分子极性以及结构的对称性所决定的。

(3)力学性能。

双马来酰亚胺树脂的固化反应属于加成型聚合反应,成型过程中无低分子副产物放出,且容易控制。固化物结构致密,缺陷少,因而具有较高的强度和模量。但是由于固化物的交联密度高、分子链刚性强而呈现出极大的脆性。它的抗冲击强度差、断裂伸长率小、断裂韧性 K_{IC} 低(小于 5J/m)。而韧性差正是阻碍双马来酰亚胺树脂适应高技术要求、扩大新应用领域的重要原因,所以如何提高其韧性就成为决定双马来酰亚胺树脂应用及发展的关键技术之一。此外,双马来酰亚胺树脂还具有优良的电性能、耐化学性能及耐辐射等性能。

3.双马来酰亚胺树脂合成方法

双马来酰亚胺树脂的合成方法按照脱水工艺条件不同可分为乙酸酐脱水法、热脱水闭环法和共沸蒸馏脱水法三种。

(1)乙酸酐脱水法。

乙酸酐脱水法是以乙酸钠或乙酸镍作为催化剂,二元胺与马来酸酐在溶剂中反应首先生成双马来酰亚胺树脂溶剂;然后以乙酸酐为脱水剂,双马来酰亚胺树脂溶剂脱水固化生成双马来酰亚胺树脂溶剂。按照所用溶剂不同可分为二甲基甲酰胺法和丙酮法。

采用二甲基甲酰胺法的优点是中间产物双马来酰亚胺树脂溶剂可溶于二甲基酰胺中,使反应体系始终处于均相,从而有利于反应顺利进行,并且反应产率相对较高;其缺点是溶剂毒性较大、生产成本较高且产品质量相对较差。

采用丙酮法的优点是副反应少、溶剂价格低廉且毒性低,缺点是双马来酰亚胺树脂溶剂从溶剂中呈固体析出、反应不均匀、溶剂用量大且回收率较低。

(2)热脱水闭环法。

热脱水闭环法是 20 世纪 90 年代初开发出来的一种双马来酰亚胺树脂合成法,主要以甲苯、二氯乙烷和二甲基甲酰胺为混合溶剂,对甲苯磺酸钠为脱水剂,在较高温度下进行脱水环化得到双马来酰亚胺树脂。此法优点是反应体系始终处于均相、产率高、三废少且成本低,其缺点是脱水时间较长。

(3)共沸蒸馏脱水法。

共沸蒸馏脱水法(即甲苯法)是以甲苯为主溶剂,经脱水环化后形成双马来酰亚胺树脂。甲苯与水虽互不相溶,但两者能形成共沸物,在反应过程中闭环生成的水可通过蒸馏法去除。该法的优点是,蒸出的溶剂经分离回收后可重复利用,而且水不断蒸出的同时既加快了热闭环反应的进度、减少了三废,又提高了生产效率和降低了成本;其缺点是反应体系不均匀。

2.5.6　氰酸酯树脂

1.氰酸酯树脂的定义

氰酸酯树脂是 20 世纪 60 年代开发的一种分子结构中含有两个或两个以上氰酸酯官能团

（—OCN）的酚衍生物，它在热和催化剂作用下发生三环反应，生成含有三嗪环的高交联密度网络结构的大分子。

氰酸酯作为一种高性能的树脂基体，有着极其广阔的应用前景。由于它到发展历史不长，对它的结构、性能、固化工艺、应用等需要进行大量的研究与开发。从发展的角度来看，氰酸酯树脂是一种有较大应用潜力和较广发展前途的新型热固性树脂。氰酸酯树脂的研究已形成一门"氰酸酯化学"学科。预计其今后的发展方向是：合成液态、低黏度单体或预聚物，以便于更好地对氰酯树脂进行推广应用；寻找性能更优异的固化催化剂；提高单体或预聚物的耐水性能；降低固化温度到170℃以下；增加韧性和提高阻燃性等。

2.氰酸酯树脂的性能特点

氰酸酯树脂具有优良的高温力学性能，弯曲强度和拉伸强度都比双官能团环氧树脂高；极低的吸水率（<1.5%）；成型收缩率低，尺寸稳定性好；耐热性好，玻璃化温度在240～260℃，最高能达到400℃，改性后可在170℃固化；耐湿热性、阻燃性、黏结性都很好，和玻璃纤维、碳纤维、石英纤维、晶须等增强材料的黏结性能好；电性能优异，具有极低的介电常数（2.8～3.2F/m）和介电损耗角正切值（0.002～0.008），并且介电性能对温度和电磁波频率的变化都显示特有的稳定性（即具有宽频带性）。

氰酸酯树脂的加工性能和环氧树脂接近，可以在170℃左右进行固化；可采用注塑、模压、缠绕、热压罐、真空袋和传递模塑等方法成型加工。

3.氰酸酯树脂的改性

最常见的氰酸酯树脂品种是双酚A型氰酸酯树脂，合成工艺简单，原材料便宜。但由于分子中三嗪环结构高度对称，结晶度高，其树脂固化物的脆性较大，制得的复合材料预浸料的铺覆性差，单体聚合后交联密度大，需要进行增韧改性。

常用的改性增韧材料有热固性树脂（环氧树脂、双马来酰亚胺树脂、带不饱和双键的化合物如苯乙烯、丙烯酸酯和不饱和聚酯树脂等）、热塑性树脂（聚苯醚、聚碳酸酯、聚砜、聚醚醚酮、聚醚砜、聚醚酰亚胺、聚酰胺、聚丙烯酸酯、聚酯等）、弹性体（天然橡胶、氯丁橡胶、聚异戊二烯、端羧基丁腈等）、纳米粒子等。用以上材料对氰酸酯进行共聚、共混改性来达到增韧的目的。

4.氰酸酯树脂的应用

1）氰酸酯树脂是新型的电子材料和绝缘材料，是电子电器和微波通信科技领域中重要的基础材料之一，是理想的雷达罩用树脂基体材料；由于具有良好的热稳定性和耐湿热性，极低的线膨胀系数等优点，氰酸酯树脂成为生产高频、高性能、优质电子印制电路板的极佳的基体材料，以及很好的芯片封装材料。

2）氰酸酯树脂可用于制作军事、航空、航天、航海领域的结构件，比如机翼、舰船壳体等，还可制成宇航中常用的泡沫夹芯结构材料。

3）氰酸酯树脂有良好的相容性，与环氧树脂、不饱和聚酯等共聚可提高材料的耐热性和力学性能，也可用来对其他树脂改性，用作黏合剂、涂料、复合泡沫塑料、人工介质材料等。

4）氰酸酯树脂的透波率极高，透明度好，是很好的透波材料，适宜用作航空飞行器的隐身材料。

2.5.7　热塑性树脂

1. 热塑性树脂的定义

热塑性树脂是指具有线形或分枝形结构的有机高分子化合物。这一类树脂的特点是遇热软化或熔融而处于可塑性状态,冷却后又变坚硬,而且这一过程可以反复进行。凡具有热塑性树脂的分子结构都属线形,它包括含全部聚合树脂和部分缩合树脂。热塑性树脂是以石油化工产品为主要原料,产量大,占全世界合成树脂总产量的 90% 左右。

热塑性树脂由于韧性好、损伤容限大、介电常数良好,同时储存期不受限制、不需低温贮存、加工成型简便,尤其是它具有良好的可循环性、可回收、可重复利用和不污染环境的特性适应了当今材料环保的发展方向。目前高性能热塑性树脂主要有聚醚醚酮、聚醚酮、聚醚酮酮、聚苯硫醚、聚醚酰亚胺、聚醚砜、聚酰胺酰亚胺和热塑性聚酰亚胺等,其中以聚醚酮类树脂用得最多。

2. 高性能热塑性树脂的优点

聚醚酮和聚醚醚酮是半结晶态的热塑性芳香族聚合物,其分子结构中,有一些分子呈有序排列,称为晶态;另一些分子呈无规则排列,叫无定形态。这两种形态的分子互相缠结,使这些树脂表现出不同于热固性树脂的性能特征。一般来说,晶态分子的熔点温度都较高,接近或超过 300℃,这就使热塑性复合材料的成型制造变得更加复杂和困难。在力学性能上,具有明显的力学松弛现象;在外力作用下,有相当大的断裂伸长率,抗冲击性能好。这有利于提高复合材料的断裂韧性和抗冲击能力,但力学松弛对复合材料使用中的尺寸稳定性有影响。与热固性树脂复合材料相比,高性能热塑性树脂及其复合材料的优点主要表现在以下两个方面:

(1)材料性能的优点。

1)优异的力学性能,相当高的拉伸强度和模量。

2)韧性好、冲击损伤容限高,可以满足航空工业中较高的损伤容限要求,可用于环境苛刻、承载能力要求较高的场合。

3)热塑性预浸料可长期在室温下存储,不需要冷冻贮存和运输,克服了热固性预浸料存储条件苛刻且有操作寿命和剩余力学寿命的限制。

4)成型周期短、生产效率高。

5)在装配方式上,热塑性复合材料结构件之间可焊接成型、无须钻铆,可大大降低飞机的质量和制造成本,提高结构效率。

6)可回收和重复使用,资源利用率高。边角料或废料可再熔融成型,环境友好。

7)产品设计自由度大,可制成复杂形状,成型适应性广。

8)挥发成分含量很低,降低乃至避免了环境污染,人工操作安全。

(2)成型工艺方面的优点。

1)零件制造成本低。其包括:成型周期短,加热到熔点后马上成型;没有固化过程,无须后处理;可以再成型或再加工;预浸料不需要冷冻贮存和运输等。

2)没有固化放热问题,可以制造厚的零件,残余应力小。

3)能实现现场连续成型,如丝束缠绕、纤维和带铺放、辊轧成型、拉挤成型等。

4)可采用熔合技术,用普通黏合剂进行连接。

5)零件容易修理。

习 题 2

1. 什么是碳纤维？它有哪些结构特点？将碳纤维与金属进行性能比较。

2. 简述沥青基碳纤维的生产方法，以及由黏胶纤维生产碳纤维的工艺流程。

3. 什么是玻璃纤维？说明玻璃纤维的特点。

4. 简述硼纤维的定义和特性。

5. 什么是芳纶纤维和凯芙拉纤维？简述芳纶纤维的合成方法。

6. 什么是填充材料？填充材料有哪些类型？说明每种类型的特点。

7. 简述复合材料树脂基体的定义，并说明复合材料树脂基体的性能要求。

8. 什么是环氧树脂？说明环氧树脂的性能特点和改性的主要内容。

9. 什么是聚酰亚胺树脂？聚酰亚胺树脂的类型有哪些？

10. 什么是双马来酰亚胺树脂？说明双马来酰亚胺树脂的性能特点。

11. 什么是氰酸酯树脂？说明氰酸酯树脂的性能特点。

12. 什么是热塑性树脂？说明高性能热塑性树脂的优点。

第3章 无人机复合材料结构设计

本章主要内容包括以下方面：

(1)无人机结构设计的基本概念。

(2)无人机复合材料结构设计的基本概念。

(3)无人机复合材料结构设计的特点、过程和方法。

(4)无人机复合材料结构的设计要求。

(5)无人机复合材料结构的材料设计。

3.1 无人机结构设计的基本概念

无人机结构设计是指运用有人驾驶航空飞行器(主要是飞机和直升机)结构设计的相关理论与技术方法，设计出满足总体设计方案要求的无人机，解决无人机性能与所执行任务特性、搭载载荷、飞行性能及结构强度要求之间的匹配性问题。

无人机结构设计与所选用的结构材料密切相关，一般分为通用结构设计(简称"结构设计")和复合材料结构设计两种，通用结构设计是指选用的结构材料为传统的单相材料(如金属)，复合材料结构设计是指选用的结构材料为由两相组分材料复合而成的复合材料。复合材料结构设计首先要满足通用结构设计的一般原则和基本要求，然后还要考虑许多自身特有的(不同于通用结构设计)结构设计特点。"无人机结构设计"指的是通用结构设计，"无人机复合材料结构设计"指的是复合材料结构设计，不要混淆了两者所具有的不同含义。

3.1.1 无人机结构设计的定义和条件

1. 设计的定义和内涵

(1)设计的定义。

所谓设计，便是一个创造性的综合信息处理过程，通过多种元素(如线条、符号、数字、色彩等方式)的组合把产品的形状以平面或立体的形式展现出来。它是将人的某种目的或需要转换为一个具体的物理或工具的过程，是把一种计划、规划设想、问题解决的方法，通过具体的操作，以理想的形式表达出来的过程。

(2)设计的内涵。

设计的内涵包括以下几方面：

1)设计是创造性的思维过程。

2)设计是全面、综合的辩证过程(抓主要矛盾)。

3)设计具有不唯一性及反复性的特征。

4)设计与科学实验紧密相关,两者相互促进、相互影响和相互印证。

5)设计具有继承性。

2.无人机结构设计的定义

结构设计的目标是创建满足特定要求的结构,同时具有令人满意的特定品质。无人机结构设计是指设计人员根据预定设计目标要求和约束条件,充分利用分析系统、设备、工艺等条件,应用与无人机结构相关的科学技术知识,通过分析、综合和创造思维将结构设计要求转化为一组能完整描述无人机结构的参数(文档、图纸和软件)的活动过程。无人机结构设计必须根据无人机结构件的形状、尺寸、质量和性能要求,再综合考虑制造工艺、成本等因素,充分利用材料优点,实现结构效率、性能、功能与成本的综合优化。

无人机结构设计是一门应用科学,是各项先进的科学技术综合应用的结果,其内容涉及无人机的空气动力学、飞行动力学、结构动力学、气动弹性力学、材料力学、航空发动机、自动控制技术、计算机技术、自控软硬件以及制造工艺等多种学科和专业技术领域。完美的无人机结构设计离不开科学性和创造性,其结构设计过程是一个不断追求完美的过程。离开先进的科学技术、没有坚实的基础理论指导,无人机结构设计技术不可能得到进步和发展,现代无人机结构设计就无法进行,而现代科学技术的发展也促进了无人机结构设计技术的不断创新和进步。

3.无人机结构设计的约束条件

无人机结构设计的约束条件是指在进行结构设计之前,结构设计人员应该知道的外部条件,通常包括结构的几何形状协调、外载荷、受力特性、使用条件与生产条件等。

(1)结构的几何形状协调。

无人机结构设计必须处理好与理论外形、内部装置的协调关系,并处理好结构件之间连接的协调关系。必须满足理论外形要求,结构与内部装置、结构件之间的协调应尽量满足。

无人机外形影响无人机的气动性能,而准确的理论外形是实现无人机气动性能的保证。不同的结构件对于外形准确度的要求是不同的,一般而言,对于机翼和旋翼外形的准确度要求较高,而对于机身则相对要低一些。结构件在外载荷作用下会产生变形,在结构件变形的状态下,外形的准确度必须满足无人机总体设计要求。

无人机有很多内部装置,无人机还要装载设备,无人机结构设计要与内部装置相协调。结构设计要尽量满足内部装置对于空间的要求。在考虑内部空间要求的协调时应注意两点:一是内部装载通常应与结构之间保持一定的间隙;二是根据具体条件设计出的结构件不一定要占据整个最大可能的空间。

无人机的结构件相互连接起来组成了无人机机体的整体,结构设计人员应在结构设计时明确本结构件与其他结构件在连接位置和尺寸上的协调关系。负责不同结构件设计的设计人员需要协调好各种结构件的几何关系。

(2)结构的外载荷。

无人机结构所受到的外载荷的大小和特性是结构布局与结构件尺寸设计的基本依据,强度、刚度和疲劳寿命是对无人机结构的基本要求。

无人机结构所受到的外载荷按照无人机强度规范的要求,通过风洞试验和分析计算给出。无人机各结构件的载荷则主要由分析得到。无人机结构的载荷特性主要取决于无人机的使用情况、结构设计准则和强度要求。在结构设计时必须明确所设计结构的受力特性,即需要明确结构所受到的外载荷是静载还是动载,是否需要考虑寿命要求、刚度要求、破损-安全要求和损伤容限要求,是否考虑气动弹性问题、热应力和热刚度问题等。

（3）结构的使用条件。

无人机结构的使用条件主要包括环境条件、起降场所条件和维修条件等方面。

1）环境条件。环境条件是指无人机在飞行和停放时的气象条件或周围介质条件。气象条件主要包括温度和湿度变化范围、是否需要考虑在夜间飞行、是否需要考虑在恶劣气象条件下飞行等。无人机若能在夜间和恶劣气象条件下飞行,则称为全天候无人机。周围介质条件主要包括是否需要考虑海水腐蚀、是否需要考虑湿热度和空气介质的影响等。

2）起降场所条件。按照起飞和着陆场所,无人机可以分为在地面机场起降的陆上无人机、在舰船甲板上起降的舰载机和在水上起降的水上无人机三大类。机场条件的好坏与无人机结构受地面振动载荷、撞击载荷的大小与次数有关。地面机场跑道又可分为刚性跑道（水泥混凝土）和柔性跑道（沥青混凝土、碎石、草皮、土质）。不同机种的无人机,对起降场所条件的要求也不相同。舰载无人机要在航空母舰的甲板上起降,为了缩短起飞和着陆的滑跑距离,一般要安装起飞助推器和着陆拦阻装置,因此无人机结构上要受到一些额外的载荷。

3）维修条件。维修是指为使产品保持或恢复到规定状态所进行的全部活动。维修包括修复性维修、预防性维修、保养和在线损伤修复等内容。维修性是指产品在规定的条件下和规定的时间内,按规定的程序和方法进行维修时,保持和恢复到规定状态的能力。维修性是与维修关系最为密切的质量特性,即由设计赋予的使其维修简便、快速、经济的固有属性,是一种设计决定的质量特性。

军用无人机通常要求能全天候飞行,且能够很快地进入临战状态,因此要求维修速度快。这要求结构有很好的开敞性以便于进行维修。民用无人机的机场条件一般比较好,且维修能力也较好。对于水上无人机,需特别注意结构的防海水和盐雾腐蚀问题。

（4）结构的生产条件。

无人机结构的生产条件主要指结构件的产量和工厂的加工能力。产量可大致分为大量生产、成批生产和有限件生产三种。无人机结构的产量与选取结构的工艺方案有很大关系,而结构的工艺方案又与结构的设计方案有关,因此结构的设计方案将直接影响结构的产量。当只生产几件零、构件时,一般不宜采用模锻件和精密铸造件,而以采用机械加工、钣金加焊、铆接等加工方法较好;当大量生产时,就要考虑采用模锻、精密铸造等适合于大量生产的工艺方案。

加工能力是指无人机制造工厂所拥有的设备、工艺员和工人的技术水平与加工经验,以及有可能采用的新工艺等。无人机结构设计人员应对无人机生产制造厂的情况很熟悉,这样才能设计出具有良好工艺性的结构。

设计与制造是密切相关的。设计人员应了解工厂的生产条件、新工艺和新材料的发展情况,确保设计出性能好而又结合工厂生产条件的无人机结构。工厂的技术人员应关心无人机性能的提高,与设计人员协作,制定出良好的工艺方案,使设计人员设计出的结构能较好地投入生产。

3.1.2　无人机结构设计的要求、内容和重要性

1. 无人机结构设计的基本要求

无人机结构设计与材料有密切关系,常用材料分为金属材料和复合材料两大类,通常没有

特别注明"复合材料结构设计",那就是指适用于所有结构材料的通用的结构设计。本小节介绍和讨论无人机通用结构设计基本要求,不论是金属材料,还是复合材料都必须遵守的,而有关无人机复合材料结构设计的特别内容放到下面章节介绍和讨论。

(1)空气动力学要求。

无人机结构设计要求与气动阻力、升力和力矩特性有关,对无人机的功率损失、飞行性能,以及操纵性和稳定性有很大的影响。应使结构构造的外形满足规定的外形准确度要求和表面质量要求,尽量提高结构表面的光滑度。为了保证无人机能够达到预定的气动性能目标,机翼、尾翼与机身不容许有过大的变形,其表面应符合粗糙度要求。

(2)强度、刚度和质量要求。

无人机结构设计应保证结构在承受各种规定的载荷状态下具有足够的强度和刚度,不产生不能容许的残余变形,以及避免出现不能容许的气动弹性问题与振动问题,具有足够的使用寿命等。但并不是要求强度和刚度愈大愈好,增大强度和刚度往往总是伴随着增加结构质量,从而影响无人机的飞行性能和有效载重,因此在满足一定的强度和刚度要求的前提下尽可能减轻结构质量。这一要求可以概括为强度、刚度和质量要求,也可简称为最小质量要求,或简称为质量要求。

(3)结构动力学要求。

无人机结构设计要符合结构动力学要求,须采取措施控制和降低无人机结构部件在飞行过程中的振动水平。无人机由动部件产生的交变载荷会引起结构振动,这种振动会影响无人机的飞行使用并使结构产生疲劳,因此在结构设计中要注意通过结构调整合理地布置动部件的固有频率,以及采取特殊措施,如采用减振、吸振和隔振设计。

(4)最短传力路线要求。

在无人机结构设计中,为了设计出符合最小质量要求的结构,必须首先分析清楚力在结构中的传力路径,判断何种传力路径对应的是最轻结构质量。受力构件布置采用最短传力路线,传力越直接,需要计算和构造的构件越少,设计越简单,避免传力途中某些构件应力来自各方的复杂程度;传力越直接,变形的种类少,总体的变形方向单一,变形的总量小,容易控制在容许范围内。

(5)耐损性要求。

无人机结构的耐损性包括两种能力,即耐弹击损伤的能力和抗坠毁的能力。在无人机结构设计中,应使结构在被炮弹射中后引起空中起火,坠落或其他灾难性后果的可能性降至最低程度,并尽量提高无人机机载设备的耐冲击力,提高主要结构承力部件的抗坠毁能力。

(6)使用维护要求。

为了确保无人机的各个部分,包括安装在机体内的电子设备、燃油系统等各个重要设备和系统,以及主要结构能安全可靠地工作,需要在规定的周期检查各个指定的地方,如发现损伤,则需要进行修理或更换,在结构上需要布置合理的分离面与各种开口,保证维修实施的可达性(通路)和开敞性(空间)。良好的维修性可以提高无人机的可靠性和安全性,降低无人机的使用和保障成本。对于军用无人机,则对维护及修理工作的时间要求更高,以保证无人机及时地处于临战状态。

（7）工艺要求。

要求无人机结构的工艺性好，易加工、成本低等。工艺要求要结合产品的产量、机种、需求迫切性与加工条件等综合考虑。

2. 无人机结构设计的基本内容

无人机结构设计中"结构"一词的含义是指由若干个零件相互连接起来的结合体，它能承受指定的外载，是受力结构，并满足规定的强度、刚度和寿命等要求。它不包括那些仅用以维持外形或仅供装饰用的元件，如无人机舱内的装饰板等。无人机的整个结构，通常包含机翼（或旋翼）、尾翼（或尾桨）、机身、发动机短舱、起落架及其他系统的受力结构等。

像无人机机身这样的一个大结构被称为部件结构。机身又可沿纵向分成几个大段，每个大段结构常称为组件结构。组件结构还可以分为小组件、构件等。零件为不需装配的基本单位。构件则由很少几个零件装配而成。零件与构件（零构件）常称为元件。

无人机结构设计是指根据结构设计的原始条件，结合结构设计的基本要求，提出合理的设计方案，经过具体细节设计、分析、计算或试验等，绘制出结构图纸，在需要时还需写出相应的技术文件，以使生产单位能根据这些图纸和技术文件进行生产。

无人机结构设计图纸的类型分为打样图、协调图、零构件图和装配图等。

1）结构打样设计。画出部件和组件的打样图，也就是画出无人机部件和组件的结构设计草图。部件打样图需把部件的结构方案、协调关系与装配关系确定下来。在结构打样阶段，常常还需画一些协调图以明确重要部件、复杂件的协调关系。

结构打样图与协调图不与生产单位见面，是结构设计人员在做进一步具体设计时所需要的中间过程图纸。

2）零构件设计。画出零构件图，零构件图上应表示出生产该零件所需的一切技术条件和依据。

3）装配图设计。画出组件装配图，装配图上应表示出零件间（或构件间、部件间）的装配关系。

4）虚拟制造技术。以虚拟现实和仿真技术为基础，对产品的设计、生产过程统一建模，在计算机上实现产品从设计、加工和装配、检验、使用整个生命周期上进行模拟和仿真。这样，可以在产品的设计阶段就模拟出产品及其性能和制造过程，优化产品的设计质量和制造过程，优化生产管理和资源规划。

零构件图与装配图是生产图纸，需提供给生产单位生产使用。当然，在需要时还可辅助以技术文件，以说明零构件图与装配图中某些个别需要解释的问题。随着计算机技术和数字化技术的发展，原来手绘的二维图纸已被数字化的电子图所代替，三维电子图已成为设计图纸主体。

3. 无人机结构设计的重要性

在结构设计阶段要全面确定无人机新型号的产品结构外观、材料、性能、功能和制造等，从而确定整个生产系统的布局，因而，无人机结构设计的意义重大，具有"牵一发而动全局"的重要意义。无人机任何一个的结构件的设计与制造均涉及设计、材料、制造及质量控制等多个环节，如图 3-1 所示，只有当这些环节密切配合形成一个有机整体或一个技术体系时，才能最大限度地发挥结构材料的本质优势。故质量控制要渗入到设计、材料和制造的各个环节。

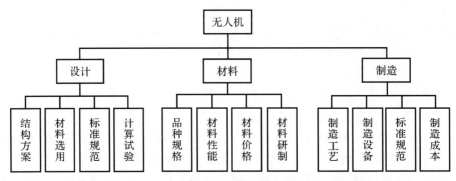

图 3-1 无人机结构设计、材料与制造三者关系示意图

无人机结构设计、材料、制造及质量控制等四者之间的关系是"设计是主导,材料是基础,工艺是手段,质检是保障",其中材料的基础作用不仅体现在它是制造无人机结构的物质基础,同时也是使无人机结构达到所期望的技术性能、使用可靠性与寿命的技术基础。如果无人机的结构设计缺乏生产观点,那么生产时就将耗费大量费用来调整和更换设备、物料和劳动力。相反,好的产品设计,不仅表现在性能和功能上的优越性,而且便于制造,生产成本低,从而使无人机新机型号的综合竞争力得以增强。

3.2 无人机复合材料结构设计的基本概念

无人机复合材料结构设计沿用了通用结构设计的一般原则和基本要求,但复合材料是一种多相的材料体系,复合材料结构设计是材料设计与结构设计同时进行的,因此在结构设计具体内容上有许多不同于通用结构设计的特点,要得到合理的无人机复合材料结构方案,应对其着重考虑。

3.2.1 无人机复合材料结构设计与复合材料力学

1. 无人机复合材料结构设计的定义

无人机复合材料结构设计分为两个互相关联的层次:

(1)材料设计。

因为目前无人机大多复合材料结构都采用薄壁的层合板结构,所以材料设计通常是纤维增强的层合板设计,也就是铺层设计。

(2)结构设计。

无人机复合材料结构设计目标与通用的(金属材料)结构设计目标基本相同,但是复合材料在性能、失效模式、耐久性和损伤容限机理,以及制造工艺、质量控制等方面与金属材料有显著差异。对此,结构设计要求必须做出补充和完善。

无人机复合材料结构设计必须从材料设计开始,而且材料设计是结构设计的主要内容,这两者是同时进行的,这是复合材料结构设计不同于通用的(金属材料)结构设计的特点之一。作为一项新兴的高新技术,复合材料结构设计为无人机结构设计工程师提供了更多的设计空间,也带来更多的挑战。

无人机复合材料结构设计的基础是复合材料力学以及由它发展起来的复合材料结构力

学。复合材料的材料力学是从研究由纤维和基体组成的单层的力学性能开始,进而研究由单层组合的层合板结构的力学性能。复合材料结构力学的研究对象是典型的复合材料结构件,如杆、梁、板和圆壳等。这两者构成了复合材料结构的设计技术基础,因为任何的复合材料结构件都可以看作这些典型件的组合,只不过是不同的结构件有不同的技术要求而已。将上述两者统称为复合材料力学,即复合材料力学分为材料力学和结构力学两大部分。

2.复合材料力学的定义和类型

(1)复合材料力学的定义。

复合材料力学是在 20 世纪 60 年代为高性能纤维增强树脂基复合材料的结构设计而发展起来的一个新兴的固体力学分支。它是在传统材料力学基础上针对复合材料多相组成的特点加进许多新概念和新内容,因此涉及的范围更广,研究的内容更多。

复合材料由两相组分材料复合而成的,具有与常规材料(如金属)不同的力学性能特征:

1)常规材料(如金属)存在的力学问题,包括结构件在外力作用下的强度,刚度、稳定性和振动等问题,在复合材料中依然存在。但由于复合材料是由两种以上不同性质和形状的材料组成,有不均匀和各向异性的特点,以及由于组分的材料几何(各材料的形状、分布、含量)和铺层几何(各单层的厚度、铺层方向、铺层顺序)等方面可变因素的增多,上述力学问题在复合材料力学中都必须重新研究,以确定那些适用于常规材料(如金属)的力学理论、方法、方程、公式等是否仍适用于复合材料;如果不适用,应怎样修正。

2)复合材料中还有许多常规材料(如金属)中不存在的力学问题,如层间应力(层间正应力和剪应力耦合会引起复杂的断裂和脱层现象)、边界效应以及纤维脱黏、纤维断裂、基体开裂等问题。

3)复合材料的材料设计和结构设计是同时进行的,因而在复合材料的材料设计(如材料选取和组合方式的确定)、加工工艺过程(如材料铺层、成型工艺)和结构设计过程中都存在力学问题。

(2)复合材料力学的类型。

因为有组分材料的影响问题,复合材料力学按力学模型的精细程度可分为细观力学和宏观力学两部分。

1)细观力学。细观力学把纤维和基体看作基本元件,把纤维和基体分别看成是各向同性的均匀材料,根据纤维的集合形状和布置形式、纤维和基体的力学性能、纤维和基体间的相互作用等条件来分析复合材料的宏观力学性能。细观力学对研究材料破坏机理和寻求提高复合材料性能的方法将起很大的作用。

2)宏观力学。宏观力学是从材料是均匀的假定出发,只从复合材料平均表观性能检验组分材料的作用来研究复合材料的宏观力学性能。宏观力学把复合材料的单层材料看成均匀的各向异性材料,不考虑纤维和基体的具体区别,用其平均性能来表示单层材料的刚度、强度特性,可以较容易地分析单层和叠层材料的各种力学性质,所得结果较符合实际。宏观力学的基础是预知单层材料的宏观力学性能,如弹性常数、强度等。

复合材料细观力学和宏观力学研究的是层合板复合材料的基本力学行为,以得出层合板的基本力学性能如强度和刚度等。在进行无人机典型结构件设计时,只要确定了结构件所处的边界条件,就可以通过细观力学和宏观力学的分析,计算出典型结构件的应力与应变的分布特征,得出无人机复合材料结构设计必要的力学性能数据。

3.2.2 复合材料的损伤和疲劳破坏

1.复合材料损伤的类型

与常规材料(如金属)不同,复合材料由纤维和基体等不同组分材料不均匀地组成,并具有各向异性,其破坏过程非常复杂。纤维复合增强材料从制造到使用,可能存在各种局部缺陷和损伤,从细观看,先在制成的材料内部有各种局部的微小缺陷。

复合材料的损伤主要有4种类型:

1)基体开裂。

2)界面脱黏。

3)分层(层间开裂)。

4)纤维断裂。

有时,由这四类损伤的不同组合而形成综合损伤,随着损伤区域和尺寸的增大,宏观裂纹扩展,最后达到材料的断裂破坏。复合材料的破坏过程是由原始缺陷、微小损伤,随荷载增大损伤,裂纹扩展,直至宏观裂纹扩展到断裂的复杂过程。

对于复合材料层板,分层损伤是最主要的损伤形式,产生分层是由于层板在自由边(含有孔板的孔边和自由边)附近出现层间应力。由于复合材料层板断裂的特点,其损伤形式不可简化为一个或有限个宏观裂纹,而是以遍布损失区内基体裂纹,分层及少量纤维断裂为特征。故须用新的研究方法,通过对其损失机理的实验研究,找出能描述损失状态的损失变量及其变化方程,最后建立反映复合材料破坏本质的损伤破坏判据。

2.复合材料损伤的来源

(1)制造阶段。

材料预浸和结构件固化成型过程中产生的缺陷,包括以下几种类型:

1)孔隙、富胶、贫胶。

2)外来物夹杂。

3)不正确的纤维取向和铺层顺序。

4)结构件机械加工和装配过程中产生的缺陷。

5)划伤、有缺陷孔和过紧连接。

(2)使用阶段。

1)划伤、擦伤、边缘损伤。

2)外来物冲击引起的分层、脱黏、凹痕和穿透性损。

(3)环境损伤。

1)雷电冲击引起的表面烧蚀和分层。

2)冰冻/熔化引起的湿膨胀。

3)热冲击造成的分层和脱黏。

4)夹芯结构水分浸入引起的分层等。

(4)冲击损伤。

冲击损伤不可避免,包括常用工具坠落冲击、冰雹冲击、跑道碎石或轮胎冲击、飞鸟撞击、维护和修理工具设备碰撞等。冲击损伤形式与冲击能量有关,由于铺层顺序、几何尺寸、边界支撑和冲击损伤范围的不同,冲击后压缩可能的破坏模式有以下几种类型:

1)总体失稳和局部屈曲耦合。

2)冲击背面局部屈曲。

3)冲击区两表面的局部屈曲。

4)层板总体失稳。

3.复合材料破坏的特点和断裂观察

(1)复合材料破坏的特点。

1)不同纤维分布对缺陷的敏感性不同。

2)两种破坏模式:整体损伤模式和裂纹扩展模式。

3)层合板的多重开裂。

(2)复合材料断裂的细观分析。

复合材料断裂从细观上有几种形式,如纤维和基体整体断裂;纤维拉断后由于与基体界面结合较弱,纤维断头从基体内拔出;纤维不断,主裂纹跨过纤维在基体内传播,形成"桥联"的断裂形式等。

4.复合材料的疲劳特性

复合材料与金属材料的结构构造不同,疲劳的机理不同,疲劳性能有很大差别,总的来说,复合材料抗疲劳破坏的性能比金属材料好很多。从图3-2可以看出两者的优劣。

尽管复合材料初始缺陷损伤尺寸比金属材料大,例如纤维断开、基体开裂、纤维与基体脱黏、层间局部脱离等,但疲劳寿命比金属长,同时复合材料疲劳损伤是积累的,而且有明显的征兆,金属材料损伤积累是隐蔽的,破坏有突发性。此外,金属材料在交变荷载作用下往往出现一条疲劳主裂纹,它控制最后的疲劳破坏。而复合材料往往在高应力区出现较大范围的损伤,疲劳破坏很少由单一的裂纹控制。

影响复合材料疲劳寿命的因素很多,主要有以下方面:

1)平均应力与循环应力比。

2)加载频率。

3)缺口。

4)组分与铺层方式。

5)环境温度与湿度。

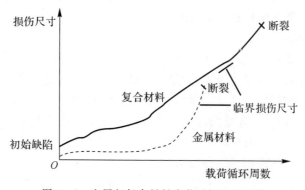

图 3-2　金属与复合材料疲劳破坏过程比较

3.3 无人机复合材料结构设计的特点、过程和方法

将大量复合材料直接应用于无人机结构上,可以减轻结构质量、增加有效载荷、提高安全性和隐身性,对无人机结构轻质化、小型化和高性能化起到了至关重要的作用,以复合材料为核心的无人机结构设计是影响现代无人机发展的关键技术之一。复合材料结构设计的最终目的是要提出最佳的结合方案,是一种根据预定设计目标的要求和约束条件,通过分析计算、试验、工艺等条件来进行多因素综合、平衡、协调、优化的创造性工作。

3.3.1 无人机复合材料结构设计特点和过程

1. 无人机复合材料结构设计特点

无人机复合材料结构设计目标与通用结构设计(如金属材料)基本相同,但是复合材料在性能、失效模式、耐久性和损伤容限机理,以及制造工艺、质量控制等方面与金属材料有显著差异。因此,无人机复合材料结构设计要求在通用结构设计(如金属材料)基础上作较大的补充和完善。

无人机复合材料结构设计与通用结构设计(如金属材料)相比具有以下特点:

(1)材料性能的可设计性。

复合材料结构设计已从各向同性材料(如金属材料)结构设计,转化为单层基本力学性能为正交异性的铺层剪裁优化设计。可充分利用复合材料性能可设计性的特点,通过选择适当的纤维取向、铺层比例和铺层顺序,发挥沿纤维方向的优良性能优势,并避免使用弱横向性能和剪切性能,即通过剪裁材料和优化铺层来满足结构设计要求,实现结构优化设计。

复合材料最有利于提高构件的结构效率,但是复合材料的压缩性能与拉伸性能不一致,因此复合材料构件的刚度限定于材料的弯曲模量。在设计低应变构件时,弯曲模量取值和拉伸模量近似相同;在设计高应变构件时,则应采用相应的模量,如拉伸、压缩和剪切模量,对材料结构效率的评估也应取相应的模量计算。

(2)设计/制造的一体化。

结构件成型与材料形成同时完成,制造工艺方法选择和质量控制至关重要。通过设计/制造一体化,可以实现设计和制造组织的协同及流程的协同,从而提高产品的质量。结构成型工艺方法不仅应保证实现设计确定的增强纤维取向、铺层比例和铺层顺序,还应满足结构尺寸和构型对工艺设备、模具以及质量稳定的要求。

(3)材料的缺陷敏感性。

复合材料对缺口、裂纹、分层等缺陷具有敏感的特点,材料破坏模式多样,损伤扩展往往缺乏规律性。因此,设计值通常以初始缺陷/损伤对结构影响为基础,考虑结构、载荷、破坏模型等按静力覆盖疲劳原则确定。需要注意的是,对某些敏感区的局部铺层设计,如对连接区、局部冲击、应力集中点、开口附近等处的铺层一般应进行局部调整和加强;在结构尺寸和结构外形突变区要设计铺层过渡;采取相应措施解决层合板复合材料的某些区域易产生分层,以及可能引发的结构承载能力下降或失效的问题。

(4)结构的整体性。

复合材料具有可整体化成型制造大型复杂制件的优点。在无人机结构设计中应在不增加

工装复杂程度的情况下尽量减少零件数量,设计成整体件,如大块机翼整体壁板。这样可不用紧固件或减少紧固件的数量,减轻结构质量,提高结构效率,并可减少钻孔、装配和由孔引起的应力集中问题,以及降低制造成本。

(5)承载路径的连续性。

复合材料构件与金属构件不同,除具有一定的形状外,还可以具有不同的层合板构型。为了保证结构中各元件之间正常的载荷传递路径,要使各构件之间(如蒙皮和桁、翼肋、翼梁之间)和各构件的各个部分之间(如梁的缘条和腹板之间)的承载路径尽量连续。连接的形式和方法应与传递载荷的性质(拉压、剪切等)和方向相适应,尽量避免偏心和切口效应。同一构件需拼接时,其纤维取向也应连续。

(6)结构良好的工艺性。

无人机复合材料结构工艺性主要指固化成型工艺性和装配工艺性。复合材料结构设计必须考虑工艺分离面划分、成型工艺方法和整体化成型的可行性;不同成型工艺方法,结构工艺性考虑的重点不同。装配工艺性设计考虑重点在于配合精度、连接技术和组装方法。为了保证能制作出高质量和低成本的结构,应尽量避免成型和装配时可能出现的各种缺陷。

1)所选成型工艺方法应能保证结构性能满足结构设计指标要求、配合精度满足装配要求。避免铺层设计不合理带来的工艺性问题,如铺层、装配不对称或同一铺向角的铺层数过多集中,可能会使构件在固化过程中引起弯—拉—扭耦合而产生翘曲变形、树脂裂纹,甚至分层。要合理地确定构件的某些结构要素,如构件拐角处的圆角半径过小可能引起纤维断裂,还可能出现富脂(树脂富积)或纤维架桥等缺陷。

2)优先选用成熟的成型工艺方法。因为树脂基体较脆,所以复合材料结构不能用锤铆的方法装配,不允许敲打和锉修,在设计时要考虑工艺补偿措施。例如,可在碳纤维复合材料构件外表面贴以玻璃布辅助铺层,通过对该辅助层的加工来控制公差要求。

3)制造成本低。制造成本包括设备条件、连续性生产、成品率、检修等成本。尽量使用现有设备,特别是热压罐尺寸要满足要求。对改建、新增设备要纳入成本核算。

4)便于维修。与金属结构一样应使结构具有通畅性和可达性。同时对复合材料所允许的缺陷/损伤的类型和水平,适用于复合材料的无损检测技术以及修理材料、修理方法等,都需要建立相应的标准和规范。

5)合理的连接设计。影响复合材料结构和连接强度的因素比金属结构要复杂得多,因此复合材料结构的连接设计与金属结构有不同的内容和特点,必须予以足够的重视。

6)要考虑结构与环境的相容性,包括湿热老化对性能的影响,同时对腐蚀、雷电、静电等要进行防护设计。

以上这些特点使复合材料结构设计更加强调材料性能、结构设计与分析和制造工艺、维修等方面的综合协调,在满足结构设计要求前提下,获得最佳的选材、设计方案以及制造和维修方法。

2. 无人机复合材料结构设计过程

综合设计思想是指在最大限度地满足无人机复合材料结构设计实质性要求前提下,按照无人机结构设计各项基本要求及复合材料的特性进行综合评估,并将综合评估的结果以权值方式融入无人机结构设计中。

一般情况下,通用结构设计(如金属材料)是根据材料手册提供的性能数据,选择所需材料的牌号和规格,然后进行具体的结构设计。而复合材料结构设计选材时就必须同时考虑材料的力学性能、使用环境和工艺性(如树脂体系的固化温度、固化时间和工艺方法)等因素。因为复合材料是结构设计与材料设计同时进行,材料与结构一体成型,所以在结构设计时既要对组成构件各部分的层合板参数进行设计,还要选择构件的构造形式和几何尺寸。在初步设计阶段就应对结构的可维护性、可修理性和维修的费用进行考虑与评估,因而综合设计思想在复合材料结构设计中的体现非常突出。

航空复合材料结构的大量应用说明,复合材料无人机结构技术已日趋成熟。采用复合材料带来的结构效益不仅在于材料具有的高比强度、高比刚度带来的结构减重效益,而且还包括材料优异的疲劳性能和耐介质腐蚀性能,使机体寿命延长和维修间隔延长,以及通过结构优化设计、材料和工艺改进带来的结构性能和功能、效能的改善与提高,使运营成本下降等综合效益。当然复合材料对外来物冲击敏感,也给结构损伤容限带来了不少麻烦。总之,复合材料结构的效益在相当大的程度上取决于无人机结构设计师(包括结构分析师)和工艺师对复合材料认知水平和经验积累及其合作的程度。

无人机复合材料结构设计的综合过程如图3-3所示,大致分为四个阶段。

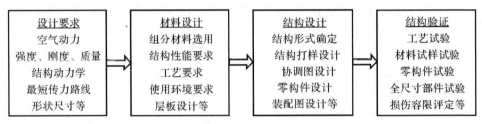

图3-3 复合制料结构设计流程图

1)设计要求。其包括空气动力学要求,强度、刚度和质量要求,结构动力学要求,最小质量要求,最短传力路线要求,耐损性要求,使用维护要求和形状尺寸要求等。

2)材料设计。其包括组分材料的选用、结构性能要求、工艺要求、使用环境要求,以及单层性能的确定、层合板设计等。

3)结构设计。其包括结构形式确定、结构打样设计、零构件设计和装配图设计等。

4)结构验证。实现复合材料构件尺寸和变形控制,不仅要进行分析计算,更重要的是进行必要的工艺试验,总结积累经验和教训。在整个设计过程中,应视不同阶段进行相应试验,包括某些工艺试验。其中复合材料试样、零构件、组件和部件四个层次积木式方法的验证试验,对保证复合材料满足无人机结构设计要求非常重要。对无人机结构设计最后还要进行损伤容限的评定,以保证结构满足完整性要求。

3.3.2 无人机复合材料结构积木式方法

因为复合材料的特点是对外载荷、工作环境和自身固有缺陷敏感度高,潜在多种失效模式,所以不能像金属材料那样采用最底层的材料性能来预计全尺寸部件的分析方法。复合材料层间强度相对较低是其对面外载荷敏感的主要原因,面外载荷可以是直接作用于结构件上的,也可以是由面内载荷所引起的。而这种载荷常常是无法预知的,所以模拟正确的面外失效模式对积木式方法具有重要作用。积木式方法是目前航空复合材料工业界广泛认可的复合材料结构设计研制、取证方法。

1. 积木式方法的原理和假设

(1)积木式方法的原理。

积木式方法(Building Block Approach,BBA)如图 3－4 所示,以支持技术为保障,综合考虑设计各项要求,按照试件尺寸和时间规模、环境复杂程度逐级增加、数量逐级减少,后一级利用前一级结果进行的,试验与分析相结合的低技术风险、低费用复合材料设计研制和验证/取证技术。其原理是使设计研制过程能在研制计划进程早期更有效地评定技术风险。积木式方法通常分为试样(单层和层合板)、元件(含典型结构件)、组合件、部件,直到全尺寸试件等多级积木块,逐级进行试验分析,最终实现结构取证。

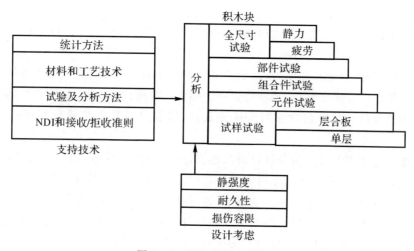

图 3－4　积木式方法示意图

积木式方法的依据是假设由低级试件所得到的结构/材料对外载荷的响应,可以直接转换到上一级较高的试件。如试样级得到的复合材料性能数据(含变异系数和置信度等)可以直接推广应用到元件级、组合件和部件级结构中。

(2)积木式方法假设。

积木式方法在应用上严格程度不一,细节上远未达到通用的程度。只是通过不同层次的试验降低了在临近生产终结时出现重大、不可逆风险的概率,所以积木式方法在应用中应该遵循一些基本原理和假设。

首先,复合材料的特点是对面外载荷敏感度高,潜在的多种失效模式,对工作环境敏感度高,这些都是适用于积木式方法进行验证;同时因为复合材料对于固有缺陷敏感度高,所以不能用金属材料那样采用最底层的材料性能来预计全尺寸部件的分析方法。复合材料层间强度相对较低是其对面外载荷敏感的主要原因,面外载荷可以是直接作用于构件上的,也可以是由面内载荷所引起的。而这种载荷常常是无法预知的,所以模拟正确的面外失效模式对积木式方法具有重要作用。

模拟正确的失效模式需要正确模拟试验环境和存在的缺陷模式,因此正确的设计试件和选取试验环境具有关键作用。同时,由复合材料性质可以推知相对于纤维,基体敏感的失效模式更为重要。

其次,目前的分析方法和能力有限,不能始终使用较低层次的试验数据来精确预计复杂构件的行为。分析结构很大程度上还依赖材料性能异变、缺陷和结构的尺寸效应。因此使用积木式方法揭示在底层试验中未出现的失效模式,验证和修正在底层试验中验证过的分析方法并允许在全尺寸结构中包含底层次试验件中不同的结构缺陷。

以上积木式方法基于假设由复杂程度低的试件所得到的结构对外载荷的响应,可以直接转化到复杂程度较高的试件上。基于以上假设应该设计一些试件,用验证过的分析方法,在复杂试件中消除不太复杂试件的失效模式。这样就可以在更高层次的试件中出现新的失效模式,从而进一步修正分析方法,最终得到理想的设计。

2.积木式方法的一般步骤

(1)第一步建立材料性能。

积木式方法的第一步是建立材料性能,是对准备使用的每种复合材料拟定并实施一个适当的材料设计许用值试件试验方案。

每种类型和环境(温度和湿度)所需要的试件批数和重复试件数量取决于部件所处的开发阶段(原型、工程样件和量产型)。通常将这一步称为材料级试验,用于确定材料的一般性能和收集材料许用值数据。其中包含材料筛选和选择、编制材料与工艺规范和确定许用值三个阶段。

材料筛选和选择因涉及大量备选材料的选材,通常局限于基本试件;同时,由于此阶段对材料控制有限,不能只依据这组数据确定材料许用值,只能提供估计值,用于比较和初始设计。编制材料与工艺规范阶段是为了验证规范,要通过这个阶段识别出设计需要的关键力学性能,可以用这一阶段数据导出初步材料许用值。确定许用值阶段采用材料规范和工艺规范对材料进行充分的控制,可以得出用于设计稳定的设计许用值,建立有效的 A 基准和 B 基准许用值,确定环境影响、缺口影响、铺层影响、制造缺陷影响和工艺敏感度。材料级试验大部分是在这个阶段进行的,同时也可用于适航取证的数据库的一部分。

(2)第二步确定试验设计值。

积木式方法的第二步是元件组合件试验确定设计值,是在第一步的基础上引入一定的尺寸效应(通常是初步构型的一般尺寸),本阶段的样件设计很特殊,完全不能通用。其中包含元件级试验和组合件试验。元件级试验主要选取结构中经常重复出现的、典型的局部结构细节制造样件(比如接头、加筋条、梁和典型夹层结构),主要目标是进一步稳定设计许用值,确定一般元件制造缺陷影响和工艺敏感度。组合件试验主要选取结构典型的部件段进行试验,用于评定局部损伤带来的载荷重新分配对结构造成的影响。与元件级试验相比约束条件和载荷条件与真实情况比较接近并且可以发现二次载荷效应,而外载荷更能代表全尺寸构件。组合件试验用于评估之前取得的许用值与尺寸放大的影响和静力、疲劳损伤影响。

(3)第三步静力和疲劳试验。

积木式方法的第三步是部件试验最后阶段的静力和疲劳试验,使用全尺寸结构件进行试验。进行到设计极限载荷为止,用于验证之前的出的应力-应变曲线,这与金属构件最终的力学试验类似。

3.积木式方法的裁剪

积木式方法是完全按照全新设计过程为依据的方法,适用与需要适航取证的要求。而事实上面临的大量工作并不是全新设计的过程,这其中对积木式方法可以进行适当的裁剪后应用。

（1）第一步建立材料性能数据库。

一般国内各主要复合材料厂商已经建立起丰富完整的材料体系，材料可以直接进行采购，无须另外重新研究。对于这种采购成熟材料的情况，第一步所进行的试验可以大幅度压缩，一般可以压缩到正常试件数量的 50% 以下，仅进行验证性摸底试验，但是其中涉及制造缺陷影响和工艺敏感度的试件数量不应大幅减少，应维持在 80% 左右，以确定工艺制造对结构件的影响。

（2）第二步确定试验设计值。

因为第一步材料性能选取试验大幅削减，所以元件组合件试验对于设计许用值的修正作用更加明显。此阶段将主要元件、组合件制造完成，试验可综合考量设计、工艺和制造的耦合效应，可以较为准确的修正设计许用值。所以此阶段试验不能裁减，而且还应加强，准确地估计载荷、失效形式，能否准确地选取局部构型将很大程度影响产品的成败。

（3）第三步静力和疲劳试验。

第三步部件试验无须单独（除关键部件外）进行试验。因为部件尺寸通常较大，单独试验设计工装、夹具、场地等因素较多，需要的经费和时间较多，所以应将部件试验同整机试验结合进行。进行试验时应将重点关注部位的感应器进行集中布置，以期发现载荷重新分配后二次响应情况，对结构整体性能进行综合评估。

4. 积木式方法的重要意义

积木式方法按照试件尺寸和试验规模、环境复杂程度逐级增加、数量逐级减少、后一级利用前一级结果进行试验与分析相结合的低技术风险、低费用复合材料结构设计研制和验证技术。积木式方法为无人机复合材料结构设计提供了一种经济有效的试验分析方法。为设计人员建立了一个有效稳定的性能数据库，通过数据的积累将复合材料运用的"性价比"降低，给予适航认证一种可控的、安全的认证方法。

3.3.3　复合材料许用值

在无人机复合材料结构静强度、疲劳强度、损伤容限和修理等方面的设计和合格审定中，材料许用值和设计许用值是设计和审定的依据和关键。因此，合理确定材料许用值和设计许用值，是确保复合材料结构的可靠性与安全性的基础。

1. 复合材料许用值的定义和分类

（1）复合材料许用值的定义。

复合材料许用值是指在一定的载荷类型与环境条件下，主要由试样试验数据，按规定要求统计分析后确定的具有一定置信度和可靠度的复合材料力学性能表征值。许用值是判断结构强度的重要指标，它主要根据试验所获得数据，经统计分析确定，试验量大、耗资多、周期长。

复合材料性能表征取决于材料本身的物理和化学构成，而与具体应用无关。复合材料许用值是通过对大量试验数据进行统计分析得到的材料性能值，例如模量、应变或应力等。复合材料许用值通常用平均值（用于模量）、A 基准值（用于静定结构）表征和 B 基准值（用于超静定结构）。A 基准值是一个力学性能限制值，是在 95% 的置信度下，99% 的性能数据群的最小值。B 基准值是一个力学性能限制值，是在 95% 的置信度下，90% 的性能数据群的最小值。A 基准值比 B 基准值限制更严格，目前大多结构设计中采用 B 基准值。

(2)复合材料许用值的分类。

在复合材料层合结构设计中,涉及单层、基础构件、结构件三个层次的性能,与其相应有材料工程常数、材料许用值和设计许用值。

1)材料工程常数。材料工程常数是指单层性能,即复合材料基本力学性能。它是单层级材料许用值,由单向板或织物双向板试样试验确定。模量数据一般取典型值,与经典层合板理论一起计算(预估)层合板刚度系数。强度数据一般取 B 基准值,用于单层强度校核。

2)材料许用值。材料许用值是在一定的载荷与环境条件下,由基础构件(如层合板、加筋板、夹芯结构、格栅结构等)试样、元件或细节件等试验数据,经统计分析后确定的,具有一定置信度和可靠度的性能表征值。

3)设计许用值。设计许用值是指与结构设计相关的许用值,其定义是:保证整个结构的完整性具有高置信度,在材料许用值的基础上,由设计师规定的设计限制值。设计许用值基于基础构件试样和部分元件试验,是强度分析工具和方法的输入,直接用于尺寸定义和强度校核,无人机结构设计人员主要接触的是设计许用值。

金属材料的力学行为有屈服极限(或条件屈服极限),设计上以屈服作为破坏准则,建立设计许用值(A 基准值或 B 基准值)。然而,无人机复合材料结构性能的可设计性和特有的损伤与破坏机理,使复合材料材料许用值和设计许用值的确定原则和方法与金属材料有很大不同。在无人机复合材料结构静强度、疲劳强度、损伤容限和修理等方面的设计和合格审定中,材料许用值和设计许用值是设计和审定的依据和关键。因此,合理确定材料许用值和设计许用值,是确保复合材料结构的可靠性与安全性的基础。

2. 材料许用值

材料许用值建立在复合材料基础构件试样试验和统计数据分析之上,主要描述或表征复合材料基础构件的性能。复合材料基础构件是可设计的、多种多样的,因此,材料许用值的确定只能采用典型蒙皮类和梁、肋、框等结构件试样。试验用于确定常温和湿/热条件下基础构件刚度和强度性能,以及缺陷/损伤,特别是冲击损伤对性能的影响。复合材料结构件(开口)应力集中数据、挤压性能和连接件性能,需通过元件或细节件试验确定。

(1)材料许用值的表征。

复合材料的材料许用值用于评估材料的分散性、环境影响(包括确定环境补偿因子),以及用作确定设计许用值的基础,并给出用于设计分析的模量值。除了模量值以外,材料许用值不直接用于复合材料的结构设计。

(2)材料许用值的试验。

用于确定材料许用值的试验主要是基础构件试样的试验。应当考虑到复合材料结构的铺层设计和厚度、环境影响、缺口效应以及机械紧固连接的挤压破坏,分别确定相应的试件数,形成合理的试验矩阵。

对于拉伸受载情况,设计许用值基于含半径为 6.35 mm 圆孔的试件试验结果填充孔和未填充孔中,取较小者。对于压缩受载情况,设计许用值基于含缺口或冲击损伤试件的试验结果选取较小者。一般情况下,以含冲击损伤的压缩试验结果为基础给出设计许用值。

(3)试验数据的统计分析。

复合材料静强度、剩余强度和疲劳寿命的试验数据均具有较高的分散性,需要采用统计分析方法对复合材料的性能试验数据进行统计分析,并给出基于统计的材料许用值,从而将复合材料性能数据的差异性纳入到复合材料结构的设计许用值中。

在对试验数据进行统计分析之前,首先应判别和舍弃异常试验数据,除采用定量判断外,还要进行工程判断,以及对纤维控制的性能数据进行归一化处理。

在对非结构性数据进行统计分析时,可以选用韦伯分布、正态分布和对数正态分布进行统计分析。通常首先选用韦伯分布进行统计分析,因为这种统计分析方法给出的统计结果偏于保守。如果试验数据为若干批次材料试验数据的集合,可采用方差分析方法进行统计分析;如果试验数据为不同温度或湿度试验数据的集合,叫以采用简单线性回归方法和组合韦伯分析方法进行统计分析。

3. 设计许用值

复合材料设计许用值是结构设计思想、设计要求的具体体现和设计师设计经验与教训的结晶。综合基础构件性能和典型结构性能数据、设计要求、设计经验,设计师方可确定设计许用值。设计许用值的确定是否正确还必须由复合材料结构试验验证。

确定复合材料设计许用值时,要涉及复合材料结构的静强度、疲劳强度、损伤容限和修理等方面。因此,首先需要设定相应的静强度设计许用值、疲劳强度设计许用值、损伤容限设计许用值和修理设计许用值。然后,再对这些设定的设计许用值进行综合分析,从而得出结构的设计许用值。确定设计许用值,需要结合设计经验,并需要经过试验验证。

(1)静强度设计许用值。

静强度设计许用值是在已有的材料许用值的基础上,结合设计经验和更高层级试件的试验验证结果给出的。它是用于静强度结构设计与分析的设计估值。也就是说,静强度设计许用值是在设计载荷作用下结构应变或应力的限制值,包括拉伸强度、压缩强度,以及结构件稳定性设计和剪切强度许用值。

含有勉强目视可见冲击损伤和工艺规范允许制造缺陷的复合材料结构应能承受设计极限载荷。因此,这样的结构设计应当属于静强度设计范畴,确定设计许用值时,应该考虑到工艺规范允许缺陷和损伤。

(2)疲劳强度设计许用值。

确定疲劳强度设计许用值,应考虑到湿热环境的影响。对于每种环境状态,包括室温环境、高温湿热环境,至少需要 4 个应力水平的疲劳寿命试验,应力水平的选取要使它靠近疲劳寿命门槛值,因为疲劳寿命试验的目的主要是确定疲劳寿命门槛值。

因为疲劳寿命分散性受给定环境下的应力水平影响很小,所以可以采用试验数据汇集统计分析方法,例如组合韦伯分析,给出疲劳寿命的基准值。

确定疲劳强度设计许用值的疲劳寿命试验,除最低应力水平外,所有疲劳试验均要进行到发生疲劳破坏时才能停止。由于疲劳寿命试验时间长、成本高,可以选择具有代表性的结构构型制作试件进行疲劳强度实验,根据疲劳强度实验数据可得出应力 S 和疲劳寿命 N 的关系曲线,称为 $S-N$ 曲线。一般在分别给出 4 个应力水平的疲劳寿命 B 基准值和 A 基准值后,就可以给出对应 B 基准值和 A 基准值的 $S-N$ 曲线。由 $S-N$ 曲线就可确定对应 B 基准和 A 基准的疲劳门槛值。

复合材料具有良好的抗疲劳特性,较高的疲劳门槛值。对于典型的碳纤维/环氧复合材料,疲劳门槛应力水平为静强度 60% 以上。因此,可以采用极限强度方法确定疲劳强度设计许用值(包括 A 基准值和 B 基准值),也就是要求疲劳载荷中的最大载荷对应的应力水平不大于疲劳门槛应力水平,这样可以简化疲劳设计过程,但是采用这种方法确定的疲劳强度设计许用值比较保守。

(3)损伤容限设计许用值。

对于含有缺陷/损伤复合材料结构的设计许用值可分为两类:一类是勉强目视可见冲击损伤复合材料结构的设计许用值,也可以把它看作静强度设计许用值,另一类是含有最大设计损伤复合材料结构的设计许用值,这一类许用值称为损伤容限设计许用值。在复合材料结构设计中,大部分结构件所采用的设计许用值是损伤容限设计许用值。

1)含勉强可见冲击损伤的损伤容限设计许用值。确定含勉强可见冲击损伤的损伤容限设计许用值,必须进行剩余强度试验和损伤无扩展试验。含勉强可见冲击损伤结构的剩余强度应能达到设计载荷以上的承载能力。可按确定静强度设计许用值的方法来确定含勉强可见冲击损伤的损伤容限设计许用值。

2)含最大设计损伤的损伤容限设计许用值。含最大设计损伤的复合材料结构必须具有承受限制载荷以上载荷的承载能力,并且在两倍检查间隔的疲劳试验中,损伤无扩展。可以通过含最大设计损伤组合件级和或子部件级的剩余强度设计许用值,并通过全尺寸试验验证结构能承受限制载荷,并且在上述检查间隔内损伤无扩展。

(4)针对修理的设计许用值。

复合材料结构修理方案通常采用模拟修理部位构型、材料和工艺的试件进行试验。对于修理设计,不需要给出以统计为基准的材料许用值。但是应给出材料间的性能差异性,特别对于湿铺层修理的情况。

通常可将原复合材料结构的材料许用值乘以减缩系数,通过复杂性较低试件的试验给出修理情况下的材料许用值,以反映修理材料以及固化温度和压力低于原结构的情况。采用这种方法给出材料许用值以后,应进行少量的组合件和或子部件试验验证,并结合修理设计经验给出用于修理设计的设计许用值。

用于修理设计的试样通常采用螺接或黏结简单连接试样。这螺栓连接的试样可以是单排螺栓连接或双排螺栓连接,通过这些试验可以获得挤压、挤压/旁路和净拉伸试验值。黏结连接试样通常采用搭接形式的黏结连接试样,以获得连接处的黏结连接强度。

3.4 无人机复合材料结构的设计要求

无人机复合材料结构设计是将无人机整体及部件结构构思变成产品实体的技术文件的拟定,明确设计要求是结构设计的第一步,即根据使用目的提出对结构的性能要求、规定载荷情况、环境条件、结构几何形状和尺寸限制等。在进行无人机结构设计时,设计人员应当使所设计的结构满足技术要求中规定的一些基本要求。这些基本要求可概括为气动要求、质量要求、使用维护要求和工艺要求等。这些要求通常既相互矛盾又相互关联。由于复合材料在性能、失效模式、耐久性和损伤容限机理,以及制造工艺、质量控制等方面与金属材料有显著差异。因此,设计要求做出补充和完善。

3.4.1　结构静强度、刚度和稳定性设计要求

1. 结构静强度设计要求

结构强度是结构承载时抵抗破坏的能力。破坏是与结构的技术要求相关的,多数情况下,宏观强度理论将材料的屈服和断裂视为破坏或失效。结构设计采用的是极限载荷法(也称为设计载荷法),极限载荷为限制载荷乘以安全系数。

无人机结构的静强度设计要求一直是其最基本的设计要求。结构静强度设计准则是:结构的强度大于此结构所受的载荷时,结构安全,反之此结构失效。无人机复合材料结构性能可设计,一般为各向异性的,并有独特的耦合效应,因此它与金属材料有着本质上的不同,复合材料结构静强度设计应满足下列要求:

1)材料的强度性能必须以足够的材料试验为依据,在材料试验统计(材料许用值)的基础上制定设计许用值。设计许用值的选择必须使因材料偏差而引起结构破坏的概率降至最小。

2)应保证在使用载荷作用下结构不产生有害的损伤或结构承载能力下降。

3)至关重要的部件或结构在正常运行条件下热影响显著的部位,必须考虑温度对设计许用应力的影响,应考虑重复载荷和环境(湿/热)引起的性能退化。

4)当结构使用温度范围很宽或复合材料性能在不同温度下变化较大时,应力分析可以按结构使用温度划分温度区间,材料弹性常数取相应温度区间内的平均值。

5)不可避免的制造缺陷和制造过程与使用过程中预计到的损伤,应不影响结构承载能力,即结构仍应承受设计载荷而不破坏。

6)结构必须能够承受极限载荷至少 3s 而不破坏。进行极限载荷的静力试验时,必须包括加载引起的极限变位和极限变形。当采用数值分析方法时,符合极限载荷强度要求的情况必须是符合下列三种情况之一:①结构变形的影响是不显著的。②在结构分析中已充分考虑所涉及的变形。③所用的分析方法和假设足以计及结构变形影响。

7)强度评估应采用已经验证的单层失效准则,得到最先一层失效承载能力。若结构强度裕度过大,应引入层合板刚度退化模型,做进一步分析。

8)应通过设计载荷下的部件试验程序来验证复合材料结构的静强度符合设计准则的程度和可能的强度储备。仅当有处理过类似设计、材料体系和载荷情况的经验时,才允许采用由组合件试验或使用载荷下的部件试验所支持的分析方法来验证。

9)对铺层的强度计算应采用已经验证的失效准则。

2. 结构刚度设计要求

无人机结构不仅要有足够的静强度,而且还应有足够的刚度,不仅要避免结构发生有害的气动弹性变形和颤振,而且要保证结构不能出现过大的变形而影响无人机的飞行性能。无人机结构刚度设计要求为结构在极限载荷下的变形量要小于或等于结构容许的变形量,以及在使用载荷下不允许结构出现永久变形,无人机复合材料结构一旦出现永久变形就表征该结构已有永久性损伤。复合材料结构刚度设计应满足下列要求:

1)结构必须能够承受各种规定的使用载荷,而不产生不能容许的残余变形。

2)应充分利用复合材料铺层的可设计性,通过合理地选取铺层角、铺层比和铺层顺序,以最小的质量达到满意的刚度。

3)弹性常数可选取对应温度区间内的典型值。

3.结构稳定性设计要求

结构稳定性是指结构在负荷作用下维持其原有平衡状态的能力。虽然试验证明复合材料层合件屈曲后仍有承载能力,但其对疲劳性能的影响还难以评定。无人机复合材料结构稳定性设计应满足下列要求:

1)对主承力结构总体失稳不允许在设计载荷下发生,局部失稳也不允许在设计载荷下发生。

2)对次承力结构总体失稳不允许在设计载荷下发生,局部失稳不允许在使用载荷下发生。

3)局部失稳一般考虑蒙皮壁板(压剪)失稳和梁、肋腹板剪切失稳。

3.4.2 疲劳/耐久性、损伤容限和动力学设计要求

1.结构疲劳/耐久性设计要求

金属结构的耐久性要求原则上适用于复合材料结构,但与金属结构不同,复合材料结构耐久性的主要考虑不是疲劳寿命和腐蚀,而是冲击损伤阻抗,主要包括以下几方面的内容:

1)结构设计和制造中必须使灾难性疲劳破坏概率减至最小,特别是在应力集中处。

2)在结构使用寿命期内结构不允许出现开裂、分层、脱黏、变形,为了保证结构安全而需要及时进行修理、更换和检查。

3)结构的经济寿命必须大于设计使用寿命。结构的经济寿命必须进行试验验证。

4)结构设计时必须考虑使用中可能引起的冲击损伤,研究它对修理、维护和功能可能产生的影响,并证实外表面目视不易检出的损伤不影响其耐久性。

5)应考虑使用中由低能量冲击所引起的损伤,如冰雹冲击和地面滑行时跑道碎石的冲击,装配、维护和搬运过程中工具掉落、人员踩踏所引起的损伤等。因此要采取提高结构抗冲击损伤能力的措施,如选用韧性化的树脂基体等。

6)注意损伤敏感区的防护。如下机身和相邻的整流罩、内襟翼下表面和舱门区,这些区域需要用较厚的结构增强或其他措施防护。

7)复合材料结构初始质量,允许含有表面目视勉强可检的低能量冲击损伤和制造工艺质量标准允许的孔隙、分层和表面划伤等缺陷。

8)复合材料疲劳数据分散性大,对压缩载荷和高载荷敏感;疲劳寿命对谱载荷中高载荷的数目敏感;薄层合板蒙皮和蜂窝夹层板对低能量冲击损伤敏感。

9)疲劳损伤扩展是可能发生的基体开裂、分层、界面脱黏和纤维断裂等多种损伤形式的无规则扩展与它们组合积累的结果,往往是缺乏规律性的。因此,疲劳破坏准则可以是强度不足,但多数情况下,则表现为结构的刚度下降,不能满足设计要求而失效。

2.结构损伤容限设计要求

结构损伤容限要求是指含有缺陷的结构在规定的使用期内应有足够的剩余强度,避免因未检测到的损伤引起结构发生灾难性破坏。复合材料结构与金属结构相比,冲击损伤虽然使复合材料承载能力突然明显下降,但在谱载荷作用下,扩展却是缓慢的,即含冲击损伤的复合材料结构对疲劳载荷是不敏感的,复合材料结构具有更好的破损-安全特性。

(1)结构损伤的分类。

损伤容限要求含缺陷的结构在规定的使用期内有足够的剩余强度,缺陷包括初始缺陷和使用损伤。

1）初始缺陷。很难用目视检测方法检出，包括冲击损伤、分层和划伤等。

2）使用损伤。冰雹冲击、鸟撞等高能量外来物冲击及雷击产生的目视易检损伤。

（2）损伤扩展速度。

复合材料结构为缓慢"裂纹"扩展结构，在进行检测时会发现以下两种情况：

1）损伤无扩展。对于损伤无扩展的情况通过试验支持的分析或由试样、元件或结构件的疲劳试验来验证，损伤无扩展循环数应考虑复合材料的疲劳分散性，如在规定的检查间隔内出现明显的缺陷/损伤扩展时，须更改设计。

2）损伤扩展。对于可能出现的每种缺陷/损伤类型，需要有在使用载荷谱下可靠的扩展特性数据。同时给出这一扩展规律的统计变异性，并能证实所给出的检测方法足够可靠。

（3）结构损伤容限设计要求。

复合材料结构缺陷的主要形式是冲击损伤、分层和划伤，在设计时，通常是假定一个缺陷初始尺寸来进行结构的剩余强度分析。结构损伤容限设计要求如下：

1）冲击损伤设计要求。冲击损伤的特点是由损伤引起层合板内部大范围分层，且压缩强度急剧下降时，外表面可能仍然是目视不可检的。为保证结构的安全性，在结构设计时，要考虑某些部位在使用中可能遇到的最大冲击所引起的损伤，并按照某些标准进行设计。

2）分层和划伤设计要求。假定缺陷的类型和尺寸来进行剩余强度分析。

3）剩余强度设计要求。复合材料结构应有足够的损伤容限能力，在缺陷/损伤被发现前，应当承受合理水平的载荷，而不发生破坏或过大变形。

4）损伤扩展设计要求。复合材料结构损伤扩展归为缓慢裂纹扩展范畴。对初始缺陷/损伤，要求在两倍使用寿命期内，初始缺陷/损伤尺寸应不增长或止裂；而对使用损伤，要求在两倍使用寿命期内，使用损伤尺寸应不增长到使结构发生破坏的大小。

5）特殊功能设计要求。除强度和刚度外，还要考虑结构的特殊功能要求，如耐腐蚀、防静电、抗雷击、透波、电磁屏蔽和阻燃等。

（4）黏结接头的损伤容限设计要求。

如现有的制造技术无法保证每个黏结接头均能达到其设计强度，无损检测又无法检测出所有的脱黏或弱黏结缺陷时，必须采用以下方法来证实危及飞行安全的关键结构件中每一黏结接头的承载能力不低于使用载荷。

1）必须用分析、试验或同时使用这两种方法，来确定承载最大载荷时，每个黏结接头允许出现的最大脱黏区域，并通过细节设计来防止产生大于这一区域的脱黏可能性。

2）必须对每件制成品进行验证试验，试验时对每一关键黏结接头施加最大载荷。

3. 结构动力学设计要求

结构动力学着重研究结构对于动载荷的响应（如位移、应力等的时间历程），以便确定结构的承载能力和动力学特性，或为改善结构的性能提供依据。

无人机复合材料结构动力学设计要求主要有以下方面：

1）对振动比较严重的结构，必须按照频率控制设计原则，响应控制原则以及声疲劳寿命要求进行动力学设计。

2）复合材料结构的动特性，动响应和声疲劳性能均与层合板中铺层的铺设方向，铺层顺序以及层数等因素密切相关，应选择合理的结构形式、结构布局与铺层参数等进行动力学设计，以确保复合材料结构在正常使用条件下，能避开干扰频率的共振区，将最大动响应控制在限制值内,并符合声疲劳寿命要求,以免在使用期内结构发生由振动、噪声引起的结构性能退化乃至失效等事件发生。

3.4.3 结构维修性、结构工艺性和结构使用环境要求

1.结构维修性设计要求

结构维修性设计是指设计师应从结构维修的观点出发,保证当结构一旦出故障,能容易地发现故障,易拆、易检修、易安装,即可维修度要高。结构维修性设计时,要对结构功能进行分析权衡,合并相同或相似功能,消除不必要的功能,以简化结构和维修操作。通过技术途径提高结构抗损伤能力,减少维修量,降低维修费用。

(1)制定维修大纲。

结构设计时要制定复合材料结构的维修大纲,根据结构可能产生的损伤,分段或分区确定维修等级。确定修理方法时,需同时考虑检测方法、所使用的材料及固化工艺过程等。

(2)良好的可达性。

需要维修的结构件,都应具有良好的可达性。对故障率高而又需要经常维修的部位及应急开关,应提供足够的可达性。

(3)标准化互换性。

结构设计时优选标准化的结构件和工具,且减少其品种、规格;故障率高、容易损坏、关键性的结构件或单元具有良好的互换性和通用性;可互换结构件,须完全接口兼容,既可功能互换,又可安装互换;不便握持的结构件应设有人力搬运的把手;必须用机械提升的结构件应设有相应的吊孔或吊环。

(4)防插错措施及识别标志。

结构件设计时应避免或消除在使用操作和维修时造成人为差错的可能,即使发生差错也应不危及人机安全,并能立即发觉和纠正;外形相近而功能不同的结构件安装时容易发生差错的结构件,应从构造上采取防差错措施。

(5)可测试性要求。

结构测试点的种类与数量应适应维修级别的需要。测试点的布局要便于检测,并尽可能集中或分区集中,且可达性良好,有利于进行顺序的检测与诊断。

(6)维修性的人机环工程要求。

结构件设计时按照使用和维修时人员所处的位置、姿势与使用工具的状况,并根据人体量度,提供适当的操作空间,使维修人员有个比较合理的姿势,尽量避免以容易疲劳或致伤的姿势进行操作。

(7)维修安全要求。

结构设计时应使系统在故障状态或分解状态进行维修是安全的;在可能发生危险的部位上,应提供醒目的标记、警告灯或声响警告等辅助预防手段;严重危及安全的组成部分应有自动防护措施。

2.结构工艺性要求

复合材料结构工艺性包括结构件的制造工艺性和组件、部件的装配工艺性两方面。结构方案和结构细节设计对工艺性有决定性影响。在结构设计的全过程均需考虑结构工艺性问题。

(1)结构工艺分离面要求。

要合理地划分结构件工艺分离面。划分工艺分离面的依据有以下方面：

1)依据构件大小、结构和形状的复杂程度,现有的制造技术水平和设备能力等因素。

2)要充分利用总体设计及使用分离面,如独立的平尾、垂尾和各种操纵面。平尾和垂尾等可细分为前缘、后缘、主承力盒和翼尖等工艺单元。

3)合理的工艺单元要具有极开敞的操作通道和更多的操作工作面。

4)共固化结构应考虑使结构各部分的铺叠和预吸胶能分别进行,便于各相关部分组装定位,使铺叠和预吸胶用的模具能直接用于共固化,增加预吸胶件的搬运刚度,保证共固化装配中各预吸胶件之间的协调。

(2)结构件外形要求。

1)尽量使结构件设计为对称形状,因为对称的结构件可减少模具数量,协调方法简单,使产品变形小。

2)尽量采用单曲形面外形构件,因为这种外形构件容易制造模具,其毛坯可在平面铺叠,节约工时。

3)尽量采用平整而光滑过渡的外形,因为平整而光滑过渡的外形不易产生富胶、贫胶和纤维皱曲及局部不易压实等缺陷。

4)复合材料结构内表面要采用薄玻璃布,以便保证表层在脱模、制孔及搬运中纤维不劈裂。

5)对有表面质量要求的结构表面,应作为贴模面。当该表面不能作贴模面时,结构设计布置应当考虑加均压板以提高表面质量。

6)为减少组装工作量,在热压罐尺寸和工艺许可条件下,尽量设计成整体件并采用共固化或二次固化、二次黏结工艺成型,以减少组装工作量。

(3)构件结构形式和几何尺寸要求。

1)为了提高结构整体性,尽量选用整体成型工艺,对构件内部的纵横向零件的布置与组合要进行合理的安排,以便固化成型后的脱模。

2)对具有封闭内腔需要用气囊加压的结构,应在受力较小部位留出合适的工艺孔。

3)应尽量减少制孔。对于操作、检查和维修所需的开孔,要尽量制成圆孔,若必须是方孔时,四角要呈圆弧形。对于必须钻孔的结构件,为保证钻孔质量,在孔的钻出一侧应铺一层织物或玻璃布。

4)不允许在高温下复合材料与金属件共固化或黏结。

5)双弯边零件尽量使双弯边开口为开角,弯边应用圆弧过渡,结构的拐角应有较大的圆角。

6)成型后的配合面不允许锉修。装配中应允许用玻璃钢或其他复合材料补偿片用常温黏合剂黏结补偿。

7)结构的开敞性要好,以便于成型后将模具取出,装配时有利于安装、定位及连接,也为检修和维护提供了通道;对封闭式结构,为方便模具装卸,应在受力小的部位开适当的工艺孔,考虑到复合材料与模具材料热膨胀的差异,封闭结构应考虑模具变形补偿。

8)只能有一个结构装配基准,其他尺寸如有协调关系,应有补偿方法。

9)结构中不可展型面,应有缺口补偿设计和搭接剪裁设计。

（4）预浸料形式要求。

1）单向带预浸料的可设计性强，适用于受力大、可近似展开成平面的结构。

2）编织物预浸料操作方便，生产效率高，适用于受力不是很大，或不能近似展开成平面的结构，如波形梁等。

3）根据结构形状的具体情况选用合适预浸料形式，如波形梁的波形腹板可用编织物预浸料，凸缘部分用单向带预浸料。

4）对于制件壁厚大于 7.5mm 的结构，应选用零吸胶的预浸料制造工艺，也可采用多次分层预吸胶工艺。

（5）铺层设计要求。

铺层设计中要考虑工艺性问题。由于不同铺层角的铺层之间，在给定方向上存在刚度特性和膨胀特性上的差异，当存在铺层不对称、装配不对称或同一铺层角的单向带集中过多时，会引起翘曲变形，甚至分层。

1）连续相同的铺层尽量不超过两个，相邻纤维的交叉排列，有利于固化过程中树脂和气泡的流动，有利于保证构件厚度均匀及纤维方向的准确性。

2）尽量选用 0°，±45°，90°，成对采用 ±45° 铺层。零件的表面尽量选用 ±45° 铺层，以便具有良好的使用维护性。

3）厚度变化应有过渡区，铺层递减每次不应超过两层。

4）铺层设计应尽量采用对称均衡铺层，即沿厚度方向各个铺层为镜面对称，以消除热变形翘曲和减小内应力，避免固化后变形较大。必须采用不对称铺层时，应以工艺可以实现为准，接受因不对称而引起的变形。

3. 结构使用环境要求

使用环境要求主要应考虑湿热环境、外来冲击物环境和雷电环境等几种情况。

（1）湿热环境。

湿热环境主要是指无人机服役的大气环境和飞行环境，即温度和湿度条件，它们对复合材料结构性能的影响方式不同，温度影响是通过热传导在较短时间内发生作用，而湿度影响是由复合材料的树脂基体吸进湿气，含水量逐渐增加，经历时间较长。但这两者的作用是综合的，高温下吸湿速率和吸湿量都会增大。吸湿量有个饱和程度，也就是最大吸湿量，不同树脂基体有不同的最大吸湿量，如环氧树脂基体，有研究表明，其最大吸湿量可达 30%～60% 的质量分数，造成复合材料的层间剪切强度下降达 20%。这是因为吸进的湿气对基体能起到一种增塑作用，使网状交联的立体分子结构产生链段松弛，玻璃化转变温度和黏结强度都要下降。因此要注意以下事项：

1）设计选材时，要明确树脂基体的最高工作温度和最大吸湿量。

2）设计分析时，要综合考虑湿/热条件下的应力分布。

3）在选材时，要具备树脂基体的湿热老化性能数据，必要时要进行湿热老化试验，得出相应的性能数据。

（2）外来冲击物环境。

外来物冲击主要有以下几种类型，即装配或维修时常用工具坠落、冰雹冲击、起飞或着陆时跑道碎石冲击、飞鸟冲击。层合板的纤维复合材料结构对外来物冲击十分敏感，因此在结构设计时要预先对有可能遇到的冲击予以考虑，一般是采用初始缺陷尺寸模拟来进行结构分析。

这一点，现在都有相关的标准可循。

（3）雷击环境。

雷电对无人机产生的直接影响表现为雷电引起的燃烧、熔蚀、爆炸和结构变形等，以及引起电气和电子设备的损坏。复合材料的导电性不如金属，防雷击必须在结构设计中予以考虑。例如，无人机结构应为雷电流提供低阻抗的通路，以使强大的雷电电流安全通过而无过热；在雷电电流流动的两个端点上，如翼尖到翼尖，水平安定面到机身最前面的金属部件之间，必须有良好的电气连接用在直接雷击区的复合材料外表面上喷涂导电涂层。

3.5　无人机复合材料结构的材料设计

材料设计是无人机复合材料结构设计的基础，关系到结构完整性、结构效率、耐久性、工艺性和结构成本，十分重要。无人机结构复合材料设计充分反映了复合材料性能特点，以及复合材料结构与金属结构之间的显著差异。

3.5.1　无人机复合材料结构材料设计的概念与选材

1. 材料设计的基本概念

（1）材料设计的定义。

材料设计是指应用已知理论与信息，通过理论与计算预报新材料的组分、结构与性能，或者说，通过理论设计来"订做"具有特定性能的新材料的方法。材料设计可根据设计对象所涉及的空间尺度划分为显微结构层次、原子分子层次和电子层次设计，以及综合考虑各个层次的多尺度材料设计。从工程角度来看，材料设计是依据产品所需材料的各项性能指标，利用各种有用信息，建立相关模型，制定具有预想的微观结构和性能的材料及材料生产工艺方法，以满足特定产品对新材料的需求。

（2）材料设计的目的。

材料设计的目的是按指定性能指标出发，确定材料成分或相的组合，按生产要求设计最佳的制备方法和工艺流程，以制得合乎要求的各种材料。其内容包括以下三个方面：

1）材料结构性能关系的研究设计。

2）材料使用性能预测设计。

3）材料成分结构研究设计。

（3）材料设计的三个层次。

1）微观层次设计。空间尺度 1nm，原子电子层次的设计。

2）连续模型层次。典型尺度在 $1\mu m$ 量级，材料被看成连续介质，不考虑单个原子分子的行为。

3）工程设计。宏观材料，设计大块材料的加工和使用性能的设计研究。

无人机复合材料结构材料设计属于工程设计层次，包括结构选材、单层性能和设计许用值确定等内容。复合材料结构成型与材料成型同时完成的工艺特点，使得结构设计与结构成型工艺密不可分，即结构设计必须考虑其成型工艺的可行性，对整体成型，这一特点更加突出。因此，设计选择的结构方案必须具有良好的结构工艺性，如图 3-5 所示。

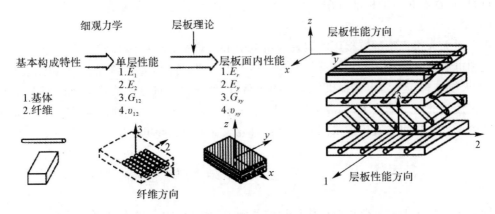

图 3-5　无人机复合材料与铺层设计

2. 复合材料结构选材的基本要求

无人机复合材料结构选材主要是树脂基体和增强纤维的选用。复合材料结构选材的基本要求与金属材料大体上是相同的,但必须突出考虑复合材料特有的性能。应按无人机复合材料结构具体使用部位(主承力结构还是次承力结构)、受载情况和工作环境条件,选择具有良好耐使用环境性(耐湿热、耐冲击、耐介质等)的复合材料品种类型。所选复合材料的性能应与结构设计性能要求相匹配,综合考虑结构完整性、强度、刚度、稳定性、结构疲劳/耐久性、耐湿/热性能、动力学特性、工艺性,以及成本、使用经验、材料来源等因素综合权衡折中,择优选用。

(1)满足结构轻质高强要求。

对于无人机复合材料结构,结构减重是主要目标之一,这是通过结构选材来实现的。比强度、比刚度高的组分材料(如碳纤维)是首先考虑入选的材料,但碳纤维成本高,因此在发展低成本的碳纤维的同时,在满足结构强度、刚度的前提下,也可考虑混杂纤维增强的方式。另外,要考虑的就是复合材料的韧性,这取决于树脂基体,涉及冲击损伤阻抗和含缺陷/损伤后的剩余强度、开孔拉伸和压缩强度以及连接挤压强度等性能。

(2)满足结构使用环境要求。

1)使用温度应高于结构最高工作温度。在最严重的工作环境条件(如湿/热)下,其力学性能不能有显著下降;长期工作环境下,力学性能要稳定。

2)应具有耐燃油、耐介质、耐自然老化和耐沙蚀、耐雨蚀等方面的性能。

(3)满足结构特殊性能要求的原则。

1)个别结构部位应满足电磁屏蔽、防静电和搭接电阻等电磁性能要求。

2)满足阻燃要求和燃烧时烟雾毒性等内部结构材料特性要求。

(4)成熟材料要求。

在进行结构选材时,应尽量使用性能已得到充分表征、有使用经验和有可靠且稳定供应渠道的材料。应选择经过适航认证的,有使用经验的成熟的材料,尽量压缩材料品种,保证供货渠道稳定可靠。若选用以前从未使用过的新类型的复合材料,应通过足够的试验验证后才能选用,表 3-1 表示复合材料的选材试验表。

表 3－1　选材试验表

试验内容	试验件数量/个			评价重点
	低温干态	室温干态	高温湿态	
单　　层				
0°拉伸	6	6		纤维控制性能
0°压缩		6	6	纤维/基体相互作用
±45°拉伸		6	6	纤维/基体相互作用
层合板（[45°/0°/−45°/90°]s）				
开孔压缩		6	6	应力集中
开孔拉伸	6	6		应力集中
螺栓-挤压		6	6	挤压
冲击后压缩		3		损伤容限

（5）满足工艺性能的要求。

所选各材料体系及其固化工艺之间应匹配协调，具有良好的工艺性，其中成型固化工艺性包括树脂黏性、铺覆性和成型固化工艺参数。按复合材料结构成型工艺选择与工艺相对应的树脂体系，即所选复合材料的成型工艺与结构成型工艺方法相匹配。所选材料应具有与不同材料良好的匹配性，应避免或减少碳纤维复合材料与铝合金之间出现电偶腐蚀，例如采取增加钛合金用量，减少铝合金用量等措施。

（6）低成本要求。

在满足结构完整性要求下应尽量选用价格低的材料，成本的考虑包括材料成本、工艺成本（指工艺适应性、成型温度和压力、对辅助材料的要求）和维修成本。设备改造费用和环境保护要求的投资费用少。

总之，对不同的应用，不同的结构甚至同一型号的不同部位，可以选用不同种类、不同牌号的树脂和纤维。这样有利于物尽其用和降低成本。切忌选材中盲目地追求耐高温、高韧性的材料，造成不必要的浪费，应避免提高材料成本和制造成本。

3.增强纤维和基体材料的选用

（1）增强纤维的选用。

增强纤维是复合材料的承载主体，它赋予复合材料高强度和高模量等力学性能，对复合材料抗损伤性能也有重要贡献。因此，无人机结构复合材料的增强纤维品种及其体积分数一旦选定，由纤维控制的复合材料的力学性能就基本确定。选择纤维时应根据性能和成本进行综合评价。航空飞行器结构中常用纤维的性能如表 3－2 所示。

1）碳纤维由于性能好，纤维类型和规格多，成本适中，在飞行器结构中应用最广。

2）凯芙拉性能虽然尚佳，但在湿热环境下性能明显下降，一般不用于主承力结构中。

3）玻璃纤维由于刚度低，通常只用于整流罩、雷达罩、舱内装饰结构等一些次要受力结构中。

4）硼纤维直径太粗且刚硬，成型和加工比较困难，且价格十分昂贵，故应用不多。

表 3-2　航空飞行器结构中常用纤维的性能表

纤维类型	直径/μm	密度/(g·cm^{-3})	拉伸强度/GPa	拉伸模量/GPa
E 玻璃	8.14	2.54	3.45	72.4
S 玻璃	8.14	2.49	4.58	86.2
HP-聚乙烯	10.12	0.97	2.79	87.0
Kevlar49	12	1.44	3.62	130
Kevlar149	12	1.44	3.47	186.2
高强度碳纤维 T300	7.0	1.76	3.53	230
中模量高强度碳纤维 T800H	5	1.81	5.49	294
高模量碳纤维（HM400）	6.5	1.87	3.10	405
超高模量碳纤维（GY80）	8.4	1.96	1.86	572
硼纤维	50.203	2.60	3.44	406.7

（2）基体材料的选用。

树脂基体是复合材料的另一组分材料，它对纤维起着支撑、保护并传递载荷的作用。基体性能对复合材料的横向力学性能、压缩和剪切性能、耐老化性能、耐湿/热性能、介电性能、阻燃性能、耐腐蚀性能等有决定性的影响。复合材料成型工艺性能，如流变性能、黏性和铺覆性、凝胶时间、预浸料贮存稳定性、成型温度、压力等也主要是由树脂基体直接支配的。

通常对复合材料树脂基体的要求是：强度高、韧性好、耐介质、湿热性能好；成型温度低、压力小、时间短；预浸料贮存期长、加压带宽、工艺性能好；与增强纤维黏结性好；玻璃化转变温度高、固化后收缩率低、毒性小等。目前，航空飞行器结构中常用树脂基体的性能比较如表 3-3 所示。

表 3-3　航空飞行器结构中常用树脂基体的性能比较表

性　能	树脂类型			
	环氧树脂	双马来酰亚胺树脂	聚酰亚胺树脂	高性能热塑性树脂
工艺性能	优	良	差	良
力学性能	优	优	良	优
耐热性	130℃以下	250℃以下	288℃以下	300℃以下
韧性	良	良	差	优
尺寸稳定性	优	优	优	优
成本	低	中	高	高

与金属材料相比，树脂基复合材料具有结构质量轻、复杂或大型结构易于成型、设计空间大、比强度和比刚度高、热膨胀系数小等诸多优点。将树脂基复合材料应用于无人机结构上对减轻空机身质量、增加有效载荷、提高安全性和隐身性具有重要的作用。

3.5.2　复合材料单层性能

1. 复合材料单层的定义和坐标系

(1)复合材料单层的定义。

复合材料单层是指用连续排列的平行纤维浸渍树脂基体制成的层片,在复合材料技术中通常以单向预浸带的形式提供。单层沿纤维方向的强度和模量都很高,是复合材料承力结构中最重要的一类材料。若将单层沿纤维逐层叠合就得到单向层合板,单向层合板很少在结构中单独采用,但经常用来进行力学试验,以测量单层的力学性能数据。也可将不同方向的单层逐层叠合,经热压后就得到多向层合板。单向层合板又是多向层合板的基本单元,因此了解单层的力学性能是对多向层合板以及多向层板层壳结构进行为学研究的基础。

显然,复合材料单层的力学性能取决于所用的纤维和树脂基体以及它们的结合情况,纤维是承受载荷的主体,但纤维必须与基体牢固地黏结在一起才能更有效提高单层强度。因此,正确选择基体和纤维以及保证它们之间的复合效果是复合结构设计非常重要的第一步。

(2)复合材料单层坐标系。

为了研究方便,在复合材料技术中,通常要定义一个单层的坐标体系,如图 3-6 所示。其中,面内沿纤维方向称为纵向(0°方向),而内垂直纤维方向称为横向(90°方向),而与单层面垂直的方向称为法向(N 方向)。

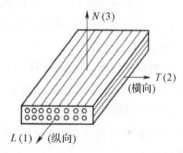

图 3-6　复合材料单层的坐标体系图

复合材料的单层一般很薄,法线方向的应力分量与面内的应力分量相比很小,可以忽略不计,因此单层可简化为广义的二维平面应力问题。此外,在分析中还将单层视为宏观均匀、连续的正交各向异性体,其正轴和偏轴方向的应力分量如图 3-7 所示。

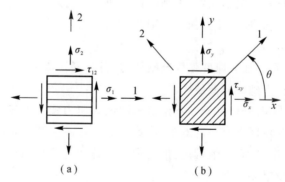

图 3-7　复合材料单层坐标和相应的应力分量
(a)正轴情况;(b)偏轴情况

正轴是指以材料弹性主方向为轴向的参考坐标系。对于单层,弹性主方向分别平行和垂直于纤维方向。偏轴是指轴向不与材料弹性主方向重合的参考坐标系。采用这两种坐标系对分析单层在不同方向的应力分布很有利。由于应力具有方向性的特征,只要测量出单层正轴的强度与刚度,就可通过坐标体系的转换计算出各种偏轴的强度和刚度,这也是多向层合板铺层设计的基础。

2.复合材料单层板的强度特点

对于各向同性材料(如金属材料),强度在各个方向上均相同,没有方向性,但是对于复合材料,其强度的特点是具有方向性。对于各向同性材料,主应力与主应变是与材料主方向无关的应力应变极值,对各向异性材料,由于强度的方向性,最大作用应力不一定对应材料的危险状态,而材料主方向的应力比最大作用应力更重要。

对于正交各向异性材料,存在三个材料主方向,不同主方向的强度是不同的。纤维增强复合材料单层板,沿纤维方向强度通常为沿着垂直纤维方向强度的几十倍。与各向同性材料不同,正交各向异性单层板有如下强度特征:

(1)基本强度的表示。

对正交各向异性材料,在材料主方向上抗拉与抗压强度不同。大多数复合材料拉伸与压缩强度不同,则有 5 个:

X_t——沿纤维方向的抗拉强度;

X_c——沿纤维方向的抗压强度;

Y_t——垂直纤维方向的抗拉强度;

Y_c——垂直纤维方向的抗压强度;

S——剪切强度。

这些基本强度可以由材料单向受力试验测得。在材料主方向上的剪切强度不随切应力的正负而改变,但在非材料主方向上,抗剪切强度要依赖于切应力的方向。

(2)强度准则。

对于各向异性的复合材料单层板,仅有反映材料主方向强度高低的基本强度,还不足以判断单层板在实际工作应力下是否失效,因为单层板工作时通常处于复杂应力状态,为应力分量的某种组合。而各种应力组合有无数种,无法用试验测出所有可能组合。因而,需要寻找合理的判断准则,以便根据材料的基本强度,来判断在各种实际应力状态下材料是否失效。

1)最大应力强度准则。最大应力强度准则认为,各材料主方向上应力必须小于相应的基本强度值,否则材料便破坏。

2)最大应变强度准则。最大应变强度准则认为,各材料主方向上应变必须小于相应的基本强度所对应的应变值,否则材料便破坏。

3)蔡-希尔(Tsai-Hill)强度准则。不论是采用最大应力强度准则,不是采用最大应变强度准则,理论曲线与试验数据都有一定差距,需要寻求更完善的强度准则。Tsai-Hill 将各向同性的冯·米塞斯屈服准则(歪形能理论)推广到正交各向异性材料中,提出一个新的屈服准则,称为 Tsai-Hill 强度准则。

4)霍夫曼(Hoffman)强度准则。Tsai-Hill 理论原则上只适用于材料主方向上拉压强度相同的单层板,对于拉压性能不同的复合材料,Hoffman 对 Tsai-Hill 准则进行了修正,提出了 Hoffman 强度准则。

5)蔡-胡(Tsai-Wu)张量强度准则。在综合了许多强度准则的基础上,Tsai 和 Wu 提出了张量形式的强度理论。

在实践中,以上几种强度准则都有应用,主要用于各向异性的复合材料单层板强度计算。由于篇幅有限,本章节不对它们进行详细介绍和讨论。

3. 结论

单层性能是复合材料细观力学研究的内容,它是从纤维和基体的性能出发来研究单层的宏观性能,其间要做一些必要的假设,用细观力学分析计算出单层的各种性能参数,这是一个非常复杂的分析计算过程,而且所得结果并不非常精确可靠。因此对于复合材料单层性能,目前多采用单向层合板的力学试验方法来测量确定。

习 题 3

1. 什么是无人机结构设计?说明无人机结构设计约束条件的内容。

2. 无人机结构设计的基本要求和基本内容有哪些?说明无人机结构设计的重要性。

3. 无人机复合材料结构设计分为哪两个层次?

4. 简述复合材料力学的定义和类型的内容。复合材料损伤类型和来源有哪些?

5. 复合材料破坏的特点及影响复合材料疲劳寿命的因素有哪些?

6. 简述无人机复合材料结构设计的特点及过程。

7. 简述无人机复合材料结构积木式方法的原理、假设和一般步骤。

8. 什么是复合材料许用值?说明其分类方法。

9. 结构静强度、刚度和稳定性设计要求有哪些?

10. 结构疲劳/耐久性设计要求、损伤容限设计要求和动力学设计要求有哪些?

11. 结构维修性设计要求、工艺性要求和使用环境要求有哪些?

12. 什么是材料设计?说明材料设计的目的和结构选材的基本要求。

13. 简述增强纤维和基体材料的选用要考虑的因素。

14. 什么是复合材料单层?说明复合材料单层板的强度特点。

第4章 无人机复合材料基础构件设计

本章主要内容包括以下方面：

(1)复合材料层合板设计。

(2)复合材料加筋板设计。

(3)复合材料夹层结构设计。

(4)复合材料格栅结构设计。

(5)复合材料结构连接设计。

4.1 复合材料层合板设计

无人机复合材料基础构件有多种结构形式,其中以层合板及层合件(无人机主结构的蒙皮、大梁、肋板以及加强筋等)和蜂窝夹层结构(一些次结构件的蒙皮结构等)最为常见。层合板是复合材料结构的最基本结构单元,是大多数复合材料结构中广泛采用的结构形式。层合板设计是复合材料结构设计的重要内容,它充分体现了利用单层的纤维取向进行层合板性能剪裁的特点。层合件设计是在层合板设计基础之上扩展,增加了许多结构特点和结构完整性要求的设计工作,其中加筋板设计是层合件设计的典型代表。

4.1.1 复合材料层合板的基本概念

1.复合材料层合板及其设计的定义

(1)复合材料层合板的定义。

复合材料层合板是由一层层的单层叠加(铺层),通过黏合、压制组成的结构形式,它具有多个纤维铺层方向,是大多数复合材料结构的内在结构形式。复合材料层合板的力学特性,既取决于组成层合板的各单层的力学性能,又取决于铺层方向、铺层序列和层数。

(2)复合材料层合板设计的定义。

层合板设计又称铺层设计,最能体现复合材料应用单层与方向相关特性,是复合材料结构设计特有的内容。层合板设计主要包括选择单层铺设角、确定各铺设角单层的层数(铺层比)和铺层顺序,如图4-1所示。铺层顺序也叫铺层编码,它记录每一单层的铺设方向,按铺层编码进行铺层操作可以避免铺层出错;另外,每一结构的铺层编码将归档在技术文件中,为以后的结构检测和维修提供依据。

层合板设计是复合材料结构设计中最能体现应用单层与方向相关特性,进行层合板性能剪裁设计的特有设计内容。层合板铺层设计主要包括选择合适的单层铺设角、确定各铺设角单层的层数(铺层比)和铺层顺序三个内容。

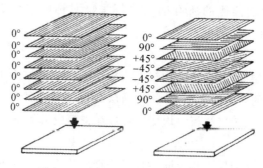

图 4-1　复合材料层合板设计示意图

2.复合材料层合板的类型

按照不同的铺层编码可以设计出多种不同类型的层合板,主要有以下类型:

(1)单向层合板。

单向层合板是由单层沿同一个纤维方向(0°方向)叠合而得到的层合板,是最基本的层合板结构。单层一般不用在结构中,主要用来制备进行力学性能试验的试样,试验测试结果用于结构选材。

(2)正交层合板。

正交层合板是由单层按相互垂直的取向叠合、压制而成的层合板。这种层合板只含 0°和90°方向的铺层。叠合方式多采用沿这两个方向逐层交替的形式,如先沿 0°方向铺一层,再沿90°方向铺一层,编码是$[0°/90°]_n$,其中 n 是一个正整数,表示铺层要重复 n 次,下同。

(3)角交层合板。

角交层合板也称斜交层合板,由单层按方向角相等、符号相反($\pm\theta$),且每个方向的铺层数相等的铺设方式叠合而得到的层合板。正交层合板是这种层合板的一种特殊形式,另一种特殊形式是$\pm45°$的层合板,例如$[\pm45°]_n$。

(4)对称层合板。

对称层合板是利用铺层设计,使层合板在沿厚度方向上存在一个中面,中面两侧对应的铺层材料、铺层数、铺层方向角都相同,形成无论是几何形状上还是性能上都呈镜像对称于中面的层合板。对称层合板在铺层编码中用下角标 s 表示,例如$[0°/\pm45°/90°]_s$,一般这种层合板的中面设计在两个 90°方向的铺层中间。为了保证沿厚度方向性能的对称性,避免因固化残余应力、温度改变或吸进湿气等引起的层合板的翘曲,绝大多数层合板都设计成对称层合板。

(5)非对称层合板。

非对称层合板是在铺层结构上沿厚度方向不存在镜像中面对称性的层合板。这种层合板必须标明铺层编码方括号中的全部铺层或铺层组的铺设顺序,并用下角标 t 表示,例如$[0°/90°/\pm45°/90°/0°]_t$。非对称层合板因固化残余应力不呈中面对称性,成型后会产生翘曲。温度改变或吸进湿气而产生的应力不呈中面对称性,也会使层合板产生翘曲。绝大多数的复合材料层合板结构不用非对称的铺层设计。但对于曲面结构,可以通过非对称的铺层设计满足专门的翘曲度要求。

(6)反对称层合板。

反对称层合板是由相对于中面的、铺层角大小相同而方向相反,且材料和体积分数相同的铺层构成的层合板,即中面两侧的所有铺层恰好呈反对称的层合板。反对称层合板满足 $\theta(z)=\theta(-z)$,θ 为铺层角,z 为铺层数。

(7)均衡层合板。

除 $0°$ 和 $90°$ 方向的铺层外,其余铺层均按大小相等、符号相反的铺层角($\pm\theta$)成对铺设的层合板,与只有一对铺层角的斜交层合板不同,均衡层合板可以有多对铺层角。例如[$0°/\pm30°/\pm45°/\pm60°/90°$],是一种均衡层合板。均衡层合板在平面应力状态下呈正交各向异性。

(8)均衡对称层合板。

均衡对称层合板是指在铺层结构上既对称又均衡的层合板,这种层合板同时具有对称层合板和均衡层合板的所有性能特征。

(9)均衡非对称层合板。

均衡非对称层合板是指在铺层结构上均衡但非对称的层合板。

(10)缠绕层合板。

缠绕层合板是指对采用缠绕工艺制造的层合板结构,铺层角不受上述 $\pi/4$ 角度的限制,但一般采用 $\pm\alpha$ 缠绕角的层合板,如图 $4-2$ 所示。

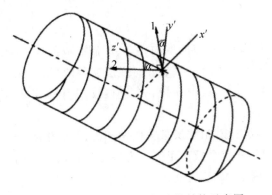

图 $4-2$　采用缠绕工艺制造的结构示意图

综上所述,复合材料层合板的设计是一个非常具有挑战性的课题,它可以根据不同的结构要求,设计出许多高性能的层合板结构。

3.复合材料层合板的特点

与传统的金属板相比,复合材料层合板有下列优点:

1)层合板设计更容易发挥设计师的创造性,设计师可通过良好的铺层裁剪及铺层结构设计,实现强度、刚度、质量、性能及生产性的统一。

2)层合板结构的总体和局部刚度好,减少了连接铆钉的数量,且蒙皮不易失稳,机翼表面更加光滑。

3)便于密封,减少了密封材料的用量,为整体油箱提供了有利条件。

4)生产流程减少,整体式复合材料层合件的蒙皮与长桁连接可以通过共固化和二次黏结来完成,大大减少了连接件的数量,减少了装配工作量,同时减少了应力集中和铆钉孔对板截面的削弱,减轻了连接件本身的质量。

4.1.2　复合材料层合板设计原则、准则和方法

1. 复合材料层合板设计的一般原则

无人机复合材料结构铺层设计的一般原则有以下方面：

(1) 铺层均衡对称原则。

除特殊要求外，结构一般均设计成均衡对称层合板形式，以避免拉-剪、拉-弯耦合而引起固化后的翘曲变形。如果设计需要采用非对称或非均衡铺层，应尽可能将非对称和非均衡铺层靠近中面，可减小层合板工艺变形。

(2) 铺层定向原则。

为避免铺层角过多而使设计复杂化，在满足受力的情况下，铺层方向数应尽量少，以简化设计和施工的工作量。尽可能选择 $0°$，$90°$ 和 $\pm45°$ 这 4 种铺层方向，如需要设计成准各向同性层合板，可采用 $[0°/45°/90°/-45°]_s$ 或 $[60°/0°/-60°]_s$ 层合板。

(3) 铺层取向按承载选取原则。

铺层的纤维轴向应与内力的拉压方向一致，以充分利用纤维沿其轴向的高强度和高刚度。

1) 若承受单轴向拉伸或压缩载荷，纤维铺设方向与载荷一致。

2) 如果承受双轴向拉伸或压缩载荷，纤维方向按受载方向 $0°$，$90°$ 正交铺设。

3) 若承受剪切载荷，纤维按 $+45°$，$-45°$ 成对铺设。

4) 如果承受拉伸（或压缩）和剪切的复合载荷情况，则纤维方向应按 $0°$，$90°$，$+45°$，$-45°$ 多向铺设，如图 4-3 所示。

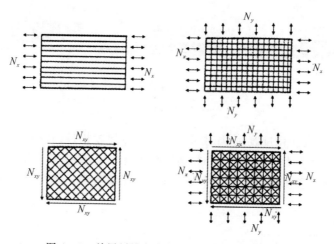

图 4-3　单层纤维方向与内力方向一致性要求

(4) 铺层顺序原则。

1) 应使各定向单层尽量沿层合板厚度均匀分布，避免将同一铺层角的铺层集中放置。如果不得不使用时，一般不超过 4 层，以减少两种定向层的开裂和边缘分层。

2) 如果层合板中含有 $\pm45°$ 层、$0°$ 层和 $90°$ 层，应尽量 $+45°$ 层和 $-45°$ 层之间用 $0°$ 层或 $90°$ 层隔开，在 $0°$ 层和 $90°$ 层之间用 $+45°$ 层或 $-45°$ 层隔开，并应避免将 $90°$ 层成组铺放，以降低层间应力。

3) 对于暴露在外的层合板，在表面铺设织物或呈 $\pm45°$ 层，将具有较好的使用维护性，也可

以改善层合板的压缩和抗冲击性能。另外,铺设顺序对层合板稳定性承载能力影响很大,这一因素也应考虑。

(5)铺层最小比例原则。

为了使复合材料的基体沿各个方向均不受载,对于方向为$0°,90°,\pm45°$铺层组成的层合板,其任一方向的最小铺层比例应不小于$6\%\sim8\%$。同一铺层角的单层不宜过多集中在一起,因为超过4层时易产生树脂基体纵向开裂和使层间应力提高。

(6)冲击载荷区设计原则。

配置一定数量的$\pm45°$铺层进行局部加强。外表面层应采用织物或$\pm45°$铺层,或至少一组$[0°/90°/\pm45°]$铺层,以改善表面粗糙度,提高损伤容限;对冲击载荷区可采用混杂复合材料,如芳纶或玻璃纤维与碳纤维混杂,以提高局部抗冲击能力。

(7)连接区设计原则。

应使与承载方向成$\pm45°$的铺层比例不小于40%,与承载方向一致的铺层比例大于25%,以保证连接区有足够的剪切强度和挤压强度,同时也有利于扩散载荷和减少孔的应力集中。

(8)变厚度设计原则。

板厚度依内力变化规律而变化,在厚度变化(刚度变化)的部位,应有铺层递减(或递增)的过渡区,避免厚度突变。因为厚度的突变(刚度突变)会引起应力集中,容易出现分层,造成结构提前破坏。厚度变化过渡区,通常采用斜坡式连续过渡,然后在表面铺设连续覆盖层,以防止台阶外发生剥离破坏,如图4-4所示。铺层每次递减2层,错开长度大于2.5mm,即应大于递减高度10倍;厚度变化斜度应不大于$10°$,且表层铺层应连续光滑。

(a) (b) (c)

图4-4 变厚度区域的过渡设计示意图
(a)好;(b)可接受;(c)差

当采用台阶式厚度变化过渡时,如图4-5所示,变厚度构件的铺层差、各层台阶设计宽度应相等,台阶宽度应至少大于2.5 mm。在结构变厚度区域,铺层数递增或递减形成台阶逐渐变化,因为厚度的突变会引起应力集中。要求每个台阶宽度相近且不小于$60°$,台阶高度不超过宽度的1/10。

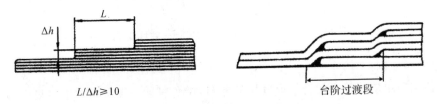

$L/\Delta h \geqslant 10$

台阶过渡段

图4-5 台阶式厚度变化过渡设计示意图

(9)开口区铺层原则。

开口势必影响复合材料层合板结构强度,增加工艺难度。但由于工艺、检查维护、设备安装、管路通过等,需要在层合板上开口,考虑开口尺寸和形状时,应尽可能少地切断纤维。层合板结构上的开口边缘，一般都应采取一定的加强。

在结构开口区应使相邻铺层的夹角不小于 60°，以减少层间应力。开口形状选择主要考虑尽可能少地切断纤维、开口引起的应力集中小，且加工方便。开口形状应尽可能采用圆孔，因为圆孔边应力集中较小。若必须采用矩形孔，则拐角处要采用半径较大的圆角。开口形状对比如图 4-6 所示，以圆形和椭圆形开口（开孔）切断纤维少，受力合理、应力集中小、易加工，为最佳开口几何形状。

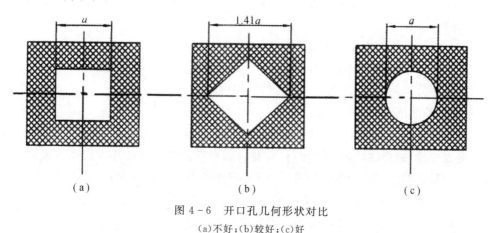

图 4-6　开口孔几何形状对比

(a)不好；(b)较好；(c)好

2.复合材料层合板设计准则

(1)腐蚀控制准则。

当结构设计要求复合材料层合板直接与铝合金、合金钢接触的构件时，接触面应布置玻璃布层，把碳纤维复合材料与上述金属隔离开。

(2)公差控制准则。

当结构设计的复合材料层合板对公差有严格要求而难以由成型工艺直接获得其尺寸公差的构件时，拟控制公差部位的表面应布置专供机械加工的辅助铺层，通过对辅助铺层的加工，达到精确控制厚度公差的目的。

(3)表面翘曲稳定性控制准则。

各向异性复合材料层合板的结构稳定性（表面翘曲）分析比正交各向异性或反向同性板要复杂得多。若不使用紧固件，则在表面与加强筋的结合线上需要考虑诸如黏结及层间拉伸破坏的等效失效模式。复合材料层合板的翘曲稳定性是叠加顺序的函数，采用$[\pm 45°/0°/\pm 45°/90°]_s$的叠加顺序可改善稳定性。

(4)疲劳控制准则。

避免复合材料层合板疲劳问题的最好方法是根据以往的经验进行详细的设计。由于避免因疲劳而导致过早破坏的一些设计细节如下：

1)避免缺口和尖角。

2)避免横截面的急剧变化。

3)避免局部垫层。

4)避免过大的偏心载荷。

5)减少紧固连接腐蚀和磨蚀。

(5)冲击损伤控制准则。

对复合材料来说,冲击损伤是至关重要的,即使冲击物的动能很低,而且表面不显示出任何损伤的情况,也有产生分层的趋势,使抗压强度下降,甚至出现事故。设计时需要考虑以下各项:

1)减少过多的取向相同的层数。

2)在碳纤维层合板中加进诸如芳纶、玻璃纤维等的混合材料来增加抗冲击性(但可能导致由热产生的微观裂纹)。

3)在层合板的外层使用±45°度的层合板来增加损伤容限。

4)在外层使用织物层增加破坏容限。

5)采用热塑性体系树脂,比热固性体系的损伤容限高。

(6)热膨胀控制准则。

复合材料的热膨胀即使在初始设计阶段也是一个非常重要的因素,因为复合材料的热膨胀系数具有方向性,随纤维取向而变化;许多复合材料在纤维方向的热膨胀系数接近于0,而金属和复合材料的黏结可能产生热应力。减少热膨胀影响的方法如下:

1)采用对称的层合板,其翘曲和变形最小。

2)通过裁剪使层合板的热膨胀系数为所需要的大小。

在无人机结构设计工作中,由于各方面的限制,这些设计准则不能同时满足,就需要根据实际结构受力以及其他约束条件来决定应当优先满足哪些准则。

3.复合材料层合板设计方法

层合板的设计方法是根据设计载荷和工艺制造的条件,并结合已有类似结构的铺层方式和设计人员的经验,初步确定层合板的铺层方式。然后用复合材料力学方法求出相应的层合板性能,在给定设计要求和载荷条件下,对这种复合材料结构进行刚度和强度分析,再根据结构分析修改铺层方式。常用的层合板设计方法如下:

(1)等代设计法。

等代设计,又称等刚度设计是将准各向同性层合板等刚度替换其他材料(如铝合金板)。在载荷和使用环境基本不变的情况下,稍微考虑一些复合材料的特点,采用相同形状(或适当改变形状)的复合材料构件代替其他材料,并用原来的设计方法进行设计。一般采用等刚度设计后,再作强度校核。减重效果可达10%~15%。

(2)准网络设计法。

准网格设计方法,又称应力比设计方法是不考虑机体的刚度和强度,仅考虑纤维的刚度和强度,按应力方向和大小确定铺层比例和总数的设计方法。这是一种按载荷大小进行的初步设计方法,利用图4-3所示单层纤维方向与内力方向一致性要求,主要考虑复合材料中纤维的承载能力,所得结果可供层合板初步设计参考,适用于面内变形下的层合板设计。

(3)毯式曲线设计法。

毯式曲线是指复合材料的工程弹性常数或强度随层合板铺层比例变化所构成的列阵图,如图4-7所示。

毯式曲线设计方法是以经典层合板理论为依据进行的以刚度为主的设计方法,其步骤是首先利用经典层合板理论,画出毯式曲线;然后对于设计给定刚度或强度要求的层合板,利用毯式曲线确定各定向单层的比例和层数。

一般情况下,层合板设计选择 $0°$,$90°$,$±45°$ 共 4 种铺层,建立 $[0°/±45°/90°]$ 系列层合板的面内模量和强度的关系曲线,即毯式曲线。使用毯式曲线即刻可查到所要求模量(或强度)对应的 $0°$,$±45°$,$90°$ 铺层的比例,供初步设计应用。

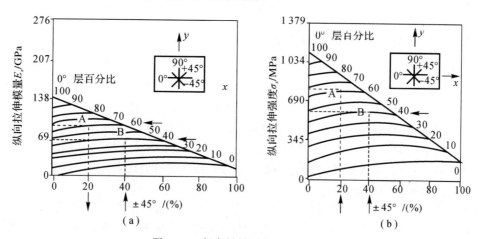

图 4-7　复合材料层合板毯式曲线

(a)$0°/±45°/90°$层合板的模量曲线;(b)$0°/±45°/90°$层合板的强度曲线

(4)排序法设计法。

排序法设计法是利用计算机排列出不同顺序 $[0°/±45°/90°]$ 系列层合板性能,供设计选择,以解决毯式曲线没有计及铺层顺序影响的问题。

(5)强度设计方法。

强度设计方法是金属材料结构普遍采用的设计方法。但在复合材料结构设计中难以应用。因为复合材料层合板强度不仅与铺设角、铺层比例和铺层顺序有关,而且与强度准则、刚度计算与刚度退化模型有关,不可简单求解,故层合板强度设计方法难以实施。

(6)气动弹性剪裁法。

气动弹性剪裁设计方法是利用层合板刚度的可设计性,特别是耦合效应,控制翼面结构气动弹性变形,以提高静、动气动弹性特性的一种以最小结构质量为设计目标的优化设计方法。这是复合材料结构所特有的设计技术,已成功用于复合材料前掠翼设计和机翼优化设计。其原理是利用复合材料的各向异性及其各种耦合效应进行铺层设计,以获得预期的结构柔度特性或产生某种希望的特定变形规律来提高设计性能和静、动气动弹性特性(如提高机翼的颤振速度;防止前掠翼的扭转扩大并提高其发散临界速度)。

(7)多约束目标优化设计法。

多约束目标优化设计方法是一种满足刚度、强度、稳定性、振动和气动弹性等多约束目标最小结构质量的铺层优化设计方法,也是一种广义的气动弹性剪裁设计。复合材料层合板性能可剪裁设计,使零膨胀系数、负泊松比等特殊要求的设计成为可能。

4.2 复合材料加筋板设计

复合材料加筋板是由层合板与加筋条构成的层合件,因为复合材料加筋板结构具有整体成型性好、承载效率高、连接件数量少等诸多优势,所以在航空飞行器结构上获得了广泛的应用,通常使用在机身、机翼和尾翼等主承力结构中。

4.2.1 复合材料加筋板的基本概念

1.复合材料加筋板定义和分类

(1)复合材料加筋板的定义。

复合材料加筋板是指结构设计中,在层合板垂直于面板方向使用加筋条,以提高面板和整体结构的承载能力,加筋条和面板为整体结构,或者采用黏结或焊接的方式连接在一起,其类型属于典型的复合材料层合件。加筋条的剖面形状有 T 形、J 形、工字形和帽形等,可以用作无人机翼面蒙皮壁板、梁腹板、肋腹板,是复合材料层合件的典型代表。

(2)复合材料加筋板的分类。

无人机复合材料加筋板类型很多,可以按照不同的方法进行分类,具体如下:

1)按应用部件划分,可分为机翼壁板、尾翼壁板、机身壁板和舱门壁板等。

2)按形状特征划分,可分为单曲度壁板(如机翼、尾翼壁板)和双曲度壁板等。

3)按结构形式划分,可分为单向加筋板、格栅壁板和多腹板壁板等。

2.复合材料加筋板结构形式

复合材料加筋条剖面形状分为开剖面的 L 形、T 形、J 形和工字形等;闭剖面的帽形、泡形和Ⅱ形等。加筋板结构形式直接关系到加筋板的受力特性和使用寿命,加筋板结构设计的重点是使传力路线连续合理,刚度、泊松比匹配,减少偏心和减少应力集中等。

无人机结构设计中常用的复合材料纵向加筋板剖面形式如图 4-8 所示,加筋板的承载能力与结构的形式有直接关系,即不同的剖面形式及结构参数具有不同的承载能力。开剖面加强筋工艺性明显优于闭剖面加强筋;反过来闭剖面加强筋的扭转刚度和弯曲稳定性能大大优于开剖面加强筋。

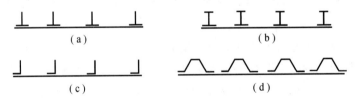

图 4-8 常用加筋板剖面几何形状

(a)T 形加筋板剖面;(b)工字形加筋板剖面;(c)L 形加筋板剖面;(d)帽形加筋板剖面

4.2.2 复合材料加筋板设计原则和要点

1.复合材料加筋板设计一般原则

复合材料加筋板设计要求与金属加筋板设计要求基本相同。复合材料加筋板设计一般原则有以下方面:

1)在设计载荷下,应变水平不得超过设计许用应变。

2)稳定性要求:虽然结构试验已证实,复合材料加筋板有屈曲(失稳)或后屈曲承载能力,但其对疲劳的影响尚不清楚,因此,加筋板是否允许出现屈曲是一个复杂问题。不同类型飞机、不同部件、不同部位,采用不同的屈曲要求。通常要满足在使用载荷下不得屈曲,在设计载荷下允许后屈曲但不能发生破坏的要求。对于如整体油箱等有功能要求的重要部位,在设计载荷下也不允许屈曲。只有次要构件采用在使用载荷下不得屈曲,在设计载荷下允许屈曲的要求,而允许在使用载荷下进入屈曲,只限于薄板(厚度1mm左右)。

3)加筋条与蒙皮之间应刚度、泊松比匹配,以使固化内应力和翘曲变形减至最小,以利于整体共固化成型。

4)加筋条与蒙皮结合处、加筋条端部等细节设计应避免应力集中,以防止发生脱黏、分层等破坏。

2.复合材料加筋板设计要点

根据加筋板设计原则,加筋板设计要点有以下方面:

1)合理分配蒙皮和加筋条承载比例,重点是使传力路线连续合理,刚度、泊松比匹配,减少偏心和减少应力集中等。

2)选择合适的加筋条剖面形状,且剖面的弯曲刚度足够,满足稳定性要求。

3)蒙皮与加筋条刚度要匹配(包括泊松比匹配),这是保证加筋条与蒙皮二次黏结可靠,避免黏结分层的重要因素。

4)调节加筋条间距,满足加筋板总体稳定性要求。

5)加筋条端头处,由于刚度突变,易发生与蒙皮脱黏或分层,并且沿加筋条长度方向扩展,引起破坏。解决的措施是加筋条端头处增加止裂紧固、加筋条的缘条端头过渡区加长等。

6)对于工字形加筋条,背对背贴合顶角处形成内空腔,应该用填充料充填并压实,如图4-9所示,以避免由于不充填或填充量不足而出现内空腔贫胶区,引起加筋条纤维的歪扭;也应避免由于填充料过量而导致加筋条凸缘突起,或引起填充料压入凸缘。

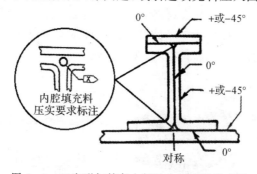

图4-9　工字形加筋条内部结合面铺层示意图

7)当采用角形加筋条与蒙皮结合时,加筋条与蒙皮结合转角处会出现应力集中。解决办法是结合转角处填充黏合剂等;若仍不能满足要求,可以适当增加补片,如图4-10所示。当加筋条用于内压或外压受力时,凸缘应置于无压力一侧。

图4-10　角形加筋条与蒙皮结合处示意图

8)当加筋条与蒙皮共固化成型时,在压力作用下,往往会出现加筋条沉入蒙皮,0°层纤维和树脂在加筋条边缘处外溢及蒙皮局部变形等缺陷。为避免出现上述缺陷,在加筋条下应铺设一层预固化条带,以确保成型工艺质量。

4.3 复合材料夹层结构设计

复合材料夹层结构是一种高刚度/质量比的高效结构形式,通常是由比较薄的面板与比较厚的芯子黏结而成,其主要特点是使用低密度夹芯材料增加层合板的厚度,从而达到提高材料刚度的目的。这样在质量增加很少的前提下,大幅度地提高结构的刚度。夹层结构减重效果显著,具有质量轻、弯曲刚度与强度大、抗失稳能力强、耐疲劳、吸音和隔热等优点,在航空飞行器上获得广泛应用。

4.3.1 复合材料夹层结构的基本概念

1.复合材料夹层结构定义

复合材料夹层结构由作为上下面板的层合板与夹芯材料(也称芯子或芯材)构成,用黏合剂把面板和芯子连接在一起,是一种结构复合型材料,如图 4-11 所示。其主要功能和效果是增强稳定性。夹层结构将具有密度小、吸能缓冲能力强、吸声性能好等优点的芯材与强度较高的板材复合,发挥二者在结构和功能上的优势,使得夹芯结构具有独特的优异功能,这些功能包括具有轻质、比强度高、比刚度高,并且具有消声、透波、隔热、保温,以及良好的减震吸能性能,因而在航空飞行器上具有广阔的应用前景。

对夹层结构进行受力分析,可知面板主要承受面内拉伸、压缩和面内剪切载荷,夹芯材料主要支持面板承受垂直于面板的压缩载荷。复合材料夹层结构设计基本原理与金属夹层结构是相同的。其中的差异主要在于,复合材料层合板面板夹层结构对低能量冲击敏感。低能量冲击可引起层合面板分层,面板与芯子脱黏。湿热条件下会发生水浸,引起面板起泡等现象,使检测和修理频繁,全寿命成本提高,出现耐久性问题。

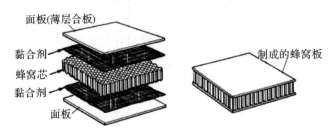

图 4-11 复合材料蜂窝夹层结构组成示意图

2.夹芯材料的定义

夹层结构由强度很高的上下面板和位于中间强度较低的轻质夹芯材料组成,是一种高效的结构形式,几种典型的夹层结构如图 4-12 所示。典型的夹层结构是一种复合构造的板、壳结构,它的两个表面由很薄的板材做成,中间夹以较轻的夹芯层。前者称为面板或表板,要求强度高;后者称为夹层,即夹芯材料,要求体积大、质量轻。夹芯材料可提高弯曲强度、降低质量,具有相同负荷能力的夹层结构要比实体层状结构轻好几倍。夹芯材料能够降低单位体积的成本、削弱噪声与震动、增加耐热、抗疲劳和防火性能等。

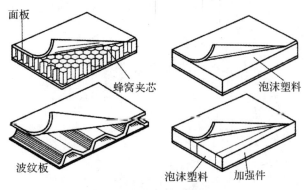

图 4 - 12　典型夹层结构示意图

由玻璃纤维、碳纤维或其他纤维制成的单层复合材料层合板可能非常坚固,但是由于厚度较薄从而缺乏刚度。通常,加入多个框架和加强筋,可以提高刚度,但是也会增加质量及结构的复杂性。夹层结构是由中间夹有一层芯材的两层高强度的表皮组成的,在层合板中插入芯材是增加厚度但不增加质量的一种方法。

夹层结构主要用于航空飞行器的次承力构件,如雷达罩、机翼和旋翼蒙皮、舱门、口盖和机身整流罩等。

3. 夹芯材料结构特点

夹层结构的材料主要有两大部分:一是上下面板材料;二是夹芯材料。面板材料可以是金属材料,多用铝、钛合金和不锈钢薄板材,而复合材料面板多用纤维增强的复合材料层合板,包括玻璃纤维、碳纤维或其他纤维增强的复合材料层合板。

在选材时,首先要考虑的是面板和芯材的匹配,以此来实现这两种力学性能大相径庭的材料的完美结合,充分发挥各自优点,既满足使用要求,又不浪费材料。其次是黏合剂的选用,用于黏结面板和夹芯材料的黏合剂要有足够的剪切强度和韧性,才能把剪切应力从面板传递到芯材,保证黏结层不先于芯材而破坏,最终保持夹层结构的整体性。另外,黏合剂不能与芯材或面板发生化学反应,其固化成型温度不能影响芯材和面板的性能。当然还要考虑黏合剂的耐热、环境、老化等问题。

要制造一个有效的夹层结构,表皮必须很好地黏结到芯材的表面,使荷载能够传递。因此,树脂必须与芯材相容,芯材必须有一个合适的表面形貌,这样才能产生良好的机械结合力。夹芯材料的作用机理是将剪切力从表皮层传向内层,使两个表皮层在静态和动态载荷下都能保持稳定,并且吸收冲击能来提供抗破坏性能。从受力结构上分析,可认为芯材就像是工字钢的腹板,在受力的翼板之间,腹板是一种轻量的隔板。工字钢的翼板承受着主要的拉力和压力,因此,腹板可以相对轻一些。同样地,夹层结构中的芯材相对于表皮材料来说是比较轻的,如图 4 - 13 所示。

夹层结构中的芯材的主要作用是尽量增大两个表皮之间的间距,以尽可能小的质量换取更大的层板刚度,同时抵抗结构承受载荷时产生的剪切力。对于结构芯材而言,剪切性能是结构芯材的必备条件,是复合材料结构设计时必须考虑的众多变量之首。工程理论表明,固体层合板的弯曲刚度与厚度的三次方成正比;对夹芯层板来说,刚度大概与厚度的二次方成正比。因此,低密度芯材可以有效提高复合材料的厚度,仅增加非常小的质量就可以显著提高复合材料的刚度。

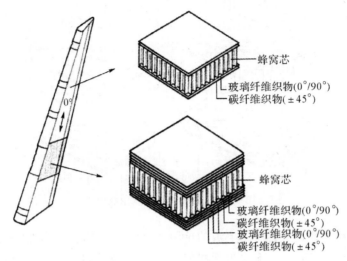

图 4-13　蜂窝夹层结构在机翼上的应用

除了符合部件的几何形状,芯材的边缘通常需要进行机械加工,以使载荷顺利地从组件的夹层部位过渡到单体部位。这一点在采用蜂窝芯材和某些脆性聚合物泡沫时,可能是很难实现的,尤其是在倒角较小的情形下。

4.3.2　夹芯材料的分类

夹芯材料可按使用要求和芯材材质进行分类,具体如下所述。

1. 按使用要求分类

(1)非结构芯材。

非结构芯材只能提供一定的刚度,对载荷的承受能力较低。例如密度为 $32kg/m^3$ 的聚氨酯泡沫或纸质蜂窝。用纸质蜂窝制造居民住宅区的房屋内门是这类芯材较好的应用范例。

(2)准结构芯材。

准结构芯材的例子如剪切强度低于 0.69MPa 的低密度聚氯乙烯泡沫芯材,其密度小于 $60kg/m^3$,这类芯材还包括酚醛基纸蜂窝和较高密度的聚氨酯泡沫等。

(3)结构芯材。

结构芯材能提供最大的刚度和很大的承载能力。如密度高于 $60kg/m^3$ 的 Nomex 蜂窝和铝蜂窝、硬质聚氯乙烯泡沫和玻璃布芯材等。

2. 按芯材材质和芯材结构分类

(1)泡沫铝芯材。

一般认为当材料的孔隙率在 $40\%\sim98\%$ 时可称为泡沫材料或多孔材料。泡沫金属的历史不长,在其发展历程中,研制和开发大都以轻金属铝为主要对象,这是由于铝及其合金具有熔点低、铸造性能好等特点。泡沫铝夹芯材料是以泡沫铝作为芯材,以复合材料或金属板作为面板的一类夹芯材料。这种夹芯材料既能充分发挥泡沫铝所具有的优异的吸能、吸声、吸震特性,又很好地避免了泡沫铝强度低的缺点。

(2)聚合物泡沫芯材。

聚合物泡沫是一种最常见的芯材,最大特点是面板和泡沫塑料夹芯层黏结牢固,适用于受力不大和保温隔热性能要求高的部件,如飞机尾翼、保温通风管道及样板等。常用的泡沫塑料有聚氯乙烯、聚苯乙烯、聚氨酯、聚醚酰亚胺、苯乙烯-丙烯腈或丙烯酸酯-苯乙烯、聚甲基丙烯酰亚胺、发泡聚酯等。

(3) 蜂窝和异形芯材结构。

蜂窝和异形芯材是常用的夹芯材料结构,其夹芯材料可分金属和非金属两大类;根据其芯材形式不同,分为蜂窝结构和异形结构两类。

4.3.3　夹芯材料的性能特点

在传统的工程材料力学中,构件材料上出现孔洞常被认为是一种结构上的缺陷,因为这些孔洞往往是裂纹形成和扩展的中心,对构件材料力学性能产生不利影响。但是当构件材料中的孔洞数量增加到一定的程度,数量众多,且有规律地分布时,就会因为这些孔洞的存在而具有一些特殊的性能,从而形成一个新的材料门类,这就是所谓的泡沫材料或多孔材料。

1. 泡沫铝夹芯材料的性能特点

泡沫铝夹芯材料作为一种新型轻质结构和功能材料,其多孔结构决定了它具有独特的力学性能和吸收特性,在冲击防护与减震方面具有很好的应用前景。

(1) 吸能及抗冲击性能。

泡沫铝具有多孔结构是一种弹塑性材料,在静态和动态变形过程中具有泡沫材料变形“三阶段”特征,出现弹性段、塑性塌陷段和致密化段。泡沫孔微观塌陷是泡沫铝具有吸能作用的主要因素之一。由于多孔结构,泡沫铝力学性能差,其单独作为吸能抗冲击材料有明显的缺陷,而采用夹芯结构设计,以泡沫铝作为芯材制备泡沫铝夹芯材料是解决该问题的有效方法。

泡沫铝是一种应变敏感材料,其理想的吸能效率一般可达 80% 以上,因而是一种优良的吸能材料,可有效衰减冲击波超压。研究表明,泡沫铝夹芯材料的吸能、抗冲击性能取决于多方面的因素,包括动态荷载、泡沫铝性能、面板性能和防护结构设计等,泡沫铝夹芯材料比单一的板材具有高的能量吸收效率和高的抗冲击性能。

(2) 抗侵彻性能。

泡沫铝夹芯材料还具有一定的抗侵彻能力。其抗侵彻性能主要取决于面板的强度以及面板和芯材的结合强度。有关实验表明,泡沫铝夹芯材料的抗侵彻性能主要来自泡沫铝的黏性效应。泡沫铝夹芯板相对于纯铝板具有不同的破坏形态,高速冲击下该体系有很好的能量吸收特性。

(3) 减震性能。

泡沫铝夹芯材料具有高的阻尼特性。泡沫铝本身就是一种轻质高阻尼材料,其金属框架及孔隙结构具有高能量吸收特性,阻尼值为铸铁材料的 5~10 倍,应用于减震结构中。作为阻尼层发生振动时还会被迫伸缩,层内产生较大的剪切应力和应变,因此会损耗更多的能量。泡沫铝芯和面板壳间的接触性对结构阻尼有很大的影响,如果接触表面间在压力作用下可以相对滑动,则会产生附加的界面阻尼作用,阻尼效应由界面的干摩擦产生。这就使得过量的振动可得到有效的衰减,因而在减震结构中有广泛的应用前景。

2. 聚合物泡沫材料的性能特点

聚合物泡沫材料具有质量轻、比强度高、抗疲劳性能好、具有良好的冲击吸能特性以及隔音、绝热和减震性能。与其他材料相比,聚合物泡沫作为夹芯材料的芯材构成复合结构的材料,不但降低了成本,而且还提高了材料的整体力学性能和尺寸稳定性,增强了抗冲击性能。实验表明,泡沫聚合物夹芯结构的破坏模式包括面材剥离、局部出现剪切裂纹、夹芯破碎等几种形式。另外,高聚物结构对成型性能影响明显,增加面板表面的粗糙度和适当加大黏结压力,可改善层合板复合材料的成型性。

3.蜂窝夹芯材料的性能特点

蜂窝夹芯板是采用蜂窝夹芯解构的一种夹芯材料。它是在两层或多层面板之间夹一层或多层蜂窝夹芯构成。面板一般承受弯曲变形,是主要的受力部位;而芯材除保温、隔热和隔音外,还将两个面层连接成整体,共同承受外载。由于蜂窝夹芯板特殊的结构,作为一种高效结构材料,正日益受到关注。目前,蜂窝夹芯材料主要有金属面板加铝蜂窝夹芯结构、碳纤维面板加 Nomex 蜂窝夹芯结构等类型,几种常用的蜂窝芯格如图 4-14 所示。

蜂窝式结构的夹芯材料作为一种应用广泛的轻质材料,可吸收更高冲击能量,并且具有高的结构完整性和刚性。研究发现,从吸能的角度看,由两个或三个基板组成的锥形板是最有效的设计。蜂窝式夹芯层结构在横向冲击载荷作用下具有稳定的压溃载荷、较长的有效行程,具有优良的吸能特性。结构密度是影响结构耐撞性能的关键因素;夹芯层高度对结构的耐撞性影响不大,但是增加结构夹芯层的高度结构使吸能增加。

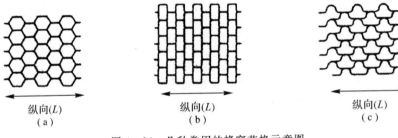

图 4-14　几种常用的蜂窝芯格示意图
(a)标准六角形芯;(b)过分伸长芯;(c)特型夹芯

4.异形夹芯材料的性能特点

一般将非蜂窝结构的型材夹芯结构归结为点阵夹芯结构,包括 I 形夹芯结构、O 形夹芯结构、V 形夹芯结构、波纹夹芯结构等。异形夹芯材料具有超轻、比刚度高、比强度大、可控的优化设计能力,以及隔热、降噪、吸能、制动等多种优异的性能。对夹芯板系统的抗冲击性能、抗爆性能、抗弹性能进行测试的结果发现,与普通板结构相比,夹芯板系统具有高的吸能性能。同时,研究发现通过增加 V 形芯材的高度,在夹芯板质量增加很少的情况下,可以明显提高夹芯板的硬度和抗弯强度。

4.3.4　复合材料夹层结构设计原则及细节设计

1.复合材料夹层结构设计原则

复合材料夹层结构的设计应着重考虑湿热环境影响和低能量冲击,其设计原则如下:

1)面板通常采用均衡对称铺层,在设计规定的外力下,面内应力小于材料强度。面板应变小于设计极限应变。

2)芯子应有足够高度(厚度),以保证夹层结构有足够的总体刚度,在设计载荷下,结构不发生总体失稳和弯曲过大，并保证不发生黏结面剪切破坏。

3）芯子应有足够的弹性模量和平压强度，以及足够的芯子与面板平拉强度，以保证在设计载荷下，面板不发生起皱失稳。

4）黏合剂必须有足够的黏结强度（主要考虑面板与芯子黏结平拉强度和剥离强度），同时还要考虑耐湿热老化和其他耐环境性能。

5）芯格形状由结构形状和纵向与横向剪切应力比（强度比）确定。芯格尺寸要保证在设计载荷下芯格壁不失稳及面板不发生格间塌陷（即格内面板失稳）。

6）应尽量避免夹层结构承受垂直于面板的平拉或平压局部集中载荷，以防止局部芯子压塌或镶嵌件拉脱；当此类集中载荷不可避免时，应采取措施，将其分散到其他承力件上。

7）对雷达罩、装饰件等有特殊要求的夹层结构，面板、芯子和黏合剂选择必须考虑电性能、阻燃、毒性和烟雾等特殊设计要求。

8）碳纤维层合面板与铝蜂窝芯子黏结面要注意防止电偶腐蚀问题。

2.复合材料夹层结构细节设计

（1）边缘闭合设计。

边缘闭合是夹层结构设计特有的问题，若边缘处还需与其他结构件连接，则要补强。边缘闭合有以下两种基本形式：

1）边缘斜面闭合设计。夹层结构面板折成斜面闭合设计如图 4-15 所示。边缘斜面闭合（补强）设计从载荷传递路线考虑有以下几点：①斜面角度应不大于 30°。②面板在过渡区逐段增强。③边缘厚度应大于（螺栓或铆钉）连接所需最小厚度。④工艺可以是共固化成型，也可以二次固化成型。

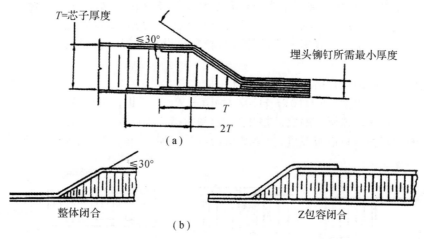

图 4-15　夹层结构边缘斜面闭合设计示意图
（a）共固化；（b）二次固化

2）边缘连接件闭合设计。夹层结构边缘连接件闭合设计如图 4-16 所示，边缘连接件有槽形和 Z 形等剖面闭合方式。边缘连接件与蜂窝夹层板结合面主要传递剪切载荷，黏合剂黏结强度应满足要求。同时，在接头区周围蜂窝芯子允许加密或用合适的泡沫黏合剂填充，接头加强区的面板应加厚，加强区的宽度应为接头黏结区宽度 2.5～3 倍。

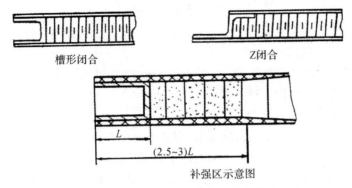

图 4-16 夹层结构边缘连接件闭合设计示意图

(2)芯子增强设计。

当夹层结构由于垂面载荷作用或强度、刚度要求等原因,需要芯子增强时,一般采取充填树脂胶、局部芯子加密、加入垫块或成型件等办法增强芯子,如图 4-17 所示。

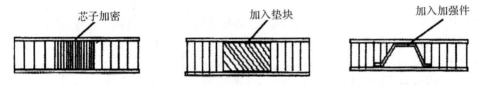

图 4-17 夹层板增强设计示意图

(3)蜂窝夹层结构防潮密封设计。

实际使用经验表明,蜂窝夹层结构一旦有水分浸入蜂窝芯格,水分就难以排出。水分使黏合剂性能退化,水分蒸发体积膨胀会引起面板与芯子脱黏分离、面板起泡,造成频繁维修等耐久性问题。而蜂窝夹层结构修理困难,因此,防潮密封设计对蜂窝夹层结构设计至关重要,必须特别关注。

蜂窝夹层结构防潮设计措施有以下几点:

1)面板表面涂密封剂,如 H101～H103 封孔剂、W06-2Ⅱ底漆和 Wof-1Ⅱ面漆。

2)密封所有水分可能浸入蜂窝芯格的通道,密封措施如图 4-18 所示。

3)适当增加复合材料面板厚度,提高其抗冲击分层能力,可减少水分侵入通道。

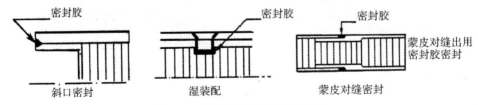

图 4-18 夹层结构防潮密封措施

(4)受侧压夹层板边缘支持的设计。

夹层板受侧压作用,边缘支持设计应避免发生面板弯曲引起的平拉伸分层开裂,应在夹层板边缘处将蜂窝削成斜面、面板闭合与支持结构黏结连接,结合面承受剪切载荷,图 4-19(a)所示为不满意设计,图 4-19(b)所示为满意设计。

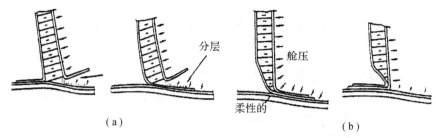

图 4 - 19　蜂窝壁板受侧压时边缘支持设计对比示意图

(a)不满意设计;(b)满意设计

(5)夹层结构连接设计。

夹层结构连接设计必须充分考虑夹层结构薄面板、厚蜂窝芯和弱的难以承受或传递垂直面板集中载荷等特点。因此,夹层结构连接设计主要采用以下两大技术措施。

1)局部增强。其目的在于提高芯子受载处的强度和将集中载荷分散。局部增强方法包括局部充填胶(树脂)或填充料和镶嵌各种增强件(如杯形件或碗形件、垫块、衬套、螺母、凸桩或螺柱等),如图 4 - 20 所示。

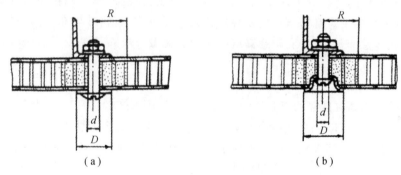

图 4 - 20　局部增强连接接头示意图

(a)局部填充增强;(b)镶嵌增强件

2)采用专用连接件。其目的在于保持面板载荷的连续传递(如工字形连接件)或实现夹层板交角连接(如角形连接件、Ⅱ形连接件)等。当然,专用连接件也可实现夹层结构与非夹层结构的连接,如图 4 - 21 所示。

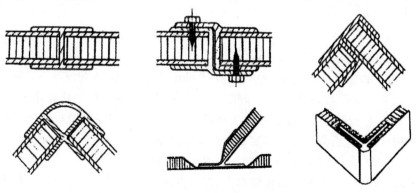

图 4 - 21　夹层板专用连接件连接示意图

4.3.5 蜂窝夹芯材料的原材料和制造流程

蜂窝夹芯材料是开发得最早,也是用得最多的夹芯材料。蜂窝的强度与选用原材料和蜂窝几何形状有关,按蜂窝格的截面形状,蜂窝夹芯材料可分为六边形、菱形、矩形、正弦曲线形和有加强带六边形等。在这些蜂窝夹芯材料中,以有加强带六边形强度最高,正方形蜂窝次之。由于正六边形蜂窝制造简单,用料省,强度也较高,故应用范围最广。

1. 蜂窝夹芯的原材料

蜂窝夹芯材料分金属和非金属两大类,金属芯材多用铝、钛合金和不锈钢。非金属夹芯材料主要用玻璃钢、泡沫塑料、蜂窝纸等。目前以玻璃钢蜂窝和泡沫塑料做芯材的夹层结构应用最广,近年来新发展的新型夹芯材料叫 Nomex 蜂窝夹芯材料,它用的是一种叫 Nomex 的芳纶纸。

(1)玻璃纤维布。

生产玻璃钢夹层结构的玻璃布分为面板布和蜂窝布两种,其中面板布是经过增强处理的中碱和无碱平纹布,其厚度一般为 0.1~0.2mm。平纹布不易变形,不脱蜡,可以防止树脂胶液渗到玻璃布的背面,产生黏连现象。对曲面制品要用斜纹布(属于加捻布),其变形性较好,有利于制品的成型加工。蜂窝布选用未脱蜡的无碱平纹布,有蜡玻璃布可防止树脂渗透到玻璃布的背面,减少层间黏结,有利于蜂窝格的拉伸。无碱平纹布不易变形,可提高芯材的挤压强度。

(2)Nomex 芳纶纸。

Nomex 芳纶纸具有良好的树脂浸润性,高比强度、比刚度(约为钢的 9 倍),突出的耐腐蚀性和自熄性,优良的耐环境和绝缘性,良好的透电磁波性和高稳定性等优点。Nomex 蜂窝是由芳纶纸经过加工并浸渍阻燃酚醛树脂制成,已在航空飞行器、火箭、太空飞船、卫星航天器、火车、船舶、汽车、建筑、体育器材等领域得到广泛应用。

(3)黏合剂。

黏合剂是指蜂窝与面皮或面板黏结用的专门树脂。常用黏合剂有环氧树脂、不饱和聚酯树脂、酚醛树脂、有机硅树脂及邻苯二甲酸二丙烯酯等。制造蜂窝胶条时,通常用环氧树脂、酚醛树脂、聚醋酸乙烯酯胶和聚乙烯醇缩丁醛胶等。在这些黏合剂中,环氧树脂黏结强度高,酚醛树脂价格低,故应用较多。

2. 蜂窝夹芯材料制造方法

(1)制芯方法。

蜂窝芯材的制芯方法有以下几种:

1)展开法。可以采用手工涂胶,也可以使用机械化涂胶,将芯条胶涂在芯条梢上形成胶条,相邻两层涂有胶条的芯条梢应使胶条错开,即上一层纸的胶条位置正好在下一层的相邻两胶条的中间,如图 4-22 所示。以这种方法相互黏结在一起的芯条重叠成蜂窝叠块,待其中的黏合剂充分固化。固化后按需要的蜂窝高度切成蜂窝条,经过拉伸展开预成型,形成连续的蜂窝格芯材,最后浸胶,固化定型成蜂窝芯材,如图 4-23 所示。

2)压力黏结成型法。首先在波形模具上,按手糊或模压成型工艺制成半六角形的波纹板,然后用黏结剂黏成芯子,压力成型法制成的蜂窝芯子,其蜂格尺寸正确。可制任何规格的蜂窝芯子,但需要大量模具,生产效率低,所以很少使用。

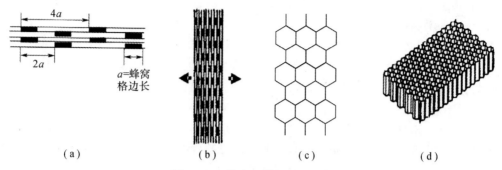

图 4 - 22　蜂窝芯材的制造工序

(a)玻璃布上涂胶条、叠合、固化;(b)切成蜂窝条后展开;(c)展开后的蜂窝格;(d)蜂窝芯材成品

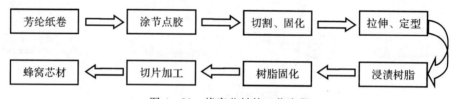

图 4 - 23　蜂窝芯材的工艺流程

3)压力钎焊成型法。将截成一定宽度的板条按半正方角形的形状进行波纹加工,以形成蜂窝,再用上下两块板将蜂窝进芯夹紧,用夹具固定后,置于真空炉内钎焊成一体。

(2)芯板与板面连接。

1)黏结法。黏结法是把板面和芯子用热固化胶在连接成型机内加热加压复合而成。

2)缝焊法。将焊件装配成搭接或对接头,并置于两滚轮电极之间。滚轮加压焊件并转动,连接或断开送电,形成一条条连续焊缝的电阻焊。

3)激光焊接法。利用高能量技术的激光作为热源的一种高效精密焊接方法,具有高能量密度、可聚焦、深穿透、高效率、高精度和适应性强等优点。

4.4　复合材料格栅结构设计

格栅结构是一种整体结构稳定性好、结构效率高和生存力强的结构形式。格栅结构与加筋板结构不同,格栅结构是整体格形骨架密加筋板或壳。若采用金属材料加工制造格栅结构,无论是热加工方法还是冷加工方法制造,都是十分困难、昂贵的。但是,采用复合材料制造格栅结构,情况就发生了根本变化,加工制造变得较为简单方便。

4.4.1　复合材料格栅结构的基本概念

1.复合材料格栅结构的定义

格栅结构是指用格形(方形格、菱形格)加肋骨架的加肋板或加肋壳(筒壳或锥壳)。由于格间距小,格形加肋骨架形似网状,故又称网格结构。金属格栅结构早在第二次世界大战时就已经出现,如当时英国 Wellington 轰炸机机身就采用金属格栅结构。复合材料格栅结构概念是 20 世纪 70 年代由美国麦道公司首先提出,其基本思想是:整个结构由加肋骨架与蒙皮组成,加肋骨架呈正多边形网格分布,结构表现各向异性,这种结构形式刚刚出现就以较高的可设计性、优良的潜在性能而广受关注。

复合材料格栅结构采用了包含有斜肋的多向肋条组合结构以及规则排列的几何不变静定格单元,具有整体稳定性好、对局部初始缺陷敏感性小、抗冲击能力强、结构生存能力高等优点,所以是一种结构效率很高的结构形式,它能够提供很高的单位质量刚度,能显著地减轻结构质量。由于航空飞行器结构对各个方向的强度与刚度要求不是等同的,在某个方向结构要承受荷载的大部分,这就要求根据受力情况的不同来安排加肋骨架的取向,从而实现减重、承载的高效结合,格栅结构通过格形加肋骨架的设计安排,可以实现这一整体性要求。常见的四种格栅结构应用在圆柱壳上如图 4-24 所示。

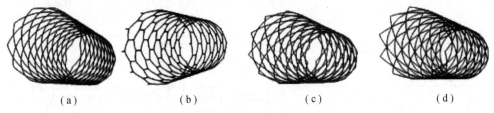

图 4-24 4种不同格栅结构的圆柱壳示意图
(a)四边形格栅;(b)蜂窝形格栅;(c)六边形格栅;(d)三角形格栅

先进复合材料格栅结构是一种具有多种各项优良性能和发展潜力的新型复合材料结构形式,这种结构形式以较高的可设计性、制造的灵活性和优良的潜在性能,包括具有较高的比强度和比刚度,而且成本较低,被广泛应用到了现代无人机、军用战斗机、运输机和大型民航飞机上,近些年来已经成为航空飞行器主要的结构形式。

2.复合材料格栅结构的特性

复合材料格栅结构主要具有以下特点:

1)格栅结构在几何形式上具有较好的拓扑优化性,方形格、菱形格、等角形格等多种格形可满足结构不同部位的设计要求,如图 4-25 所示。对于相同质量的结构,格栅结构的截面惯性矩大,抗弯、抗屈曲性能良好,其肋条具有较高的法向高度,与加筋板结构相比,能获取更高的结构效率。与层合结构相比,不存在层间分层和开裂,以及编织复合材料结构由于其纤维的弯曲引起结构性能的退化等问题。

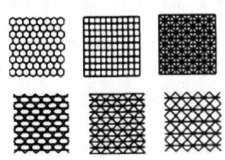

图 4-25 各种格栅形格示意图

2)格栅结构是一个开放式结构,格栅骨架可以用纤维束(带)连续短程铺放制成,充分发挥纤维定向承载能力,且格形骨架整体性好。与蜂窝夹层结构相比,克服了夹层结构由于水分浸入夹芯层而影响结构的抗腐蚀性能的缺陷;与传统的结构形式相比(如壳体结构、桁架蒙皮结构),格栅结构的肋条是相对独立的,在冲击荷载作用下,若一根受损,裂纹不易传播,整体性能好。

3)格栅结构具有结构形式的各向异性,与材料力学性能各向异性的复合材料协同工作,能更好满足结构各方向强度与刚度的不等同要求,提高结构效率,满足航空飞行器结构的轻质化要求。

4)格栅结构是一个开放的复合材料空间结构形式,使其既可以进行多功能结构设计,也为结构的局部健康与损伤监测以及修复带来了方便。

5)格栅结构每一个等角形格单元都是几何不变的超静定结构(方形格和菱形格为静定结构),如图4-26所示。抗失稳能力强,结构稳定性好,即使局部格形出现破损,其周围的大块格形骨架仍为几何不变结构,因此格栅结构生存力强,开口补强简单易行。

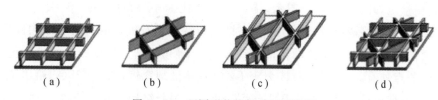

(a)　　　　(b)　　　　(c)　　　　(d)

图4-26　不同形状格栅单元示意图

(a)正交格栅单元;(b)角格栅单元;(c)等角格栅单元;(d)正交各向异性格栅单元

6)格栅结构对局部初始缺陷敏感性不强,一般不会发生层合板常见的微裂纹及分层。

7)格栅结构制造工艺过程可以实现机械化、自动化生产,实现低成本制造。

4.4.2　复合材料格栅结构设计原则和分析

1.复合材料格栅结构设计一般原则

格栅结构设计一般原则有以下方面:

1)根据航空飞行器结构对各个方向的强度与刚度的不同要求,即根据结构受力情况安排加肋骨架的取向。

2)蒙皮与格形肋条应刚度匹配,以保证蒙皮有所需要的光滑外形。

3)蒙皮与格形加肋骨架应有足够的结合强度,以提高承载能力和减少维修。

4)要处理好格形加肋骨架端部纤维的连续和终止。

5)要解决好格栅结构的连接和拼接的难点问题。

6)要解决好质量检测和监控问题,总结好维修经验和提高维修水平。

2.复合材料格栅结构分析

(1)正交格栅壁板分析。

正交格栅壁板如图4-27(a)所示,格形为方形格。栅格由连续的单向带和节点处不连续的低密度合成材料垫片条组合而成;栅格再与蒙皮结合在一起,形成格栅壁板。

正交格栅壁板可以实现隔框、桁条、蒙皮一体化,如图4-27(b)所示,隔框和桁条连续性好;可实现加工自动化,以降低成本。蒙皮和格栅的结合(共固化或黏结)需仔细设计;质量保证和损伤检测,以及拼接比较困难。

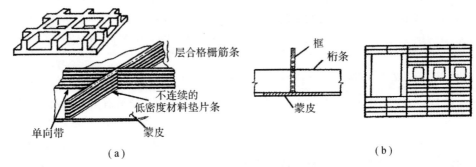

图 4-27　正交格栅壁板

(a)正交格栅壁板构成示意图；(b)正交格栅壁板应用示例

（2）等角格栅壁板分析。

等角格栅壁板如图 4-28(a)所示，格形为 π/3 或 π/4 等角的三角形，又称三角格栅板。栅格构成方法与正交格栅壁板相同。等角格栅壁板特点是有极好的损伤容限和破损-安全能力，结构连续性好，可实现加工自动化，以降低成本。等角格栅壁板设计中的难点包括边缘纤维难以补强；节点处有 3～4 根单向带交叉还要保证连续地穿过，图 4-28(a)给出了一个可行方案。等角格栅壁板适合做成筒壳和锥壳用于机身和弹身结构，如图 4-28(b)所示。

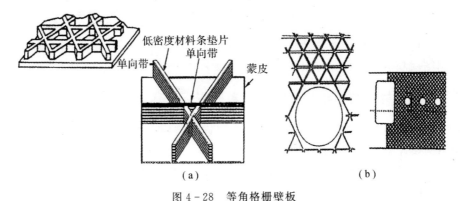

图 4-28　等角格栅壁板

(a)等角格栅壁板构成示意图；(b)等角格栅壁板应用示例

4.5　复合材料结构连接设计

在无人机复合材料结构设计中，仅有高性能的复合材料基础构件是不够的，还必须将各种基础构件(零件)组合在一起构成有效的结构部件，以及最后将所有结构部件组合在一起，构成一个完整的无人机整体。相对金属结构而言，复合材料具有提高结构整体性的优越条件。但是由于结构设计、工艺和使用维护等方面的需要或限制，还是必须安排一定的设计和工艺分离面、维修口盖和多种外挂接口等，在这些部位连接设计是必不可少的。统计资料表明，一架飞机的连接件质量占结构总质量的 5%～6%，连接件成本占全机成本的 3%～5%。

4.5.1　复合材料结构连接的基本概念

1. 复合材料结构连接的定义

复合材料结构连接是指复合材料结构件之间的连接,以及复合材料结构件与其他材料结构件之间的连接。在无人机复合材料结构设计中,结构件一般可分为零件、构件和部件三大类,其中"零件"是指组成结构件的单个个体;"构件"是指结构件中具有确定运动的某个单位整体,构件可以是一个零件,也可以是连接在一起、不发生相对运动的几个零件的组合体。零件是制造的单元,而构件是系统中运动的单元;"部件"是指结构件中在构造和作用上自成系统的、可单独分离出来的部分。因而部件是可大可小,有灵活性的。比如,可把固定翼无人机的整个垂直尾翼称为一个部件,也可把组成这一垂直尾翼的垂直安定面和方向舵也都称为一个部件。

复合材料强度和刚度的各向异性,以及复合材料层间强度较低,延性小等特点,致使在复合材料连接接头中,许用剪应力、许用挤压应力和许用拉伸应力的选取不像在金属结构连接设计中那样便于处理,因此复合材料结构连接部位的设计与分析要比金属结构连接复杂。在设计构成复合材料结构件时,设计工程师最重要的任务之一是保证连接接头的强度和可靠性,以便传递结构所承受的全部载荷。据统计资料表明,复合材料结构多数破坏是发生在连接处(60%～85%),由此可见,复合材料结构连接质量的好坏,连接强度、刚度和严密性对结构的安全与可靠性具有十分重要的作用,因此必须高度重视复合材料结构连接技术,以及为复合材料结构寻求新的连接形式,同时完善其连接工艺。

2. 复合材料结构连接的类型

接头的结构形式和载荷特性取决于结构件的功用和使用条件,按照复合材料结构件连接的方式和方法,通常有以下连接类型:

(1)铰连接和刚连接。

1)铰连接。结构件连接的地方不能相对移动,但可以相对转动,例如固翼无人机垂直尾翼的垂直安定面与方向舵之间的连接,就像家里的房门一样可以转动,称为铰连接。

2)刚连接。结构件连接的地方不能相对移动,也不能转动,就是相对固定在那里不能动的,例如固翼无人机垂直尾翼的垂直安定面与机体之间的连接就是固定的,称为刚连接。

(2)黏结连接、机械连接和混合连接。

1)黏结连接。黏结连接是由黏合剂层(胶层)将结构件牢固黏结在一起的不可拆卸的连接形式,它是复合材料结构件主要连接方法之一。黏结具有很多优点,但在很多情况下,它不能成功地用于对接接头,也不能传递大的集中载荷,一般用于受力不大的复合材料结构。

2)机械连接。机械连接是指通过机械处理方式进行的连接。机械处理方式包括螺纹连接、铆接、螺栓连接、针钉连接、自楔紧等几种类型。机械连接可传递较高载荷,适合于连接构件较厚、受力大的结构件或强调可靠性的部位,是最常用的一种连接形式。机械连接分为一般受力情况下的单排、多排规则多行连接。

3)混合连接。混合连接是指在一个连接中,同时采用两种或两种以上连接方式。

3. 机械连接和黏结连接的特性比较

复合材料结构件连接方式主要分为两大类:黏结连接与机械连接。在设计中,采用哪种连接,需要根据具体使用条件来确定。这两种连接方式的优缺点对比如下:

(1)黏结连接优点。

1)纤维连续,不削弱构件截面,因而不削弱元件的承载能力。

2)连接部位的质量较轻。

3)抗疲劳性能好。

4)可用于不同类材料的连接,无电偶腐蚀问题,耐腐蚀性好。

5)能获得光滑表面,密封性好。

6)没有磨蚀问题,永久变形小。

7)成本低。

(2)黏结连接缺点。

1)黏结表面必须仔细清理,需要特殊的表面处理。

2)强度分散性大,且黏结强度受温湿环境的影响较大。

3)缺乏有效的质量检测方法,黏结质量的检验比较困难,可靠性差。

4)抗剥离能力差,不能传递大载荷。

5)多数情况下黏结具有不可拆卸性。

6)黏合剂存在老化问题,受环境影响大。

7)固化时产生较高的残余应力。

8)不可拆卸。

(3)机械连接优点。

1)表面无须仔细清理即可获得较大的连接强度。

2)能传递较高载荷,抗剥离性能好,强度分散性小。

3)便于质量检测、安全、可靠。

4)受环境影响较小。

5)没有黏结固化时产生的残余应力。

6)允许拆卸再装配。

7)加工简单。

(4)机械连接缺点。

1)开孔须削弱构件截面,纤维被切断,这会严重削弱承载能力和引起应力集中等。

2)有电化腐蚀问题,易受腐蚀和磨蚀。

3)抗疲劳性能差。

4)接头质量较大。

5)永久变形大。

6)成本高。

通过以上对比,可见机械连接的优缺点正好与黏结连接的相反。复合材料结构件连接设计时,应综合考虑结构件的各种使用要求,选择合适的连接方式,发挥其优点。实践证明,连接设计好的结构,不但可以减轻质量,满足各种使用要求,而且可以延长结构的使用寿命。

4. 复合材料结构件连接的特性

与金属材料结构件之间的机械连接相比,复合材料结构件之间连接还具有如下特点:

1)复合材料由于层间强度低,易在层间产生剥离破坏,故连接时应尽量避免过盈配合。所谓过盈是指在连接中孔的直径小于轴的直径,此时孔与轴的配合称为过盈配合。过盈配合也叫静配合,用于孔、轴间的紧固连接,不允许两者之间有相对运动。

2)由于复合材料结构件与金属结构件之间的热膨胀系数相差很大,故两者连接会产生较大的内应力。

3)复合材料结构件之间连接可以采用共固化技术。

4.5.2　复合材料结构黏结连接设计

1. 黏结连接的基本形式

复合材料结构件黏结连接的基本形式有单搭接、双搭接、楔形搭接和阶梯形搭接四种,如图 4-29 所示。当黏结构件较薄时,宜采用简单的单面或双面搭接形式;当黏结构件较厚时,由于偏心载荷产生的偏心力矩较大,宜采用阶梯形或楔形搭接形式。一般 1.5~2.0mm 的薄连接板可采用单搭接;4mm 左右的连接板采用双搭接或双面盖板对接;6mm 以上的连接板多采用楔形搭接和阶梯形搭接。

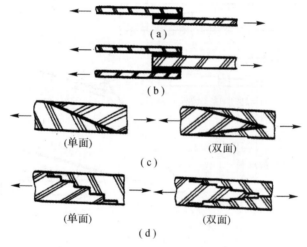

(a)

(b)

(单面)　　　(双面)

(c)

(单面)　　　(双面)

(d)

图 4-29　黏结连接的基本形式

(a)单搭接;(b)双搭接;(c)楔形搭接;(d)阶梯形搭接

2. 黏结结构的胶层载荷形式

为了确保黏结连接安全可靠,避免黏结连接接头的提前破坏,必须正确分析黏结连接接头的内力与应力。黏结结构的胶层一般承受 4 种基本形式的载荷,如图 4-30 所示。其中,以胶层承受剪切时,强度最大。因此,在设计复合材料结构件黏结连接时,要使黏结面(胶层)尽可能与载荷方向平行,以使胶层承受剪切载荷,发挥胶层最大承载能力。

3. 单搭接黏结连接破坏模式

在面内拉伸载荷作用下,单搭接黏结连接的破坏模式如图 4-31 所示,有三种基本形式:

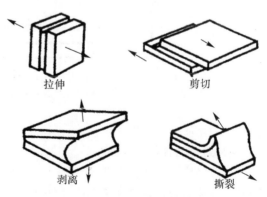

拉伸　　　　剪切

剥离　　　　撕裂

图 4-30　胶层四种基本载荷形式

胶层剪切破坏;胶层剥离破坏;黏结连接区外连接件拉伸(或拉弯)破坏。此外,还会发生混合破坏。具体破坏模式与黏合剂、黏结面处理、黏结连接区几何参数有关。

图 4-31 单搭接黏结连接破坏模式

4.层合板黏结连接形式与连接强度

复合材料层合板黏结连接是黏结结构中最常采用的连接形式。复合材料层合板连接件厚度是层板黏结连接形式选择的主要因素。复合材料层合板黏结连接形式与连接强度关系如图4-32所示,以供设计参考。

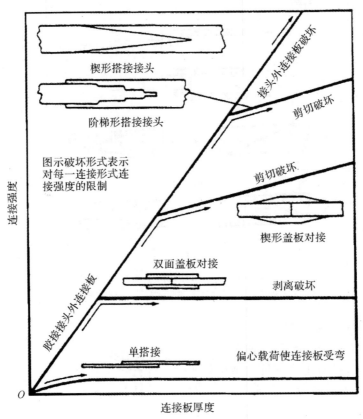

图 4-32 层合板黏结连接形式与连接强度示意图

5.黏结连接黏合剂选择

(1)结构黏合剂的特性。

黏合剂按其剪切应力-应变特性(τ-γ 曲线)可分为韧性黏合剂和脆性黏合剂,如图 4-33 所示。脆性黏合剂宜在高温下使用,在拐点附近即断裂,疲劳寿命短。韧性胶黏宜在中温下使用,断裂应变较大,因而使胶层的应力集中较小,可承受较高的疲劳极限应力,寿命较长。韧性黏合剂剪切强度虽低于脆性黏合剂,但其 τ-γ 曲线下的面积很大,可吸收大量剪切变形能,同时极限应变大,有利于减缓黏结应力集中,均化胶层剪应力。因此,韧性黏合剂比脆性黏合剂具有更好的疲劳、耐久性、使用寿命长。所以,在中等工作温度下,尽量选用韧性黏合剂。所选的结构黏合剂还应具有良好的耐湿/热、耐环境性能。黏合剂的比较见表 4-1。

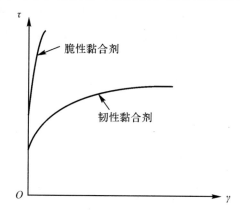

图 4-33　韧性和脆性黏合剂剪切应力-应变特性比较

(2)结构黏合剂的选择要求。

1)黏合剂要有较好的综合力学性能(剪切强度、剥离强度与湿热老化性能等)。

2)黏合剂应适用于复合材料之间,以及与其他材料之间的黏结,有较好的黏结强度。

3)黏合剂的使用温度应与黏结件的最高使用温度相适应。高温工作条件下,黏合剂的热膨胀系数应与黏结件相近。

4)黏合剂应有良好的韧性和耐湿、热、耐介质性能。

5)选用固化温度低的黏合剂,工艺性好,使用方便。

表 4-1　结构黏合剂特性对比表

黏合剂种类	优　点	缺　点	使用温度
环氧	工艺性能好;固化收缩性小;化学稳定性好;机械强度高	硬度一般;热强度低;耐磨性差	100~130℃
环氧酚醛(改性环氧)	耐热性好;强度高	需热固化;脆性大	~200℃
聚酰亚胺	耐热、耐水、耐火、耐腐蚀	需高温固化;造价高;有腐蚀性	290~400℃
酚醛	热强度热刚度高;耐酸性好;价格低;电气性能(低频)好	需高温高压固化;有腐蚀性;收缩率较大;脆性大	有的常温,最高的可达到150℃
有机硅	耐热、耐寒、耐辐射;绝缘性好	强度低	~400℃;瞬时更高
聚酯	机械和电气性能好;价格低;耐环境性好;工艺性好	强度不高;仅用于次要构件	70~100℃

6.黏结连接设计一般原则

黏结连接设计总的原则是黏结连接面(胶层)不应成为结构载荷传递的最薄弱的环节。由于胶层很薄,一般厚度仅为 0.10~0.25mm,连接刚度问题不明显,重点是连接强度,并以此建立黏结连接设计一般原则。

1)黏结设计应综合考虑结构构形、传递载荷、制造工艺和维修等各项要求,确定黏结连接部位(位置),选择合理的黏结连接形式,以使黏结传递的载荷在胶层主要引起剪切应力;尽可能避免胶层因受到法向力作用而在低载荷下破坏,影响整个结构承载能力。

2)黏结强度应高于或相当于黏结件的强度,而不是低于黏结件的强度。

3)综合黏结静强度、疲劳、耐久性要求和黏结工艺,合理选择黏合剂和确定黏结几何参数(搭接长度与黏结件厚度之比)。

4)黏结细节设计必须考虑黏结件泊松比匹配、黏结件端部减小应力集中和剥离应力的修正。

5)在任何载荷作用下,对于各种形式的破坏,都不应使黏结面成为最薄弱的环节,且使黏结接头强度要高于黏结构件的强度,至少为同量级。

4.5.3 复合材料结构机械连接设计

1.机械连接的基本形式

机械连接形式主要有搭接和对接两类,按受力分单剪和双剪两种,如图4-34所示。双剪接头较单剪接头为好,它可改善接头受力不对称的不利影响;连接强度可提高20%。

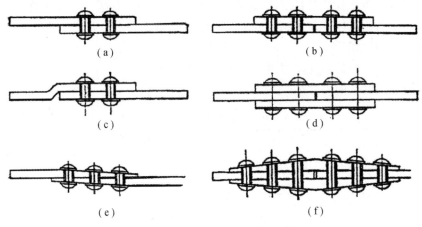

图4-34　机械连接的基本形式

(a)单搭接;(b)单盖板对接;(c)偏位搭接;(d)双盖板对接;(e)带锥度搭接;(f)带锥度双盖板对接

2.机械连接零件的选择和连接板设计

选择复合材料结构件机械连接形式需依据结构件载荷的大小与方向、结构件在整体结构中的角色、作用和位置要求等因素来考虑。从力学特性上分析可知,单搭接和单盖板对接头都会产生附加弯矩,双盖板对接能够避免附加弯矩。采用楔形变厚度或变宽度连接板的连接形式,在多排紧固件连接时可以减缓边缘紧固件上的过大载荷。

(1)紧固件的类型。

1)铆钉。铆钉是一种金属制一端有帽的杆状零件,穿入被连接的构件后,在杆的外端打、压出另一头,将构件压紧、固定。铆钉是通过自身变形,一般是一端变大,将两个零件连接在一起。铆钉是没有牙纹的,利用杆头部涨大阻止物件滑出。铆钉是铆死的,不能拆卸的。

2)螺栓。螺栓由头部和螺杆(带有外螺纹的圆柱体)两部分组成的一类紧固件,需与螺母配合,用于紧固连接两个带有通孔的零件。它是利用物体的斜面圆形旋转和摩擦力的物理学原理,循序渐进地紧固结构件。如把螺母从螺栓钉上旋下,有可以使这两个零件分开,故螺栓连接是属于可拆卸连接。

(2)紧固件的选择。

选择紧固件时要注意以下四个基本问题:

1)电化腐蚀。应选择紧固件与复合材料电位较接近的钛、钛合金、耐蚀不锈钢和蒙耐尔合金等金属材料。

2)孔壁磨损。使用螺栓作紧固件时,必须注意避免钉孔孔壁的擦伤,并应设法使孔壁的耐磨性满足使用要求。

3)装配损伤。装配时要按装配工艺规程进行,以保证装配质量,避免发生装配损伤。

4)拉脱破坏。选用的紧固件要有足够的满足使用要求的力学性能,包括强度、刚度和硬度等。

(3)连接板设计。

在一般情况下,结构件连接接头往往要承受几个方向的载荷,结构设计师应考虑这种情况。在实际结构设计中,多采用 $0°,\pm45°,90°$ 铺层,试验证明,采用这三种铺层方向的层组各占不同的比例,将在某一加载方向下,产生不同的应力分布和具有不同的强度特性。

需要确定的连接板设计参数如图4-35所示,包括以下方面:

1)紧固件端距、边距和间距的确定;

2)紧固件直径和板厚的确定;

3)紧固件拧紧力矩的确定。

3.连接板强度破坏形式

复合材料层合板的各向异性、延性差、层间强度低等特性,使复合材料连接板的破坏形式较为复杂。连接板强度破坏形式有拉伸、挤压和剪切破坏等,如图4-36所示。

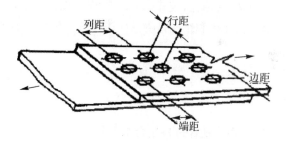

图 4-35　连接板设计参数示意图

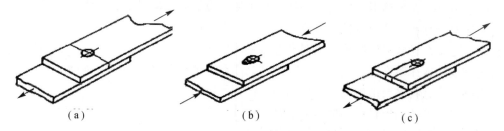

(a)　　　　　　　　(b)　　　　　　　　(c)

图 4-36　复合材料连接板强度破坏形式

(a)拉伸;(b)挤压;(c)剪切

4.机械连接设计一般原则

机械连接设计要贯彻"系统化"和优化的思想,要将机械连接设计方案放在结构大系统中去考虑,机械连接用零件的选择和设计要有利于复合材料结构系统的整体优化,要权衡利弊,寻求最优,尽量使包括机械连接在内的复合材料结构系统整体设计效果达到最佳。

1)应满足连接强度要求。在任何载荷作用下,对于各种形式的破坏,都不应使连接板发生拉伸或剪切拉脱破坏,要使机械连接接头强度高于连接构件的强度,至少为同量级。

2)在适当选择边距和端距的条件下,应满足挤压强度和拉脱强度的要求,连接几何参数及铺层的选择应尽可能保证连接接头发生挤压破坏,或以挤压破坏为主的组合型破坏。

3)尽量不采用过盈配合。因为过盈配合连接在装配后,轴被压细,孔被胀大,配合表面间产生很大的径向压力。复合材料由于层间强度低,易在层间产生剥离破坏。

4)机械连接紧固件直径的选择应考虑复合材料连接板的厚度。应优先选用螺接,尽量避免铆接,推荐使用高锁螺栓以及专门为复合材料结构设计的胡克铆钉、高锁环槽铆钉等紧固件。

5)应满足抗电偶腐蚀要求。紧固件材料与复合材料构件要相容。复合材料应使用钛合金或不锈钢紧固件,并采用涂以密封胶的湿装配,以防止电偶腐蚀。

6)双排以上的多钉连接,各排钉孔应尽可能平行排列,此时疲劳强度较高;采用交错排列,静强度略高。斜削和阶梯形接头可改善多钉连接时钉载分配的不均匀性。

7)连接区复合材料构件的铺层比例,±45°层一般不少于40%。连接孔处要适当局部加厚。连接孔区附近还可采用局部软化带设计以提高接头强度。

8)应考虑使用环境条件的影响和特殊要求。如对结构整体油箱区的紧固件应采用密封措施(涂密封胶或加塑料帽套等)。

9)连接接头的质量要轻。应尽可能减轻机械连接件质量和降低成本。

10)制孔(钻孔、铰孔、锪窝)应符合规范要求。

11)把连接和结构件融为一体进行设计,提高机械连接效率,减小连接件质量,降低连接成本。

习　题　4

1.什么是复合材料层合板和层合板设计? 层合板有哪些类型?

2.与传统的金属板相比,复合材料层合板有哪些优点?

3.简述无人机复合材料结构铺层设计的一般原则。层合板设计方法有哪些?

4.简述复合材料加筋板的定义和分类。常用加筋板剖面几何形状有哪些?

5.简述复合材料加筋板设计一般原则和设计要点的内容。

6.什么是复合材料夹层结构? 说明夹芯材料的结构特点。

7.分别说明泡沫铝夹芯、聚合物泡沫、蜂窝夹芯和异形夹芯材料的性能特点。

8.简述复合材料夹层结构设计原则和细节设计的内容。

9.简述蜂窝夹芯的原材料和蜂窝夹芯材料制造方法的内容。

10.什么是格栅结构? 说明复合材料格栅结构的特点。

11.说明格栅结构设计一般原则的内容。

12.复合材料结构连接的类型有哪些? 说明黏结连接与机械连接各自的优缺点。

13.复合材料结构件黏结连接的基本形式有哪些? 简述黏结连接设计的一般原则。

14.简述机械连接的基本形式,以及机械连接零件的选择和设计的内容。

15.简述机械连接设计一般原则的内容。

第5章　无人机复合材料机身结构设计

本章主要内容包括以下方面：
(1)无人机机身结构的基础知识。
(2)无人机机身典型结构形式和传力分析。
(3)无人机复合材料机身结构整体化设计。
(4)无人机复合材料机身结构件设计要点。

5.1　无人机机身结构的基础知识

机身是无人机的承载和装载主体结构，一般为筒柱形结构。航空飞行器复合材料机身结构的研制始于20世纪70年代中期，以美国舰载机AV-8B复合材料前机身结构为典型代表。前机身采用复合材料主要目的是为解决改型飞机在前机身加装电子设备，飞机重心前移问题，采用复合材料既可减轻结构质量又可调节飞机重心。无人机机身结构采用复合材料，目的在于实现结构减重，提高结构效率，节省燃油，减少废气排放，以及降低维护修理成本等。

5.1.1　无人机机身的功用与设计要求

1.机身的功用

机身是无人机最重要的部件之一。它是无人机结构的基体，是整架无人机的躯干和受力基础，不仅要固定和支持无人机的其他部件，如机翼(或旋翼)、尾翼(或尾桨)、起落装置及发动机等，将整架无人机连接成一个整体，还要承受各连接部件传来的载荷，承受装载在机身内部的设备、任务载荷及本身的重力和惯性力。固定翼无人机总体结构如图1-1所示；旋翼无人机结构如图1-2所示。无人机复合材料机身的功用主要有以下方面：

(1)构成气动外形。

无人机机身是直接承受和产生空气动力的部件，并构成无人机的气动外形。机身虽然不能像机翼(或旋翼)那样直接产生升力，但良好气动外形的机身可以减小无人机的迎风阻力，提高飞行性能，改善无人机的稳定性和操纵性。

(2)承载和传力。

无人机机身具有承载和传力的作用。在各种工作状态下，机身除了承受自身的质量之外，还要承受由装载物和连接部件传来的静载荷及由动部件、武器发射或外挂、货物吊装及投放产生的动载荷，这些载荷主要通过连接接头以集中载荷的形式作用在机身上，并通过机身构件把这些力和力矩分散传递到各个部位，最终使机身各个部位上的力和力矩获得平衡。

(3)复合材料的应用。

在选材方面,无人机机身大量采用复合材料。复合材料机身用模子一次浇铸而成,使无人机的空机质量大为降低,并提高了弹伤容限和抗坠毁性能。复合材料的大量采用,不仅大大减轻了无人机的空机质量,增大了无人机的承载能力,改善了机身的维修性和可靠性,同时大大减小了无人机对雷达波的反射面积,提高了无人机的隐身性能。

(4)降低机身废阻。

在结构设计方面,复合材料结构更加注重减小机身的废阻值。例如,多数无人机在机身外形凸出部位均设有具有一定气动外形的整流罩;有些无人机还采用了可收放起落架等减阻措施,从而提高了无人机的最大飞行速度以及机动性和灵活性。

(5)改进加工工艺。

在加工工艺方面,以黏结结构代替铆接结构,采用全面的密封连接,避免了构件间的应力集中及可能发生的电化腐蚀,提高了机身的寿命和抗疲劳特性。

2. 机身结构设计要求

对于机身结构设计,不同类型的无人机,有着不同的结构形式和设计特点。由于用途的不同,结构设计要求也有明显的差别,特别是随着复合材料的发展,最大限度地采用复合材料,是无人机机身结构设计的发展趋势。无人机机身结构设计的通用要求主要有以下方面:

(1)空气动力方面的要求。

无人机是在空气中做相对运动的物体,在大速度飞行时无人机消耗于废阻的功率占总功率的40%以上,而其中产生最大废阻的结构体是机身。所以,机身设计中首先要选择好机身的气动外形,并通过风洞试验确定机身的阻力系数。另外,还要注意机身表面粗糙度,防止结构内外气流的串通等,以降低功率损失,提高无人机的飞行性能。

除了气动阻力特性外,还有气动力矩特性的要求,机身气动力矩特性直接影响无人机的操纵性、稳定性,因此在机身外形设计时要通过风洞试验和分析计算确定机身的气动导数,使机身结构外形能给无人机提供良好的飞行操纵性、稳定性。随着无人机飞行速度的提高,对无人机空气动力方面的要求越来越高。

(2)强度、刚度和质量方面的要求。

无人机机身结构承受来自机翼(或旋翼)、尾翼(或尾桨)、起落装置及发动机等所有部件和装载的各种载荷,因此,要保证上述各部件的正常工作和使用时的安全可靠,就必须保证机身结构在任何允许的使用情况下都具有足够的强度和刚度,以及所有部件连接的可靠。众所周知,强度是指在外力作用下,材料或结构抵抗破坏(永久变形和断裂)的能力;刚度是指结构件在载荷作用下抵抗变形的能力。无人机机身结构满足强度要求指的是在各种使用情况的外载荷作用下,机身结构能够符合安全规定,不会受到破坏。满足刚度要求指的是机身结构的刚度能够保证在使用范围里不出现气动弹性不稳定,而且变形符合要求。

机身结构形式的选择与主要受力构件的布置,既能承受各装载物的质量力,又应与各相连部件的受力构件载荷传递相协调。但是强度和刚度并非是愈大愈好,增大强度和刚度往往总是伴随着结构质量的增加,从而影响无人机的飞行性能和有效载重,因此,在满足一定的强度和刚度要求的前提下,要尽可能减轻无人机机身结构质量,这是机身设计的一个重要原则。为了减轻机身结构质量,必须合理选择机身结构承力形式,各主要承力结构件的布置要恰当,载荷情况及相应的外载荷的确定要合理。在合理的强度、刚度设计准则的指导下,精心选择每个结构件的材料、承力方式、剖面形状,缩短结构传力路线,从而减轻无人机的结构质量。

(3)结构动力学方面的要求。

安装在无人机机身结构上的机翼(或旋翼)、尾翼(或尾桨)、起落装置及发动机等动部件产生的交变载荷传给机身,会引起机身结构振动。机身的振动影响无人机的飞行使用,并使结构产生疲劳,因此在机身设计中必须采取措施控制和降低机身结构的振动水平。无人机机身对于激振力的响应决定于其固有特性,在无人机机身结构设计中要注意通过结构和装载的调整,合理地布置机身的固有频率,使它错开在飞行使用情况下主要激振源的振动频率,避免发生共振。由于机身结构相当复杂,单靠机身结构设计本身一般很难满足对无人机振动水平的严格要求,故还必须采取一些特殊措施,比如采用减振、吸振和隔振设计。

(4)耐损性方面的要求。

结构的耐损性是指抗弹击损伤能力和抗坠毁能力两方面。在无人机机身结构设计上,应尽量保证机身被炮弹击中后,不至于引起空中起火、坠落和其他灾难性后果,以提高无人机在战场上的生存力。为了提高无人机的抗弹击能力,应使机身的承力结构件适当分散,以免在主要承力构件被击中后,引起整机的强度和刚度大幅度下降。无人机机身横截面形状对机身的受力和变形特性有本质的影响,圆弧形机身剖面自然地提供了抗内部毁坏曲面,可吸收坠毁能量。机身底部壳体外蒙皮采用延伸率大、韧性好的复合材料制成,最大限度提供了抵抗硬物撞击触穿的能力。

(5)使用和维护方面的要求。

无人机机身上的设备舱和任务装载舱要有足够的空间和开敞性(多舱门和口盖),以便安装设备和任务装载,以及维护修理。对容易进水和积水的部位(如舱门、开口等),往往采取密封措施,并设有流水槽和排水沟等。为了便于维护、检查和更换机身内部安装的系统附件和设备,在机身的相应部位应设有能快速打开的口盖。

5.1.2　无人机机身的外形与分段

1. 机身的外形

无人机机身的外形主要指机身的横截面形状和侧面形状。

(1)机身的横截面形状。

无人机机身横截面形状取决于无人机的功用、使用条件和无人机的总体布局。从减小阻力和受力有利的角度,机身的横剖面应尽量选择圆形或椭圆形:在给定的容积下,圆形机身的表面面积最小,因此摩擦阻力也就较小;此外,圆形剖面的机身蒙皮在内压作用下,只受拉伸,而不受弯曲。若无法采用圆形时,则应尽量用圆弧组成。

图 5-1 表示美国"全球鹰"固定翼无人机机身横截面形状的变化,机身靠前面的横截面形状($A—A$ 剖面)为半径为 r 的圆形,如图 5-1(a)所示。顺着机身往后到了 $B—B$ 剖面处,为了在机身内部摆放安装体积较大的卫星通信天线,不得不加大机身横截面的面积,于是在该处机身上半部分结构改为半径 R 较大的圆形,使机身横截面形状变成了由大小两个圆组合的近似椭圆形,如图 5-1(b)所示。

(2)机身的侧面形状。

机身的侧面形状与无人机用途、最小阻力要求、设备和有效装载的具体布置以及机翼(或旋翼)、尾翼(或尾桨)、动力装置的形状和位置等有关。通常,机身是一个中间大,两头(前机身、后机身)缓慢均匀收敛的流线体(纺锤形)。在一些超声速无人机上,为了减小跨声速飞行时的阻力,采用中部收缩的蜂腰形机身,称为面积律机身,同时其机头往往很尖,以削弱激波强度,减小波阻。

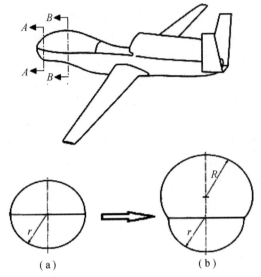

图 5-1　美国"全球鹰"无人机机身横截面形状的变化
(a)A—A 剖面;(b)B—B 剖面

2.机身的分段

包括无人机在内的航空飞行器是现代科学技术高度集成化的个体,在机身设计初期,就要安排机身结构的分段。航空飞行器机身结构的分段的目的是为了便于构件的生产和装配,以及满足使用、运输和协调要求的需要,降低生产成本等。机身分段的基准有以下方面:

(1)设计分离面。

航空飞行器机身设计分离面是根据机身构造上和使用上的要求而确定的分离面,也称为使用分离面。为便于设备的安装和维护,如发动机布置在机身内、机头位置安装雷达等,因此设计分离面都采用可卸连接(如螺栓连接、铰链连接等),而且一般都要求具有互换性。机身设计过程中采用设计分离面,可以让设计师专心研究某一个部件,而不用关心它对其他部件的影响,如图 5-2 所示。

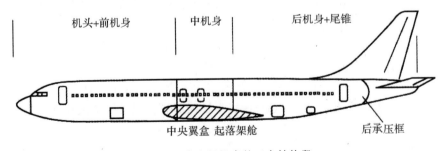

图 5-2　大飞机机身的三大结构段

从图 5-2 可以看出,大飞机机身一般分为机头和前机身、中机身、后机身和尾锥三大结构段。机翼中央翼盒、起落架舱在中机身下部,机身结构是一个由纵梁、桁条与隔框构成的骨架加筋的薄蒙皮壁板半硬壳、多开口、承受内压的壳体结构。尾部后承压框为扁平球面框，机身一般按前机身、中机身、后机身分成多段进行设计制造，最后，组装成完整机身。

机身设计分离面包括分离面的部位、结构形式、设计补偿形式和对接技术要求。设计分离面优化了航空飞行器设计流程，随着航空飞行器的复杂性不断增加，机身设计分离面逐渐被划分成了结构工程师的结构设计分离面和系统设计师的系统（安装）分离面，并根据现代系统工程理论和实践的要求，不断深入细化两者间的联系。机身设计分离面的选取与划分主要根据其使用要求、可维护性要求及互换性项目等要求来确定，划分的　般原则有以下方面：

1）尽可能选在低应力区。

2）易于部件间的协调，以保证装配的准确性。

3）满足结构完整性准则和强度，刚度要求。

4）连接应尽可能简单、可靠，便于使用维护和分解互换。

5）在选取机身结构的对接点数时，应兼顾使用要求和质量要求。

（2）工艺分离面。

航空飞行器机身仅根据设计分离面划分为部件，不能满足装配过程的要求，还需要根据生产需求，对航空飞行器机身结构进行进一步划分，将部件进一步划分为段件，段件又进一步划分为板件及组合件等各种装配单元。这样做的目的是，提升生产流水线的专业化水平，均衡产品线工位工作量，保证产品生产步调，缩短产品交付周期，降低产品的生产成本，提升产品在市场的竞争力。为此，机身分段不再仅仅以设计分离面为基准。

为满足生产需要而划分的航空飞行器机身分离面叫作工艺分离面。工艺分离面是由于生产上的需要，为了合理地满足工艺过程的要求，按部件进行工艺分解而划分出来的分离面，如图 5 - 3 所示。工艺分离面之间一般都采用不可卸连接（如铆接、黏结、焊接等），装配成部件后，这些分离面就消失了。工艺分离面包括分离面划分部位、连接形式、补偿形式、施工通路以及形成装配单元的工艺刚性和完整性。选取工艺分离面作为机身分段的依据时，应结合生产性质、年产量、生产周期、成本等因素进行技术经济分析。

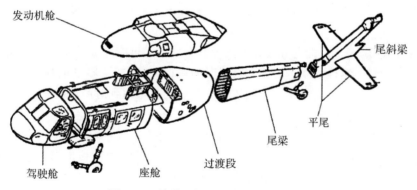

图 5 - 3　旋翼飞行器机身分段示意图

复合材料结构成型与材料成型具有同时完成的工艺特点，使得飞行器机身结构设计与结构成型工艺密不可分，即机身结构设计必须考虑其成型工艺的可行性。面对飞行器复合材料机身分段难以避开问题，设计人员在机身结构设计阶段，应在充分了解复合材料结构件的基本成型工艺的基础上考虑机身工艺分离面，尽量采用共固化或黏结成型工艺，减少连接件，有效地发挥复合材料的减重潜力、特点及优势。要充分考虑到制造加工可获得的设备能力,充分利用设备能力,并考虑到整体成型时的成品率,以此确定机身分段的当量长度,力争保证最大限度地获得高质量低成本整体部件。同时在对接时,要避开在协调困难的区域上对接,不能够出现强行装配。复合材料机身结构划分工艺分离面的依据有以下方面:

1)充分利用机身设计分离面,包括结构设计分离面和系统(安装)分离面。

2)结构件大小、受力和形状的复杂程度,现有的制造技术水平和设备能力等因素。

3)合理的工艺单元具有极开敞的操作通道和更多的操作工作面。

4)共固化结构应考虑使结构各部分的铺叠和预吸胶能分别进行,便于各相关部分组装定位,使铺叠和预吸胶用的模具能直接用于共固化,增加预吸胶件的搬运刚度,保证共固化装配中各预吸胶件之间的协调。

(3)性能优化分离面。

在航空飞行器新型号的研发过程中,结构设计人员和生产管理人员发现每一个机身分段都可能对应着质量的增加,会影响航空飞行器的使用经济性。增加机身分段数量,会因为在全机对接加强结构数量增加,产品结构质量增加;而减少机身分离面,会导致工位工作量增加,制造难度加大,产品交付时间加长;所以机身分段数量要适当,要根据产品使用成本与制造成本之间的权衡结果确定。

系统设计人员和系统安装人员发现,在现场系统管缆安装过程中,由于对接件的变形,经常会造成电缆设计长度过长或者过短、管道安装空间变形和管道接口位置不对等问题。因此要保证结构、系统、工艺间的协同设计,提出了机身分段必须要考虑系统安装分离面,即机身分段不要打断系统管缆的安装完整性、机身分段要保证系统安装接口所在对接面有一定的工艺刚性,便于协调。

为了降低项目风险,项目管理人员和财务人员会要求机身分段要充分考虑当前以及可能的设备能力,尽可能在投资预算内考虑可选的设备能力,并在分段时充分考虑到设备的利用率,保证机身分段方案所需要的设备能力在企业生产风险控制能力以内。机身分段要充分考虑到设备能力和制造能力的限制并且有特殊装配环境要求和特殊试验要求的装配单元要尽量划分出来。

质量管理人员会要求,机身分段必须要考虑到新技术可能造成的质量控制成本增加,必须要考虑较大和较复杂零件的制造误差和对接时的协调方法,减少零件的加工后变形和装配件的装配后变形对产品质量的影响。所以机身分段要充分考虑到对产品成品率的影响。

(4)市场需求分离面。

包括无人机在内的航空飞行器,特别是现代民用客机的生产,不再是一个公司或一个国家独立完成的工作,通常会为了国家政策和国外市场的保证,需要转移出部分工作量,甚至是大部分工作量,主制造商会承担很多界面间协调的工作,因此,需要将工艺分离面划分得尽可能合理,便于协调。同时,也要考虑到国家政策可能会出现的倾斜,在工艺分离面划分上要充分反应国家政策和企业供应商管理政策的倾向性。机身分段同时要考虑到产品国际化分工和专业化分工的影响,以及部件供应链管理等问题。

并且,随着现代航空飞行器产业的不断发展,随着构型管理体系在航空飞行器产业中的引入,不同客户会对同一系列飞行器提出不同种产品构型,而飞行器制造商却不能为每一种构型都提供一套产品生产线,因此航空飞行器的混线生产就成了现代航空制造必需的选择,那么

"航空飞行器机身分段要适应产品构型管理的需求",成为当前各家航空飞行器制造商的又一个标准。

5.1.3　无人机机身承受的外载荷和受力特点

1. 无人机机身承受的外载荷

机身的主要用途是用来支持和固定无人机的其他部件,并把它们连接成一个整体,使其成为能满足一定技术要求的无人机。作用在无人机机身上载荷主要由以下四部分组成:

1)设备和任务装载引起的质量力;

2)机身结构的质量力;

3)各部件传来的集中力;

4)作用在无人机机身上的空气动力。

对于机身总体强度来说,第四部分不是主要的,一般不加考虑,但对机身局部强度有时是很重要的。

2. 无人机机身受力特点

(1)固定翼无人机机身受力特点。

固定翼无人机机身内的设备和任务装载与机身结构本身都会产生质量力,其中尤以各种装载的质量力影响较大。沿轴线各点上的过载大小与方向不一定相同,故也会影响到质量力的大小与方向。质量力有的为集中力形式(如装载通过集中接头连到机身结构上时),有的为分布力形式(如机身舱内载重的质量力),如图 5-4 所示。

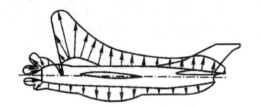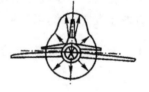

图 5-4　固定翼无人机机身表面压力分布(对称情况)示意图

无人机其他部件传来的载荷主要指在飞行或起飞着陆滑跑中由机翼、平尾、垂尾或起落架上传来的载荷。若发动机安装在机身上,则还有发动机推力和陀螺效应产生的集中力。

固定翼无人机机身上的全部载荷在机翼处得到平衡,因此可把机身看成是支持在机翼上的双支点(或多支点)外伸梁。根据各种设计情况下的载荷,机身会产生在垂直对称面内和水平面内的弯曲以及绕机身轴线的扭转,相应地在机身结构中引起两个平面内的剪力、弯矩和绕纵向轴的扭矩等内力。对于机身,垂直方向和水平方向的载荷为同一数量级,且机身结构在这两个方向上的尺度又相差不大,因此在机身结构分析时,两个方向上的载荷都要考虑。

(2)旋翼无人机机身受力特点。

旋翼无人机机身上承受的各连接部件传来的载荷,一般都是由连接接头以集中力的方式传给机身,在这些载荷中包括各部件的质量力和空气动力。例如,作用在旋翼轴上的旋翼、平尾和垂尾上的空气动力,以及旋翼、平尾、垂尾、自动倾斜器和主减速器等的质量力,都要通过主减速器架与机身的连接接头传递到机身上。

这些外载荷主要包括旋翼拉力 T_s、后向力 H_s、侧向力 S_s 和反扭矩 M_k;旋翼桨毂的滚转力

矩 M_{zhu} 和俯仰力矩 M_{xhu}；机身气动力矩 M_F 和机身气动阻力 Q_F；尾桨拉力 T_{TR} 和反扭矩 M_{kTR}；平尾升力 $-Y_{HT}$ 等。垂尾升力是旋翼无人机的侧向力，对航向配平和航向稳定性起重要作用，有时把垂尾作为机身的一部分，其空气动力不单独列出，如图 5-5 所示。在旋翼无人机着陆情况下，地面对起落架的撞击载荷与起落装置的质量力通过起落架连接接头传给机身，在飞行情况下则只有起落装置的质量力传给机身。

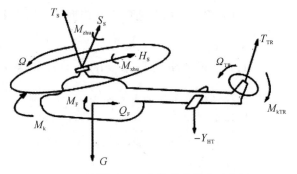

图 5-5　旋翼无人机身外载荷分布示意图

机身的质量力一般只计算机身内部设备和任务装载，以及机身结构本身的质量力，机身结构本身的质量力应按照机身结构的质量分布计算分布载荷。

5.2　无人机机身典型结构和传力分析

无人机机身的具体结构形式虽然多种多样，但从结构承力形式来看大致可分为桁架结构和薄壁结构两大类，其中薄壁结构按承力形式可分为桁梁式结构、桁条式结构和硬壳式结构三种类型。桁梁式和桁条式又被称为半硬壳式结构。无人机机身结构传力分析是对各种外载荷通过各种结构件连接处逐点、向结构支持基础传递的过程进行分析，了解各主要结构件的受力情况及其传力特点。为了减轻无人机机身结构质量，必须合理选择机身结构承力形式，各主要承力结构件的布置要恰当，以缩短结构传力路线，达到减轻机身结构质量的目的。

5.2.1　无人机机身典型结构

1. 桁架结构

桁架是一种由直杆组成的一般具有三角形单元的平面或空间结构，主要承受轴向拉力或压力，从而能充分利用材料的强度，减轻自重和增大刚度。

空间桁架与其他部件的连接点均设在空间桁架的节点上，节点上均装有传递集中力的对接接头，杆件以轴向力的形式承受载荷。机身的弯矩、剪力和扭矩均由桁架承受。桁架通过对上下弦杆和腹杆的合理布置，可适应结构内部的弯矩和剪力分布。由于水平方向的拉、压内力实现了自身平衡，整个结构不对支座产生水平推力。桁架的优点是结构布置灵活，应用范围非常广。桁架梁和实腹梁相比，在抗弯方面，由于将受拉与受压的截面集中布置在上下两端，增大了内力臂，使得以同样的材料用量，实现了更大的抗弯强度。在抗剪方面，通过合理布置腹杆，能够将剪力逐步传递给支座。这样无论是抗弯还是抗剪，桁架结构都能够使材料强度得到充分发挥。

桁架式机身的一个主要缺点是气动阻力大。飞行速度越大，这个问题越严重。为了减小机身的阻力，在空间桁架的外面固定有整形用的隔框、桁条和蒙皮，这样势必使机身结构质量增加。蒙皮只承受局部气动力，不参与结构的整体受力，因此这种结构形式的机身抗弯和抗扭刚度差，而且内部空间不易得到充分利用，故不适于大中型无人机采用。但对轻小型无人机而言，这些缺点并不显著，由于其结构简单，便于制造，故常被采用。

常用的桁架结构有普拉特式(N 形桁架)和瓦伦式(W 形桁架)两种,这两种形式都是围绕机身大梁搭建桁架结构,大梁作为承载扭曲和弯曲的主要部件。普拉特式桁架的机身大梁由横向和垂直管材连接,通过对角连接件加强,管材承受拉伸载荷,如图 5-6(a)所示。瓦伦式桁架主要依靠对角件来承受拉伸和压缩载荷,如图 5-6(b)所示。通常在桁架式结构外固定整形用的隔框、桁条和蒙皮,用于维持外形减小机身阻力。

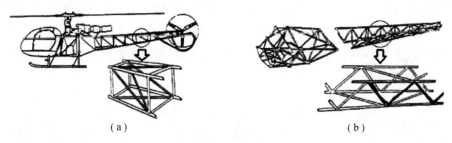

（a）　　　　　　　　　　　　　　　　（b）

图 5-6　桁架式结构示意图

(a)普拉特式结构；(b)瓦伦式结构

无人机桁架式机身骨架材料主要有金属和复合材料两种,其中复合材料骨架和撑杆常用碳纤维管制成,通过黏结连接方式连接成为整体。与金属骨架相比较,复合材料骨架力学性能优良、强度高、韧性好,耐压、耐热、阻燃、抗紫外线不老化和防静电,而且表面纹路清晰、高端大气,还有最重要的一条优点是质量轻,与金属材料相比可减重 30%。

大多数微型无人机机身都是采用支架式结构,采用的材料大多为碳纤维复合材料,如图 5-7所示。机身主体通常做成长方形或椭圆形盒子形状,可将飞控板、电调、电池等机载设备固定安放其中。从机身主体伸出几根碳纤维复合材料管,其顶端用于安装电动机和螺旋桨。机身主体(盒子)下方安装有碳纤维复合材料机身支架,起到支撑机体的作用。

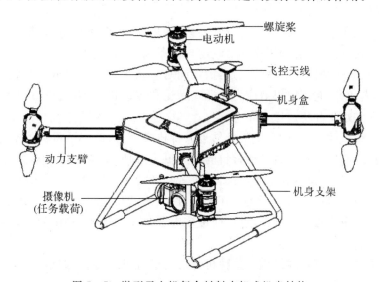

图 5-7　微型无人机复合材料支架式机身结构

2.薄壁结构

薄壁结构一般是由纵向结构元件(梁、桁条)和横向结构元件(隔框)组成的骨架,以及覆盖在它们外面并形成光滑表面的受力蒙皮相互连接而组成的空间结构。薄壁结构按承力形式可分为以下三种类型：

(1)桁梁式结构。

桁梁式结构由大梁、桁条、蒙皮和隔框等铆在一起，成为一个受力的整体。其中大梁较强，全机的弯曲、扭转、剪切载荷主要由大梁来承受。桁条较弱，仅起支持蒙皮维持外形的作用。蒙皮厚度很薄，刚度较小，几乎不参与承受和传递弯矩，蒙皮只以剪应力的形式承受和传递扭矩，剪力全部由蒙皮承担。另外蒙皮还承受由加强隔框传来的各部件的集中载荷。隔框与桁条用来保持机身的外形，其中加强隔框还承受各部件传给的集中载荷，并分散给蒙皮，因此，加强隔框与蒙皮铆在一起，如图 5-8(a)所示。

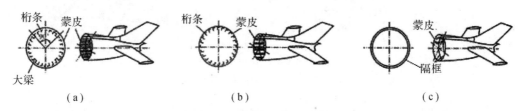

图 5-8　机身薄壁结构示意图

(a)桁梁式结构；(b)桁条式结构；(c)硬壳式结构

桁梁式结构形式的机身与桁架式机身相比，由于桁条和蒙皮参与了总体受力，材料利用较合理，抗扭刚度较大，内部容积利用较充分。此外，由于大梁较强，这种结构的机身便于开大舱口。显然，这对机身结构设计有着重要的意义。桁梁式结构的缺点是相对载荷较大时，效率较桁架式结构和桁条式结构(单块式结构)差些。无人机复合材料机身桁梁式结构由大梁和隔框、支撑件构成的骨架，外包加筋层合板蒙皮组成，通常不能一次成型。

(2)桁条式结构。

桁条式结构又称半硬壳式结构，它没有大梁，蒙皮较厚，桁条较多、较粗，结构分段处的传力接头的布置也较分散，机身弯矩全部由蒙皮与桁条承受，其他受力与桁梁式机身相同，如图 5-8(b)所示。桁条式结构的受力特点是：桁条同时起到支持蒙皮和承受弯矩的作用，由于蒙皮厚度较厚，刚度较大，它不仅以剪应力的形式承受和传递扭矩，而且还不同程度地与桁条一起以正应力的形式承受和传递弯矩。

由于蒙皮和桁条的增强，桁条式机身易于保持机身外形，改善了机身的空气动力性能，并增大了机身的抗扭刚度。桁条式结构材料的利用更为合理，结构受弯也不像桁梁式那样集中于几根大梁，而是分散于蒙皮和桁条，弯曲和扭转刚度大，结构质量轻，故其生存力较强。但另一方面，正是由于这一特点，机身不便于开大舱口，蒙皮开口处加强困难。无人机复合材料机身桁条式结构一般由面板和加强件组成，面板多为层合板，加强件多为薄壁杆件。

(3)硬壳式结构。

硬壳式结构又称为蒙皮式结构。这种机身结构没有纵向骨梁(如桁条)，只有刚度较大的蒙皮和横向隔框，如图 5-8(c)所示。厚壁筒壳，无纵向构件，蒙皮厚或采用夹层结构。硬壳式结构具有较大的抗扭刚度，由蒙皮承担结构总体弯曲、剪切、轴力和扭矩载荷。

硬壳式结构的优点是：蒙皮很厚，是主要的承力构件，抗扭刚度很大，可以更好地保持机身结构外形，气动性能好，承受局部载荷能力强，由于承力构件分布均匀，故其生存力更强。较为显著的缺点是:结构质量较大,不易开大舱口。

无人机复合材料机身硬壳式结构由层合板或夹层板组成,可一次整体成型,适用于承受分布载荷的情形,但对于受集中载荷的部位应进行局部加强处理。

5.2.2　无人机机身结构的传力分析

1.无人机机身结构传力分析的定义

结构的传力分析是指当支承在某基础上的一个结构受有某种外载荷时,分析这些外载如何通过结构的各个构件传递给支承它的基础。在无人机的结构设计中,传力路线应尽量短而直接,以充分利用结构的承载能力,有效地减轻结构质量。无人机结构的绝大部分构件都是为了合理地传递载荷而布置的,因此为了设计出符合最小质量要求的满意的结构,必须首先弄清各种结构中载荷的传递规律。无人机的机翼(或旋翼)、尾翼(或尾桨)和起落架等部件的集中载荷,最后都要传递到机身上,由机身提供支反力与之相平衡。

2.无人机机身结构件受力特点与传力分析方法

(1)无人机机身结构件的主要受力特点如下:

1)板件的主要受力特点。板可以承受垂直于板平面的分布载荷,不适宜承受集中力。

2)杆件的主要受力特点。杆只能承受和传递沿杆轴方向的集中力和分布力,杆本身受拉能力强,受压易发生局部或总体失稳,承受能力极低。

3)板杆结构件的主要受力特点。板杆结构件适宜承受横向分布的载荷和板杆平面内的载荷。由于杆不能承受横向载荷。平面板杆结构中的杆,板之间只能传递剪力,而不能承受拉伸正应力。

(2)无人机机身结构传力分析的方法如下:

1)弄清无人机机身结构所受的载荷最后应传向何处。

2)分清无人机机身结构主要和次要的受力结构件,以及主要和次要的受力部分。

3)弄清无人机机身所有各主要结构件的连接关系和连接方式,以便正确地确定支持形式和传力方式。

4)从无人机机身结构的外载荷作用开始,依次取出各个结构件部分为分离体,按它们各自的受力特性合理化简成典型的受力结构件。

5)在分析无人机机身结构传力时,除了要从结构强度要求的角度考虑以外,还必须具备结构刚度概念。刚性支持载荷大,弹性支持载荷小,刚度大的结构承受的载荷可以大些。

3.无人机机身垂直载荷传力分析

无人机机身加强隔框在承受垂直方向的对称载荷时,要沿垂直方向移动。大梁抵抗垂直方向变形的能力很小,不能有效地阻止隔框垂直移动;而蒙皮(尤其是两侧蒙皮)抵抗垂直方向变形的能力较大,它能有效地阻止隔框垂直移动。因此,蒙皮是支持加强隔框的主要承力构件。这时,加强隔框沿两边与蒙皮连接结构,把集中载荷以剪流的形式分散地传给蒙皮;蒙皮则产生反作用剪流,来平衡加强隔框上的载荷。

由于沿隔框周缘各部分蒙皮抵抗垂直方向变形的能力不同,周缘剪流的分布是不均匀的。机身两侧的蒙皮,抵抗垂直方向变形的能力比上下蒙皮强,因此,这个部位剪流较大。为了研究方便,可以认为作用在隔框平面内的垂直载荷完全传给了两侧蒙皮,并由它产生的反作用剪流来平衡。当加强隔框受到不对称垂直集中载荷作用时,可以把不对称集中载荷分解为对称和不对称两部分。不对称集中载荷部分相当于作用在加强隔框上一个扭矩,加强隔框沿周缘的连接结构把扭矩以剪流的形式均匀地传给蒙皮,蒙皮则产生反作用剪流,形成对隔框中心的反力矩,使隔框平衡。

4.无人机机身水平载荷传力分析

作用于无人机机身加强隔框的水平载荷通常是不对称的,它对加强隔框的作用,相当于一个作用于加强隔框中心处的力(即对机身的剪力)和一个对隔框中心的力矩(即对机身的扭矩)。无人机机身加强隔框传递作用于中心处的力的情况,与传递垂直载荷相似,它同样是沿连接结构以剪流的形式将载荷分散地传给蒙皮的。但因为力的方向是水平的,所以机身上下蒙皮截面上产生的剪流最大。

无人机机身加强隔框承受扭矩时,要在自己的平面内旋转。蒙皮组成的合围框具有较大的抗扭刚度,它能通过连接结构来阻止隔框旋转。这样,加强隔框便沿周缘连接结构把扭矩以剪流的形式均匀地传给蒙皮,蒙皮则产生反作用剪流,形成对隔框中心的反力矩,使隔框平衡。无人机机身加强隔框承受水平载荷时,隔框周缘要同时产生两个剪流,即平衡力的剪流和平衡力矩的剪流。周缘各处的总剪流的大小,就是这两个剪流的代数和。

5.2.3 无人机机身开口与补强设计

1.无人机机身开口的定义和类型

(1)机身开口的定义。

为满足无人机的使用性和维护性要求,在机身的不同部位有相当数量不同大小和形状的开口。有的开口是为了方便地接近布置在机身内部的无人机电子仪器设备、电缆和导线接口,以便检查它们的工作状态,进行技术性维护和修理;有的开口是为安装起落架和发动机;也有的是为了装载、拆卸货物或任务设备等。这些开口往往位于结构高载荷区域,因此必须通过加强结构来承受开口周围的载荷。

(2)机身开口区的结构类型。

机身开口区的结构取决于机身结构形式和开口的尺寸,是否要切断机身上的承力构件,以及根据使用条件能否使用受力口盖等,其形式主要有以下几种:

1)小型开口。用于观察窗、加油口等的小开口,如果其不破坏承力结构的完整性,只需要在开口周围进行局部加强,通常采用蒙皮加强板方式进行补强。这种开口往往采用完全不参与传力的非补偿口盖(快卸口盖)或部分补偿口盖。

2)大型开口。大型开口破坏了机身受力构件的完整性,则通常采用与机身上总体受力构件联成一体的完全承力口盖。开口周边通常采用围框式加强,而口盖用螺钉沿开口周边固定在机身承力构件上来保证口盖与蒙皮共同受剪(受扭时)或受拉压(受弯时)。

对于机身上有些的大型开口,如起落架舱、炸弹舱、货舱门等,往往因为使用条件的限制而不能采用同机身受力结构连成一体的完全受力口盖。故大型开口的口盖可能是完全承力口盖,也可能非补偿口盖。

2.无人机机身小开口结构补强设计

(1)无口盖的小开口。

无口盖的小开口一般处于梁腹板、肋腹板和框腹板上。开口形状最好为圆形,因为在不同载荷作用下圆形引起的应力集中系数比较小。这类开口区的补强比较简单,只要在开口边缘加一个加强口框即可。加强口框可采用法兰盘式加强环,如图 5 - 9(a)所示,也可采用组合式,如图 5 - 9(b)所示,在弯矩最大的 4 个角上布置斜支撑筋条,以防蒙皮受压屈曲。如果当地载荷不大,腹板又比较薄,压弯边即可。

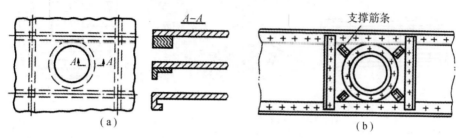

图 5 - 9　机身无口盖小开口结构补强设计

(a)法兰盘式;(b)组合式

(2)带有口盖的小开口。

在外层蒙皮上的小开口都带有口盖,开口区的补强设计方案与无口盖的情况相似。带有口盖的小开口,其口盖大多为板材,如果口盖要传递正应力,则可以在正应力载荷方向布置一些筋条。图 5 - 10(a)所示为一圆形小开口,口盖为一平板。图 5 - 10(b)所示为一带圆角的方孔,其口盖在正应力方向布置筋条。

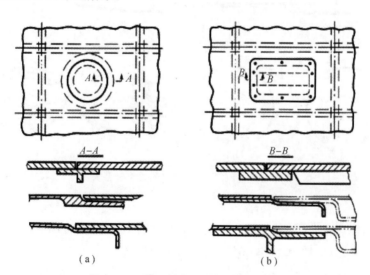

图 5 - 10　带口盖的小开口的补强设计

(a)平板口盖;(b)带筋条口盖

3. 无人机机身侧边大开口结构补强设计

无人机机身侧边大开口,如货舱门等常采用井字形围框进行补强,如图 5 - 11(a)所示,因为要求能迅速打开,所以从受力角度看,这种舱门基本属于非补偿口盖,其只承受舱压引起的环向应力,开口区域的大部分拉伸和剪切载荷需由舱门周围的结构承担;使用这种舱门时的典型开口补强方案如图 5 - 11(b)和图 5 - 11(c)所示。

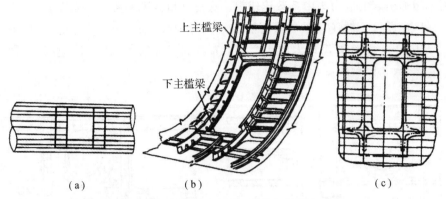

图 5-11 机身侧边大开口结构与补强方案

4. 无人机机身腹部大开口结构补强设计

对无人机机身上的起落架舱、炸弹舱等机身腹部的大开口最常用的补强方案是在开口两端部用腹板式加强框加强，并在开口两侧布置加强桁梁，如图 5-12 所示。

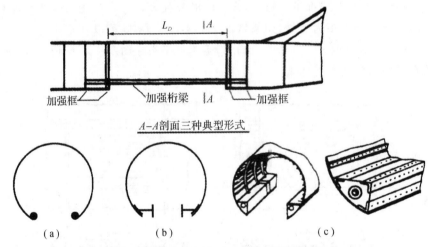

图 5-12 机身腹部大开口的典型补强方案

(a)简单截面口框；(b)工字形口框；(c)封闭截面口框

在进行机身结构的传力分析时，可将机身看作支撑在机翼上的管梁，在开口区需要传递由后机身传来的剪力 Q_y 和 Q_z、弯矩 M_z，M_y 和扭矩 M_x 等载荷。

剪力 Q_y 被两侧蒙皮的剪流 $q_y = Q_y/2H$ 平衡，而 Q_z 只与上半圆蒙皮上的剪流 $q_z = Q_z/B$ 平衡。为了在开口边界通过剪力把 $1/2Q_z$ 从下半圆转移到整个上半圆，就需要有一个能受剪的腹板式加强框。弯矩 M_z 被作用在机身背部的力 $2P_{Mz}$ 和两个纵梁上的力 P_{Mz} 以力臂为 H 的力偶平衡，而 M_y 被侧面力 P_{My} 以力臂为 B 的力偶平衡，如图 5-13 所示。

开口处的扭矩 M_x 通过加强框转变为力臂约为 $2R$ 的力偶 Q_{side}；每个机身侧面如同工字梁一样承受由力 $Q_{side} \approx M_x/(2R)$ 产生的剪力和弯矩。由于力 Q_{side} 的作用，在侧壁上会引起剪流 q_{side} 和弯矩 ΔM，开口两端处的弯矩 ΔM 最大，其值为 $\Delta M_{side} = 1/2(Q_{side}L_D)$，并在开口两侧的延伸段上逐渐减小至 0。由于附加弯矩 ΔM 的作用，加强桁梁上还要附加正应力 σ。再考虑到

由 M_z 产生的应力,就需要增加桁梁的截面积,如图 5-14 所示。

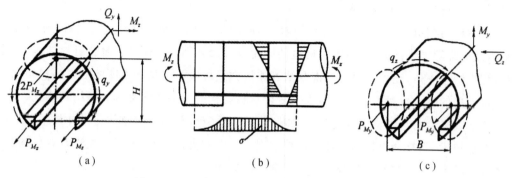

图 5-13 机身腹部大开口剪力和弯矩的传力分析

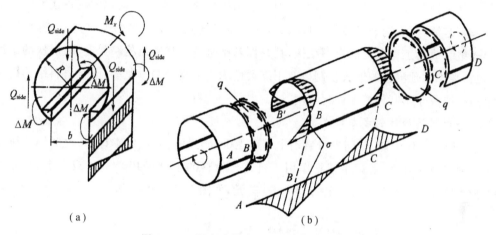

图 5-14 机身腹部大开口扭矩的传力分析

为了使桁梁在受压时不失稳,还需要提高其刚度,为此通常选择闭合的横截面形状,而且横截面尺寸要大。典型的大开口处的桁梁剖面是由角上的 3 根型材与周围的蒙皮围合而成,这种形状的梁能在较小的质量下保证必需的刚度。因为附加弯矩要在开口前后一个框距的延伸段端部才降至零,所以加强桁梁的长度也要向开口两侧各延伸一个框距。

5.3 无人机复合材料机身结构的整体化设计

无人机复合材料机身结构设计必须根据机身结构件的形状、尺寸、质量和性能要求,再综合考虑制造工艺、成本等因素,充分利用复合材料的材料性能的方向性、结构性能的可设计性及大型构件可整体成型等优点,实现结构效率、性能、功能与成本的综合优化。

5.3.1 复合材料结构整体化的基本概念

复合材料技术一直存在三个技术挑战:提高复合材料及其制件的性能;降低复合材料及其制件的成本;符合复合材料自身规律的制件设计。这三者之间有区别但更有联系,一个典型的发展方向就是当前非常热门的复合材料结构整体化技术。

1.复合材料结构整体化的定义

复合材料结构由于其制造工艺的特殊性,不同的结构组分既可以直接通过纤维的连续铺放、编织或缠绕等方法结为一体;也可通过共固化或黏结共固化等途径在复合材料结构的材料形成过程中结为一体;还可以通过二次黏结等连接方式构成。与相同功能的金属结构相比,采用紧固件连接的零件数量可大幅度减少。复合材料结构的这一特征被称为结构整体化。

作为航空复合材料结构整体化技术的基础,首先是复合材料结构整体化设计技术,然后是整体化制造技术,而复合材料的高性能化技术则是两者的支撑,如此形成了先进复合材料技术学科的材料技术、设计技术和制造技术三足鼎立的架构。

复合材料结构整体化设计是将若干个分离的结构件整合设计成一个较大的整体结构件。在材料与制造技术方面,整体化技术的突破口是用机械化、特别是自动化的制备代替传统铺层手工活和手艺活,而无论是机械化/自动化的铺放技术还是手工操作的铺放技术,将小尺度的碳纤维丝组装成为工程尺度的大型结构,其共性基础是复合材料结构跨尺度、多层次的定型和预制,包括半柔性预浸料的铺放预制以及干态柔性织物的定型与预制等,复合材料结构的整体化程度最终取决于预制件的整体化程度。

2.复合材料结构件的成本构成

20世纪90年代中期,美国先行启动了军用飞机复合材料的低成本计划,也叫经济可承受性计划。通过这个计划,美国希望把军用飞机复合材料的用量提升到60%或以上,复合材料制件的成本降至每磅(1lb≈453.592g)约150美元,如图5-15所示。

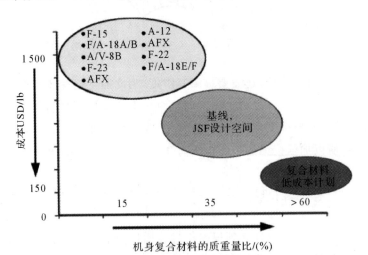

图5-15 美国军用飞机复合材料现状与经济可承受性计划的低成本目标

飞机复合材料的成本是如何分摊的呢?就材料和制造技术而言,装配成本、铺层成本和紧固件成本占据总复合材料技术成本的一半,如图5-16所示。因此,以降低这三者的成本为突破口可以获得很大的发展空间。事实上,改变铺层方式和装配方式也就改变了复合材料的微结构和宏观结构,同时必然减少紧固件及紧固环节,使得结构的紧凑性(减重)和承载的合理性

（高性能）大大增加，带来性能的提升和价格的降低。在此基础上，飞机结构整体化技术应运而生。

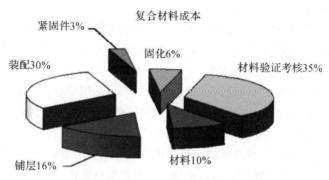

图 5-16 复合材料结构件的成本构成

以 F-15 和 F-16 战斗机为例，经济可承受性计划分析认定，通过结构整体化技术可以将其 11 000 个金属零部件减少为 450 个，600 个复合材料零部件减少为 200 个，135 000 个紧固件减少为 600 个，其直接获益是减量化和提高制造效率，特别是大幅度降低了结构的装配成本。

3.复合材料整体化结构的特点

1)不同的结构组分直接通过纤维编织结为一体，如通过纤维编织结合筋条/蒙皮的整体结构。

2)不同结构组分通过共固化或黏结共固化的途径在复合材料结构的材料形成过程中结为一体，如通过黏结共固化和二次黏结结合蒙皮/Ⅱ接头/墙的整体结构。

3)下蒙皮与墙通过二次固化形成整体下壁板，上蒙皮与整体的下壁板通过机械连接形成一个完整的机翼结构。

4)左右蒙皮通过共固化形成一体的机翼壁板，即将左侧机翼蒙皮与右侧机翼蒙皮设计制造成整体共固化的左右一体的上和下机翼壁板，形成一个完整的机翼结构。

5)机身整体化壁板，其特点为蒙皮与帽形筋条共固化而成的机身整体化壁板结构，如图 5-17 所示。

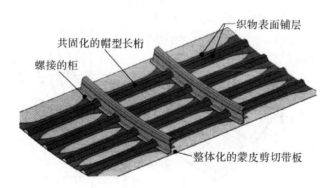

图 5-17 机身整体化壁板

5.3.2 无人机机身结构整体化设计分析

复合材料具有整体化成型的优点,可采用共固化技术、共黏结技术、纤维预成型体结合液体树脂成型技术(如树脂传递模塑成型及其派生技术)制造出比较复杂的整体件,如整体加筋壁板、整体网络结构、整体盒段等,甚至更大型的整体部件如机身段和更加复杂的翼身融合体。

1. 无人机机身结构整体化设计理念

无人机复合材料机身结构整体化设计理念是力求充分利用复合材料结构的整体化成型特点和不断创新的工艺方法,来提高复合材料机身结构整体化的程度。因此,复合材料机身结构整体化设计不能只是简单取消一些连接紧固件,将原来采用的结构形式简单地拼接在一起,而应根据复合材料机身结构的传力特点、机身结构设计要求以及工艺技术基础,从结构布局到具体工作设计,创造性地设计机身新的整体结构形式,这是复合材料机身整体结构设计的关键所在。

另外,还要开展机身整体结构静强度、疲劳、耐久性和损伤容限、可靠性和可检性等设计准则和设计方法的研究和试验验证,尤其是损伤容限和可检性设计应该是其中的重点和关键。复合材料纤维预制体的渗透性、孔隙或干斑的形成、残余应力和固化变形是影响复合材料制件质量的几个主要方面。对于大型整体复合材料结构件来说,一方面,结构设计对固化变形的影响更加突出;另一方面,若制造不当将导致大结构件报废,大幅度增加制造成本。因此,在机身结构设计之初,采用工艺仿真对其进行可成型性分析是非常必要的。

无人机复合材料机身结构整体化设计可以大大减少结构件的数量,减少连接件和连接过渡区的附加质量、减少装配,并且机身总体和局部刚度好,是减轻机身结构质量、降低成本的有效技术途径。一般可采用以下途径来实现无人机复合材料机身结构整体化设计目的。

1)采用共固化或共黏结的组合件。机身的整体格栅结构和加筋板结构是应用最广泛的两种整体组合件,如图5-18所示。

2)采用缠绕技术制造整体件。纤维缠绕是一种快速高效的先进制造工艺,能充分发挥纤维的承载能力。无人机机身壳体大多采用这种成型工艺。

3)采用全高度蜂窝夹层结构。在机身结构中采用全高度蜂窝夹层结构可以减少零件及紧固件的数量,也可减轻结构质量或增加结构刚度。

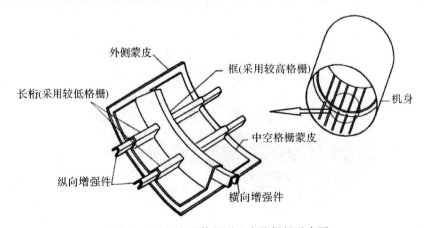

图5-18 机身整体帽形立交格栅板示意图

4)研制翼身融合整体。无人机翼身融合整体是目前复合材料结构设计和制造技术的一个重要发展方向,其目的是通过在关键或主要结构上更充分发挥复合材料的优点来进一步改善结构的受力特性和隐身性能。

5)采用各种纤维预成型体和液体树脂成型技术制造机身整体化结构,如三维编织、缝合和针织预成型体等。

2.无人机机身结构整体化设计步骤

无人机机身结构的形状通常并不是可以任意选定的,因为在总体设计阶段,一般已确定了各部件的外形、相对位置以及相互间连接交点的位置,在进行部件结构打样设计时应尽量保持它们的协调关系。无人机复合材料机身结构整体化设计任务是进行机身结构形式选择与主要受力构件的布置和设计,要实现的目标首先机身外形应达到空气动力学和隐身技术要求,以保证无人机具有期望的飞行性能,以及应有足够的强度和刚度,以保证相连各部件正常工作;其次机身应有足够的开敞性,以便安装设备和武器装备、维护修理。

无人机复合材料机身结构整体化设计的全过程如图 5-19 所示,大致分为以下三个步骤。

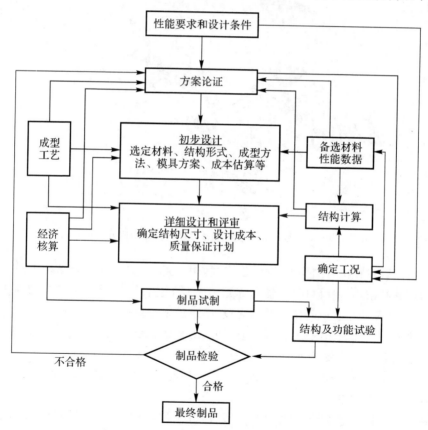

图 5-19　无人机复合材料机身结构整体化设计的全过程

(1)明确设计条件。

明确设计条件如性能要求、载荷情况、环境条件和工艺条件等。性能要求包括结构使用寿命内的安全,结构形状和尺寸的要求;载荷情况即结构承受的静载荷、动载荷(含冲击载荷和交变载荷);环境条件指除使用寿命内的机械载荷外,可能遇到的其他各种情况,如力学条件和大气、气象条件等。

（2）材料设计。

材料设计包括原材料选择、铺层性能的确定（单层板的设计）、复合材料层合板、夹层结构、加筋板和格栅结构的设计等。

（3）结构设计。

结构设计包括复合材料典型结构件（如杆、梁、板和壳等）的设计，以及复合材料机身整体结构（如桁架、薄壁结构等）的设计。

3.无人机机身结构整体化设计特点

复合材料结构设计要实现降低制造成本的目标，就要充分利用组件化、整体化设计，以大幅度减少零件数量和装配工作量。为此，结构设计中，最重要的是确定主要结构件的尺寸和机体中工艺分离面的设置，及其相应采用成型工艺技术和质量监控、检测手段，如图 5-20 所示的某型号旋翼飞行器全复合材料机体结构分解示意图。

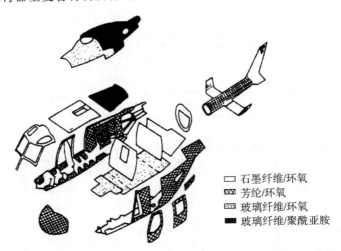

□ 石墨纤维/环氧
▨ 芳纶/环氧
▩ 玻璃纤维/环氧
■ 玻璃纤维/聚酰亚胺

图 5-20　某型号旋翼飞行器全复合材料机体结构分解示意图

在无人机复合材料机身结构整体化设计过程中，为了在关键性主要结构上最大限度地利用复合材料的独特结构特性（可设计性和优异的成型工艺性），以减轻无人机结构质量和降低成本，要充分发挥复合材料机身结构整体化设计特点，主要包括以下方面：

1）无人机机身大多采用纵梁、桁条、隔框构成的骨架和蒙皮组成的半硬壳式圆筒形承力结构。为满足设备和任务装载、维护需要，机身结构要开设较多的舱门和口盖。

2）机身结构中抗扭层合板闭室盒、蜂窝夹层结构舱门、口盖、隔板等采用共固化成型，可大量减少零件和连接件数量。

3）需进行开口框补强设计、舱门和口盖设计，并采用高锁螺栓、托板螺帽、蜂窝镶嵌件、快卸承力锁等多种连接形式。

4）设备舱设计应满足电磁兼容要求。

5）翼身一体化的融合复杂曲面、半硬壳蒙皮翼身融合体结构是复合材料很有应用前景的结构部位。

6）机身上的蛇形曲面 S 进气道可采用复合材料纤维自动铺放技术整体成型制造。

7)机身上的油箱密封要求高,需经受振动环境下密封性考核。

8)高度整体共固化结构对减轻机身质量和降低制造成本是很有效的,但也要充分认识和考虑到模具设计制造很复杂,模具设计的工作量很大,而且模具的好坏对机身整体质量有很大影响。

9)在进行机身结构设计时必须考虑制造和使用中结构的可检性。如果没有可靠的检测方法,在进行复合材料机身结构设计过程中必须假定机身存在大的缺陷或损伤尺寸。

10)由于复合材料承受层间拉伸的能力差,连接设计必须得使面外应力最小,黏结连接方式最好使用韧性胶层,而不使用脆性胶层。考虑到胶层受剪性能最好,因此机身设计中要充分发挥这一优势,而不要将黏结作为主要承受剥离或劈裂载荷的连接方式。

5.3.3　无人机机身结构整体化设计原则与许用基准

1. 无人机机身结构整体化设计原则

在进行无人机复合材料机身结构整体化设计时,应明确设计条件,根据载荷大小、经济性及可靠性要求,选定种理想、可行的结构形式,以及了解复合材料选材及铺层的原则,尽可能利用共固化工艺,将复合材料机身结构设计成整体件。

无人机复合材料机身结构整体化设计所遵循的一般原则如下:

(1)复合材料机身结构设计的一般原则。

1)机身结构按强度、刚度原则要求设计,同时还要满足结构件连接设计原则、层合板设计原则要求。

2)机身结构一般按使用载荷设计、按设计载荷校核的方法,只要有可能,就要消除或降低应力集中。

3)机身结构的使用许用值为使用载荷所对应的许用值;设计许用值为设计载荷所对应的许用值。

4)复合材料失效准则只适用于单层,在未规定使用某一失效准则时,复合材料机身结构设计一般采用蔡-胡失效准则。

5)复合材料机身结构有刚度要求的一般部位,材料弹性常数采用实验数据和平均值,重要部位采用 B 基准值。

6)复合材料机身结构设计要满足工艺性要求,避免缺陷及应力集中。

(2)复合材料机身结构选材的一般原则。

1)复合材料机身结构所选材料应具有高的比强度和比刚度。用作航空飞行器复合材料基体的树脂主要有热固性树脂和热塑性树脂两大类,目前已用于无人机机身结构的复合材料,其基体主要采用热固性树脂。所选的树脂首先应满足机身结构的使用温度要求。不同类型的树脂其工作温度范围相差很大,一般认为,树脂工作温度与树脂玻璃化转变温度之间存在如下关系:

$$T = (T_n - 30)℃ \qquad (5-1)$$

式中,T_n 为玻璃化转变温度。

2)应满足机身结构使用环境要求。所选的纤维增强材料和树脂基体材料在预浸料制备、固化成型、机械加工性能数据分散性小。

3)成本尽可能低。在满足机身结构性能要求的前提条件下,成本应尽可能低。

(3)复合材料机身结构铺层设计的一般原则。

铺层设计是复合材料机身结构设计中最关键性的设计工作之一,它也是复合材料结构设计特有的工作内容。铺层设计的优劣在很大程度上影响着结构设计的成败。铺层设计包括选取合适的铺层角,确定各种铺层角的铺层百分比和铺层顺序三方面内容。此外,还有局部的铺层设计工作,例如在连接区、局部冲击载荷区及开口边缘等处的铺层局部调整,以及解决在结构尺寸和结构外形突变区的铺层过渡问题。有关铺层设计的一般原则综述如下:

1)除特殊需要外,复合材料机身结构应采用均衡对称铺层,以避免引起翘曲。

2)铺层的纤维轴线应尽可能与内力的拉、压方向一致。最大限度地利用纤维轴向具有的高强度和高刚度的特性。

3)由 $0°,90°$ 和 $\pm45°$ 铺层组成的结构,对于其中任一铺层,其最小铺层百分比应大于或等于 $6\%\sim10\%$。

4)对于以局部失稳为设计情况的结构件,应该把 $\pm45°$ 铺层尽可能铺到远离结构中性层的位置上,即在两侧表面上。

5)机身结构件连接区的铺层设计应该与承载方向呈 $\pm45°$ 的铺层百分比大于或等于 40%,与承载方向一致的铺层百分比大于 25%。其目的是保证连接处有足够的剪切强度和挤压强度,同时亦有利于载荷扩散和改善应力集中。

6)对于机身承受集中冲击部位,应进行局部加强。

7)在机身梁、柱、框及加筋条的突缘部位,应布置较大比例 $0°$ 铺层及一定数量的 $\pm15°$ 铺层,以提高轴向强度和刚度。但当突缘存在局部失稳时,也需铺设一定数量的 $\pm45°$ 层。

8)在机身结构开口区,应使相邻层的夹角最小,以此提高层间强度。

9)在机身结构变厚度区域,铺层数递增或递减形成台阶时,要求每层台阶宽度等于或大于 $2.5\ mm$,并在表面铺设连续覆盖层以防剥离。

10)同一铺层角的铺层不宜过多集中在一起,因为超过 4 层易出现分层。

2.无人机机身结构整体化设计许用基准

(1)许用基准的确定。

常用的许用数值基准有 A 基准值和 B 基准值,其中 A 基准值是按 95% 置信度,99% 可靠性概率确定的性能值,用于不进行实验的结构;B 基准值是按 95% 置信度,90% 可靠性概率确定的性能值。

在无人机复合材料机身结构设计中,对于主承力结构或单传力结构往往采用 A 基准值;对多传力结构或破损-安全结构往往采用 B 基准值。

(2)许用值的确定。

对于层合板的许用值应适用于在确定含义下的整个层合板系列,即可能的铺层角、定向层比和铺层顺序的任一组合,所以层合板的许用值以应变的方式给出比较合适。设计许用应变取 $30\%\sim40\%$ 的概率断裂应变(A 基准或 B 基准断裂应变)。同时规定,若设计许用应变的取值大于此值时,必须经补充实验,并用有关微裂纹、冲击破坏、裂纹扩展和环境影响的补充实验数据证明可行时方可采用。

5.4　无人机复合材料机身结构的设计要点

从无人机机身的总体受力来看,机身是一个支持在翼-身结合点上的筒壳结构体。机身内部的质量力、机身表面的气动力以及外部部件作用于机身上的力通过机身承力结构传递到翼-身结合点处与机翼(或旋翼)升力平衡。机身上的弯矩和扭矩的分布是决定机身结构(设计方案)的主要参数之一。

5.4.1　无人机复合材料机身结构的选择和设计方案

1. 无人机复合材料机身结构的选择

无人机的机身结构有桁架结构和薄壁结构两大类,其中桁架结构一般仅适用于微、轻型无人机,现代无人机机身结构大多数都采用薄壁结构。薄壁结构机身,也称为筒壳结构机身主要有三种,即桁梁式、桁条式和硬壳式。桁梁式结构上桁梁的截面面积很大,蒙皮很薄,长桁很弱,这种结构适合于大开口、小载荷的情况。桁条式结构的特点是长桁较密较强,蒙皮较厚,这种结构适合于小开口、中等载荷的情况。硬壳式结构为厚蒙皮结构,几乎没有纵向构件,其外形和刚度好,这种结构适合于无开口、大载荷的情况。

所谓载荷的大与小是相对的,可以采用相对载荷的定义来定义机身的相对弯矩 $\overline{M}_z$ 和相对扭矩 $\overline{M}_x$,则

$$\overline{M}_z = \frac{4M_z}{D_{\text{eff}}} \tag{5-2}$$

$$\overline{M}_x = \frac{4M_x}{D_{\text{eff}}} \tag{5-3}$$

式中,D_{eff} 为机身横剖面当量直径,如图 5-21 所示。

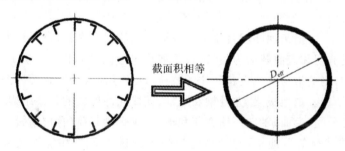

截面积相等

图 5-21　薄壁结构机身横剖面当量直径的定义

按照不同机身结构的特点,可按表 5-1 初步选择无人机机身的结构。实践证明,蒙皮-桁条加筋壁板构成的盒段具有质量轻、强度高、易制造和便于维修的优点,而且桁条式机身属于多传力路线的结构,其损伤容限特性好,因此是现代无人机采用最多的结构。

表 5-1　机身结构的选择依据

结　构	相对弯矩	相对扭矩	开口情况
桁梁式	小、中	小	大开口
桁条式	中	中、大	小开口
硬壳式	中、大	大	无开口

2.无人机复合材料壁板组合机身结构设计方案

根据无人机机身薄壁结构受力和结构特点,常用的复合材料机身结构设计方案有两种:一种是无人机复合材料壁板组合机身结构设计方案;另一种是无人机复合材料整体筒壳机身结构设计方案,其中无人机复合材料壁板组合机身结构设计方案,是将机身划分为上部壁板、左侧壁板、右侧壁板和地板/龙骨结构四大类典型结构区域,如图5-22所示。

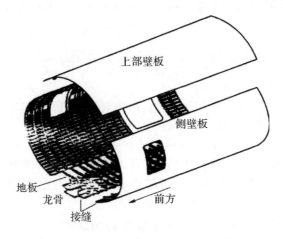

图5-22　机身薄壁结构分区示意图

不同区域机身结构受力和结构功能、效能要求不同,决定了各典型结构区的设计和工艺关键技术是不同的。

(1)机身典型结构区特点。

1)上部壁板。由桁条加筋层合曲板、隔框半硬壳式壁板构成,以承受(弯曲)轴向拉伸和环向拉伸的双轴载荷为主。上部壁板易受到冰雹冲击损伤。

2)左/右侧壁板。由桁条加筋层台曲板和隔框构成的门窗大开口壁板(带有健康检测系统元件)构成,以承受剪切和弯曲载荷为主(壁板压剪稳定性问题),以及大开口区载荷重新分布和应力集中。左/右侧壁板易受到设备和任务载荷,以及地面维护装备等冲击。

3)地板/龙骨结构。由地板梁/龙骨梁和隔框、支撑元件构成的骨架结构,外包加筋层合板蒙皮构成。其主要承受(弯曲)轴向压缩载荷和地板/龙骨梁载荷(含抗坠毁系统);蒙皮承受轴向压缩和环向拉伸载荷等。地板/龙骨结构易受到跑道碎石等和地面装卸、维护设备冲击损伤。

(2)结构件连接要求。

1)机身薄壁结构上部壁板、左/右侧壁板、地板/龙骨结构对接连接构成机身筒壳体段。

2)各机身筒壳体段之间对接连接。

3)中央翼盒机身连接。

(3)结构件制造工艺。

1)蒙皮铺层纤维自动铺放加筋曲板热压罐成型。

2)桁条、隔框、地板梁、龙骨梁等采用树脂膜熔渗、树脂传递模塑成型等工艺制造。

3)健康检测系统元件与桁条加筋层合板共固化。

4)隔框与桁条加筋层合板组合装配,地板梁、龙骨梁和加筋板蒙皮组合装配。

5)采用无损检测技术进行损伤检测与修理。

6)制造采用的设备有先进铺带机、固化用超大型热压罐、高压水切割机、先进超声波探伤设备以及大型工艺模具等。

5.4.2　无人机复合材料机体典型结构件设计要点

无人机复合材料机体结构大量采用蜂窝或泡沫夹层结构、梁框承力骨架结构(龙骨结构)，其典型结构件设计涉及较多结构因素和结构特点，是结构设计的基础。无人机复合材料机体结构件可以分为壁板类、纵向骨架类(梁、墙)、横向骨架类(隔框、肋)和壳体类等典型结构件。集中传力接头目前主要用金属材料制作。

1.壁板类结构件设计要点

(1)蒙皮壁板设计要点。

无人机复合材料蒙皮壁板一般为承力蒙皮，除承受气动载荷外，还参与总体受力。承受扭矩引起的剪应力和弯矩引起的正应力。蒙皮厚度应确保在使用载荷作用下不发生局部失稳。桁条的铺层，一般在外表面全包或半包±45°铺层，在中间0°铺层，这样可大大提高其轴向刚度及强度。但在开口边缘的桁条应适当增加90°铺层，以便承受口盖传给桁条的侧向力。

桁条与对接框连接处，可采用两种连接方式。当桁条剖面不大，或者说承载能力不大时，可采用桁条端面与对接框内表面直接接触的连接形式。假若桁条剖面较大，或者说承载能力较大时。可采用桁条端面处增加肋板，使肋板的外表面与框内表面相连。

1)蒙皮壁板应按刚度、稳定性要求进行铺层剪裁设计，以提高冲击损伤容限。

2)蒙皮壁板变厚度设计应有过渡区，以减小应力集中。

3)蒙皮实际使用的最小厚度为 0.6~0.8 mm，否则难以操作；最大厚度原则上没有限制，实际上越厚工艺难度越大，一般每 6~8 mm 预固化一次。

4)蒙皮的基本铺层按±45°铺层所占百分比大致可分为软蒙皮(±45°铺层占 80%，适用于多墙结构)、一般蒙皮(±45°层占 50%，一般用于梁式结构)和硬蒙皮(±45°层占 30%，多用于根部蒙皮和加筋条突缘部位)三类。

蒙皮壁板已经应用和正在开发研制的壁板形式主要有变厚度蒙皮壁板、加筋板蒙皮壁板、夹层结构壁板、格栅结构壁板和整体翼面壁板等。

(2)层合板设计要点。

层合板板是壁板中最主要、最基本的结构件，壁板一般为承力板，除承受面内载荷外，还参与总体受力。层合板的铺层设计应遵循以下设计要求：

1)给出各铺层方向的铺层顺序，确定同一方向铺层组的最小层数。

2)4 个典型铺层(0°，+45°，-45°和 90°)中的每个铺层至少要占 10%。

3)利用均衡和对称铺层。+45°和-45°成对出现保证均衡。

4)在自由边不允许铺设垂直于中面边界的纤维。

5)在受压载荷作用下要避免在自由边产生高的层间拉伸应力的铺层顺序。

6)考虑增加 90°铺层或减少 0°铺层比例来减小泊松比。

7)避免 0°和 90°作为相邻的铺层。

8)避免相同方向铺层组超过 4 层以上，如图 5-23 所示。

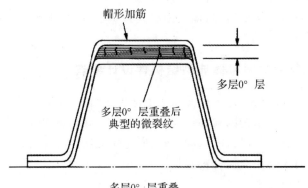

图 5-23　避免相同方向铺层组超过 4 层示意图

（3）加筋板设计要点。

加筋板是由层合板与层合加强筋条构成的层合件，可以用作结构壁板、梁腹板、框腹板等，是层合件典型代表。复合材料加筋板设计的要求与金属加筋板设计要求基本相同。在使用载荷下加筋板不失稳；加筋板的破坏载荷应等于或大于设计载荷；在满足上述要求的条件下使加筋板质量最小。

1）在设计载荷下，应变水平不得超过设计许用应变。

2）加筋条与面板之间应刚度、泊松比匹配，以使固化内应力和翘曲变形减至最小，利于整体共固化成型。

3）加筋条与面板结合处、加筋条端部等细节设计应避免应力集中，以防止发生脱黏、分层等破坏。

4）面板与加筋条的载荷分配应保持合适的比例。对中厚度面板加筋板，加筋条承受载荷不大于 50％ 总轴向载荷；对厚面板加筋板，面板承受载荷不大于 70％ 总轴向载荷。

5）选定合适的加筋条剖面形状，并确定加筋条的最低弯曲刚度要求。

6）按弯曲刚度和泊松比协调匹配确定面板和加筋条铺层。

7）调节加筋条间距，满足加筋板总体稳定性要求和破坏强度要求。

8）通常采用外表层增加一层织物或增加 ±45° 铺层办法提高加筋板抗冲击载荷能力。

（4）夹层结构设计要点。

复合材料夹层结构由上、下薄复合材料面板，芯子与黏合剂组成。芯子有蜂窝芯、泡沫芯和波纹板芯等。黏合剂将面板和芯子黏结成整体，传递面板和芯子之间的载荷。夹层结构中，面板主要承受面内拉伸、压缩和面内剪切载荷；芯子支持面板承受垂直于面板的压缩应力，并能防止面板发生因轴压引起的屈曲。此时，芯子承受压缩和剪切载荷。

复合材料夹层结构具有较高的抗弯刚度和稳定性，可以在较小质量下达到刚性结构件的要求，为无人机结构上广泛采用的一种结构。夹层结构的设计，必须使其在设计载荷作用下满足强度和刚度要求，防止下列各种模式的失效。

1）为防止在设计载荷下产生过度的挠曲变形，夹层结构必须具有足够的弯曲刚度和剪切刚度，即面板的厚度必须足以承受由设计载荷引起的面内拉应力、剪切应力和压应力。

2）芯子必须具有足够的厚度和剪切模量，具有足够的强度以承受由设计载荷引起的横向剪应力。

3）芯子的抗压强度应足以防止垂直于面板的设计载荷或弯曲引起的压应力作用时的压塌破坏。

4）芯子的弹性模量和面板的抗压强度都应足以防止面板在设计载荷下起皱。

5）芯子为蜂窝时，要合理选择蜂窝格子参数，以防止面板在设计载荷下产生蜂窝凹陷，并应注意蜂窝高的承力方向。

6）夹层壁板的封口和连接处应有足够的强度，并应把芯子和面板连接在一起，使载荷可传递到结构其余部分。

7）应考虑冰雹的冲击载荷影响。

2.梁（墙）类结构件设计要点

无人机机身梁（墙）类结构件主要是指机身骨架结构中的纵向结构件。梁（墙）受力形式为凸缘承弯、腹板承剪和传递垂直于梁（墙）平面的载荷。梁（墙）按其剖面形状分为工字形梁、L形梁和J形梁等。按梁（墙）腹板进一步分类更能反映出梁（墙）的结构特点，如图 5-24 所示，有立柱加筋腹板梁、夹层结构腹板梁和正弦波腹板梁等。

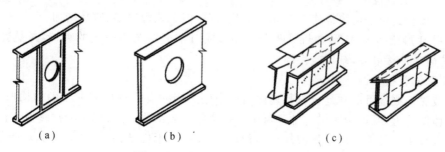

图 5-24　梁（墙）的典型结构示意图

(a)立柱加筋腹板梁；(b)夹层结构腹板梁；(c)正弦波腹板梁

梁（墙）设计大致可分为梁凸缘设计、梁腹板设计和凸缘与腹板结合部位的细节设计以及梁凸缘与机体的连接设计。梁（墙）结构特别是梁腹板型式的不同，使梁（墙）结构设计有很大差异。

梁（墙）类结构的铺层设计要根据弯矩、剪力及其分布特征进行。按许用应变设计各铺层方向的铺层数，按稳定性要求优化铺层顺序（尽可能用对称层铺层），根据各切面强度，可局部修改铺层比例和顺序。

（1）立柱加筋腹板梁设计要点。

采用立柱加强梁腹板，可以提高梁腹板承受剪切载荷能力和梁腹板的稳定性，制造装配工艺简单。立柱加筋腹板梁大多采用 L 形或 T 形剖面立柱。立柱间距由腹板剪应力和腹板稳定性条件确定，一般与肋间距相协调。腹板与立柱铺层组合设计可采用腹板与立柱铺层互不相关设计方案，如图 5-25(a) 所示；也可采用立柱铺层"埋入"腹板铺层中的设计方案，如图 5-25(b)所示。

（2）夹层结构腹板梁设计要点。

夹层结构腹板梁设计包括梁凸缘、夹层结构腹板及它们的结合细节设计。梁凸缘铺层设计按各切面弯矩进行。夹层结构腹板的铺层设计要点如下：

图5-25 立柱加筋腹板梁铺层组合设计方案

(a)腹板与立柱铺层互不相关;(b)立柱铺层"埋入"腹板铺层中

1)根据梁腹板的剪力,确定±45°的铺层数,以提高抗剪能力。

2)根据梁腹板的压塌力要求和泊松比控制,确定90°层和0°层的层数。

3)夹层腹板的面板可采用不对称铺层,但对整个夹层腹板应当为对称铺层。

4)梁腹板应进行稳定性校核。

5)腹板面板的铺层延伸到梁凸缘,并与梁凸缘铺层相协调。此方案要采用共固化成型,不仅工艺难度大,而且没有组装容差。

6)将凸缘和夹层结构腹板连在一起。工艺简单,但工艺程序多、质量增加。

7)采用Ⅱ形梁凸缘,Ⅱ形梁凸缘两个支脚形成对梁夹层结构腹板的夹持,过盈黏结夹持配合,工艺简单连接可靠,结构效率高。

(3)正弦波腹板梁设计要点。

正弦波腹板梁是目前在复合材料翼面结构中已采用并有广泛应用前景的结构形式,用在无人机机体结构上,既可用于梁元件又可用于抗坠毁系统结构,还可用于隔框腹板。正弦波腹板有圆形波纹板及其演化的弓形波纹板两种形式,其特点不仅结构质量轻、刚度大、稳定性好,而且易于制造。

确定正弦波构形是正弦波腹板梁设计的关键。正弦波构形确定主要应考虑以下因素:

1)穿透梁凸缘厚度的紧固件的直径和紧固件间距。

2)要求的螺母类型。

3)腹板波形平直部分或近似平直部分的宽度(临界载荷要求)。

正弦波腹板梁典型横剖面如图5-26所示。除前梁和后梁外,中间各梁的腹板由两层45°织物铺层夹一层90°单向带(梁轴线方向为0°方向)共3层构成。织物±45°纤维用以传递剪切载荷,而90°单向带用以提供垂直方向刚度,承受蒙皮上的气动载荷和燃油压力载荷。

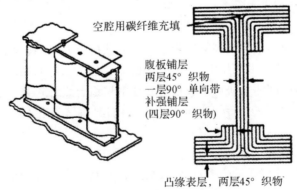

空腔用碳纤维充填

腹板铺层
两层45°织物
一层90°单向带
补强铺层
(四层90°织物)

凸缘表层,两层45°织物

图5-26 正弦波腹板梁典型横剖面

梁凸缘铺层,由图 5-26 可见,腹板 45°织物铺层折叠为梁凸缘铺层,同时在腹板两侧,每侧各增加 4~5 层 90°(0°)织物加强层。梁凸缘表层为两层 45°织物。铺层之间的空腔用碳纤维充填。

3.隔框类结构件设计要点

无人机机身隔框类结构件主要是指骨架结构中的横向结构件,是机身结构的横向承载和维形的主要结构件,其结构通常主要由框缘、加强筋及腹板组成。机身框的功能与机翼中肋的功能相似,起到机身主要传力及承力作用。隔框类结构件的框缘及加强筋是隔框的主要受力部位,在结构传力中起主导作用,腹板能够承受一定的面内剪力和正应力。同时,为了减轻结构质量,满足电缆铺设等要求,通常在隔框腹板处开出一些孔洞。

从受力的观点来看,隔框分为普通隔框和加强隔框两类。普通隔框用于维持机身外形和固定蒙皮、桁条;加强隔框用于承受来自机翼(或旋翼)、尾翼(或尾桨)、起落架、发动机和货物的集中力,并把这些力传到蒙皮上。隔框在自身平面内刚度较大,借助于蒙皮能很好地承受自身平面内的横向弯曲。

(1)普通隔框设计要点。

无人机机身普通隔框结构的作用是保持机身外形,支持蒙皮,提高蒙皮的稳定性,以利于承受局部空气动力载荷,它所承受的载荷不大,一般采用板材分段弯制而成,其外缘形状以机身截面相似,内缘往往以机身内部布置相协调,这样内、外缘之间的距离是变化的。为了保证隔框的强度,内、外缘隔框都有翻边,另外,为了减轻质量,框的腹板上都有许多开孔。由于普通框的整体刚性较差,装配时通常将普通框的一部分与桁条和蒙皮先组成壁板,然后在部件装配和总装配时形成整体的隔框。

无人机机身普通隔框结构件实例如图 5-27 所示,其功用主要是维持机体结构外形。因此,普通框与机体纵向桁梁相交处,一般都在普通框的框凸缘上开一个缺口,保证纵梁直接穿过。机身隔框横截面为槽形,框腹板为环氧,框凸缘由纤维交替铺设而成,框的上部截面在两个拐角处是连续的。无人机机身普通框的设计要点:

1)满足对蒙皮壁板的支持刚度要求。

2)铺层设计要求原则上与梁(墙)结构件相同,但框凸缘较弱,一般由腹板铺层单面翻边而成,弯边宽度为 18~20mm。

3)在满足强度、刚度的前提下,框腹板可开一些孔,以利于减重。

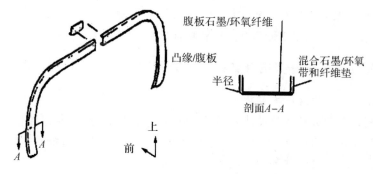

图 5-27　机身普通隔框结构示意图

（2）加强隔框设计要点。

无人机机身加强隔框除了具有普通隔框保持气动外形的作用之外，主要功用是将装载的质量力和其他部件上的载荷，经连接接头传递到机身结构上，将集中力加以分散，然后以剪流的形式传给机身蒙皮，所以它是一个在集中力和分布剪流作用下平衡的平面结构。与普通框相比，它的尺寸和质量都比较大。加强框的结构形式与机身外形、内部装载布置、集中力大小、性质以及支持它的机身结构的特点有密切关系。从受力形式上看，加强框基本分为环形框和腹板框两大类。

无人机机身加强隔框结构件实例如图 5-28 所示，为工字形剖面结构。复合材料加强框结构设计应保证在外部载荷作用下隔框变形很小，以保持足够的机体几何空间，满足设计要求。因此，在集中载荷作用部位的隔框均采用加强框；结构不连续的地方（如大开口舱门等处）、结构有转折处以及结构的对接框，一般也采用加强框。加强框数量直接关系到机体结构质量，因此要合理安排，控制数量。

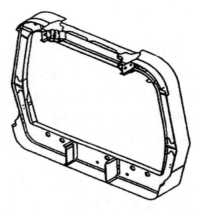

图 5-28　机身加强隔框结构示意图

无人机机身加强框的设计要点：

1）满足机身结构总体或局部承载要求和满足相应的强度要求。

2）满足抗坠毁系统变形和对蒙皮壁板的支持刚度要求。

3）应考虑集中力扩散问题，必要时可采用铺设角盒筋条等增加支撑刚度。

4）铺层设计要求与梁结构件相同，框与梁的相交处要精心设计，既应保证梁凸缘结构受力连续，又应保证框凸缘受力连续，不出现间断。

5）通常选用碳纤维、高温 180℃ 固化环氧复合材料。

5.4.3　壁板组合与筒壳机身结构设计方案对比

1. 壁板组合机身结构设计方案特点

复合材料壁板组合机身结构设计方案是按照上部壁板、左侧壁板、右侧壁板和地板/龙骨结构 4 大区域载荷和结构特点，将机身筒壳体分成 4 块壁板分别设计制造，然后组装连接在一起形成机身筒壳体。该设计方案的特点有以下方面：

（1）优点。

1）可以按各分区壁板结构设计特点分别进行各壁板优化设计。

2)壁板成型制造相对简便,并且可以将壁板做得尽可能地长,以减少筒壳分段引起的对接连接量。

3)便于维护修理,甚至可以更换整块壁板。

4)可以充分利用、借鉴原用金属材料机身结构设计的经验。

5)所用热压罐直径较小,而长度加长,制造设备投资相对可以削减。

(2)缺点。

1)机身组装工作量大,连接件数量大增,带来结构增重。

2)组装设备投资大。

2. 整体筒壳机身结构设计方案特点

复合材料整体筒壳机身结构设计方案立足分析利用复合材料纤维铺放/缠绕成型工艺,将机身段设计成整体筒壳。该设计方案的特点有以下方面:

(1)优点。

1)整体筒壳机身大大减少了连接件数量,可达到明显减重、减少装配、降低成本的预期目的。同时,还可提高组装精度,减少公差,垫片用量也显著减少。

2)机身的气密性以及疲劳和耐腐蚀性能大大提高。

3)整体筒壳机身结构可以采用纤维铺放技术实现自动铺层,大幅度提高生产效率,减少装配,机身结构减重 20% 以上。

4)整体筒壳机身结构设计方案可使机身减少大量零件。

(2)缺点。

1)难以实现机身筒壳体结构不同结构设计区域的铺层优化设计。

2)较大损伤修补困难,结构抗坠毁系统问题有待解决。

3)热压罐尺寸大,工艺设备投资大。

目前,虽然非热压罐工艺成型的复合材料所占的比例越来越大,但航空飞行器复合材料成型工艺依然以预浸料/热压罐复合材料为主。热压罐成型技术是高性能树脂基复合材料的主要成型技术,其优点是成型的复合材料性能最好、质量稳定,并适合大型复杂外形复合材料构件的成型。缺点是设备投资大、能耗高和制造成本高。总体来说,世界上航空工业制造比较发达的国家,预浸料/热压罐复合材料的制造过程基本完全实现了自动化、数字化生产。

根据最新的航空飞行器复合材料机身结构整体化制造实践经验表明,预浸料/热压罐整体成型的工艺方法,包括共固化、共黏结、接黏结共固化(蒙皮先固化)和黏结共固化(帽形筋先固化)四种是最基本、最常用的技术,表 5-2 表示了复合材料机身典型结构采用这四种方法的比较。

表 5-2　机身典型结构成型工艺方法比较

序　号	共固化	优　点	缺　点	工艺风险
方法一	共固化	工序少,可以较好地保证帽形筋与蒙皮的黏结,配合固化变形小	工装设计加工难度大,单个零件超差将引起整个结构部件报废	工艺性差

续表

序 号	共固化	优 点	缺 点	工艺风险
方法二	黏结共固化（蒙皮先固化）	蒙皮先固化,蒙皮成型质量容易控制	帽形筋的制造、组合工装设计加工难度大,工装成本增加	工艺性差
方法三	黏结共固化（帽形筋先固化）	帽形筋单独固化,成型质量容易保证,帽形筋黏结定位简单、可靠,模具成本相对较低	蒙皮内表面成型质量及孔隙率控制难度加大	工艺技术比较成熟
方法四	二次黏结	帽形筋与及蒙皮均单独固化,单个零件质量成型质量容易保证,组装、定位简单	工序较多,工序成本增加,黏结过程帽形筋与蒙皮黏结配合面精度很难保证	工艺技术比较成熟

综合考虑表 5-2 所列四种方法,采用方法三的工艺方法,即先成型帽形筋,再与蒙皮预成型体黏结共固化比较好。这种工艺技术比较成熟,且已在机身结构制造上得到验证,可靠性较高,帽形筋的黏结定位简单,整体成型经济性好。

5.4.4 多旋翼微型无人机机身结构设计要点

1.多旋翼微型无人机机身结构的特点

多旋翼微型无人机机身大多都采用支架式结构,机身和起落装置融为一体,结构比较简单实用,通常称为机架。机架作为多旋翼无人机飞行和垂直起降的基础平台,所有的部件和设备都要安装在它的上面。机架下方安装有起落架,用于支撑全机重量,避免螺旋桨离地太近而发生触碰,以及消耗和吸收四旋翼无人机在着陆时的撞击能量,采用的材料大多为碳纤维复合材料。

图 5-29 是一个典型机架的结构示意图,从图上可以看出,机架主体（机身）结构主要以托架（或托架板）为基础,外形通常做成长方形或椭圆形盒子形状,可将飞控板、电调、电池等机载设备固定安放其中。托架是机架主体（机身）主要的承受外载荷的结构件,在托架上安装有从机架主体（机身）伸出的几根碳纤维复合材料管,其顶端用于安装电动机和螺旋桨,起到飞行中产生升力的作用。在托架上还安装有向下方伸展的碳纤维复合材料支架（起落架）,起到垂直起落时在地面支撑整个机体的作用。

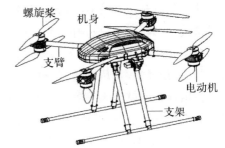

图 5-29 多旋翼微型无人机机架结构示意图

2.多旋翼微型无人机机架结构设计

选择多旋翼微型无人机机架材料时,要综合考虑价格、结构强度及性能要求。通过对比分析,得出结论是:采用碳纤维圆管作为机架是最佳选择。因为圆管材料的强度较方管更有保障,且不易变形,从而可以使机架承受多种外力,对弯矩的削弱也很有限。此外,由于碳纤维复合材料具有优良的特性（高比强度、高比刚度、可设计性强、疲劳性能好、耐腐蚀等）,可以大大降低整个机架的质量,有效提高支臂和支架的结构强度,对于启动电机瞬间的抗突变扭力很有帮助,支撑效果好,且结构稳定。

为了把各个碳纤维圆管连接起来,并固定到各自的位置上,通常采用航空层板作为托架和主要拼接材料。通过渗胶、浸渍、干燥、热压等工艺进行加工,即可得到结构强度较好的机架,能满足多旋翼微型无人机机体结构设计要求。

机架组装完成后应该考虑的问题如下:

1)飞控安装的位置(可以同时考虑飞控的方向的朝向),以飞控为中心考虑其他部件的安装。

2)电调安放的位置和电调的电源线及信号线的走线方式。

3)电机的安装位置。此时,要注意机架上固定电机的螺孔及螺丝是否符合规定。同时,还要注意电机安装桨后,两桨是否会有交叉。

4)其他设备的安装。例如,安装接收器或全球定位系统需要考查是否有安装这些部件的位置,要既不影响原本走线方式,也不会妨碍桨的旋转,同时不受其他部件的电磁干扰。

习　题　5

1.无人机机身有什么功用? 无人机机身结构设计有哪些要求?

2.简述无人机机身外形。机身分段有哪些基准?

3.作用在无人机机身上有哪些载荷? 分别说明固定翼与旋翼无人机机身的受力特点。

4.无人机机身典型结构有哪些?

5.简述无人机机身垂直载荷和水平载荷传力分析的内容。

6.什么是无人机机身开口? 说明机身开口有哪些类型及其补强设计的方法。

7.什么是复合材料结构整体化设计?

8.简述复合材料整体化结构的特点、设计步骤和一般原则。

9.薄壁结构机身结构有哪些类型? 说明其结构特点。

10.简述无人机复合材料机身壁板类结构件设计要点。

11.简述无人机复合材料机身梁(墙)类结构件设计要点。

12.简述无人机复合材料机身隔框类结构件设计要点。

13.复合材料壁板组合机身结构和整体筒壳机身结构两种设计方案各有何特点?

14.简述多旋翼微型无人机复合材料机身结构设计要点。

第6章 固定翼无人机复合材料机翼和尾翼设计

本章主要内容包括以下方面：

(1)固定翼无人机机翼结构的基础知识。

(2)复合材料机翼结构设计与制造工艺。

(3)复合材料翼面结构综合优化设计。

(4)复合材料机翼典型结构件设计。

(5)固定翼无人机复合材料尾翼结构设计。

6.1 固定翼无人机机翼结构的基础知识

机翼是固定翼无人机的重要部件之一,安装在机身上,一般分为左右两个翼面,对称地布置在机身两边。其最主要作用是产生升力,以确保固定翼无人机能够升空飞行,并达到总体设计中所规定的飞行性能和机动性能。当它具有上反角时,可为固定翼无人机提供一定的横侧稳定性。

6.1.1 机翼的功用、形状和构造

1. 机翼的功用要求

机翼是固定翼无人机的升力面,用来产生升力,保证固定翼无人机在战术技术要求所规定的所有飞行状态下的飞行性能和机动性能。机翼产生升力的工作原理如图 6-1 所示。机翼的剖面(机翼弦平面)称为翼型,从图 6-1 可以看出,翼型上下表面形状是不对称的,固定翼无人机在空中飞行的时候,机翼将气流切割成上下两个部分,空气沿机翼上表面运动的距离更长,自然流速更快,根据伯努利定理,速度越快,气压越小,这样机翼上下表面的压力差就提供了向上的升力。固定翼无人机向前飞得越快,机翼产生的气动升力也就越大。当升力大于重力时,固定翼无人机就可以向上爬升;反之,当升力小于重力时则可以下降。

有的机翼为对称形状,气流沿着机翼对称轴流动时,机翼两个表面的形状一样,因而气流速度一样,所产生的压力也一样,此时机翼不产生升力。但是当对称机翼以一定的倾斜角(称为攻角或迎角)在空气中运动时,就会出现与非对称机翼类似的流动现象,使得上下表面的压力不一致,从而也会产生升力。机翼的主要功用除了提供升力外,还提供固定翼无人机的横向稳定和操纵性,并用于安装起落架、发动机、燃油箱和外挂武器等。

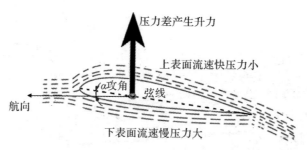

图 6-1　机翼产生升力的原理示意图

众所周知,现代航空飞行器载质量是非常大的,例如世界上最大的固定翼民航旅客机波音787,空重 115 000kg,最大起飞质量 247 000kg,机长 68m,翼展 60.17m,实用升限 13 106.4m满载航程 14 140km,它变体机型中典型的三层座位设计能容纳 242~335 名乘客。人们不禁要问:"为什么机翼能够承受如此大的质量?"这是个相当难以回答的复杂问题,因为它涉及面很广,涉及空气动力学、结构力学、气动弹性力学、材料科学、结构设计,以及制造工艺和试验验证等多学科。但是,对于波音 787 民航旅客机而言,它与其他民航旅客机相比较,最大的优势就是机翼使用了非常先进的高性能复合材料,然后针对这些复合材料进行了相关的结构设计和优化。

因为机翼是确保固定翼无人机能够升空飞行的最重要的关键部件,所以其作用至关重要。机翼的承重及其他性能与材料科学和结构设计密切相关,因此机翼结构设计中材料的选择就显得特别重要。目前,制造固定翼无人机机翼的材料主要有两种:金属材料和复合材料,其中一般固定翼无人机全金属机翼的结构质量占全机结构质量的 30%～50%,占全机质量的8%～15%,它产生的阻力是全机阻力的 30%～50%;如果改用复合材料制造机翼,机翼的结构质量可减轻 30%左右,进而使燃油消耗量降低 10%～15%。

机翼材料的选择很重要,目前固定翼飞机的机翼的设计趋势是采用复合型材料,如波音787 机两个长达 30 多米的机翼采用的是全复合材料。现代固定翼无人机的各种机型的机翼更是清一色地全部都采用全复合材料,而且是多种层次的,比如机翼的骨架、蒙皮等都采用了高比强度、高比模量的复合材料。

机翼除了要满足对整个固定翼无人机结构的总体设计要求以外,还应满足以下要求:

1)保证在任何飞行状态下的升阻比不小于规定值。

2)机翼增升装置产生的升力系数增量值要尽可能地大。

3)保证满足全机飞行过程中的稳定性和操纵性要求。

4)保证满足机翼结构的气动弹性特性要求。

5)机翼盒段的容积要尽量大,以便放置燃油箱和各种装载物。

6)要满足防冰、雷击、鸟撞等其他设计要求。

2.机翼的基本构造

固定翼无人机的外观最凸显的部分就是机翼,机翼的主要作用就是为固定翼无人机提供升力。一般梁式机翼的基本构造是由骨架和蒙皮组成的薄壁加筋壳体,如图 6-2 所示。机翼主要的受力构件由蒙皮和骨架构成,其中骨架又是由翼梁、纵墙、桁条和翼肋等构件组成的。机翼上的增升装置(前缘缝翼和襟翼)用于改善固定翼无人机的起降性能,副翼和扰流片用于固定翼无人机的横向操纵,挂架用来固定发动机。机翼的内部空间常用来安置武器、弹药仓、油箱(储放燃油)和其他部件,以及在飞行中收藏起落架等。

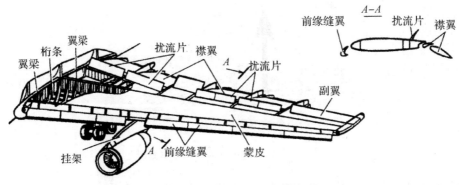

图 6-2　机翼基本构造示意图

6.1.2　机翼的受载

1.作用在机翼上的外载荷

作用在固定翼无人机机翼上的外载荷主要有以下几类,如图 6-3 所示。根据外载荷形式划分,作用在固定翼无人机机翼上的外载荷有两种类型:一种是分布载荷,以气动载荷为主,还包括机翼本身结构的质量力,这是机翼承受的主要载荷形式;另一种是由各接头传来的集中载荷(力或力矩)。

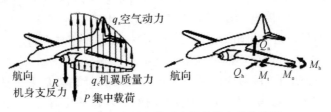

图 6-3　作用在固定翼无人机机翼上的外载荷

(1)空气动力载荷。

空气动力载荷 q_a 是分布载荷,直接作用在机翼表面上,形成机翼的升力和阻力,其中升力是机翼最主要的外载荷。在各种设计情况下,机翼的气动载荷的数值和分布情况是不同的,因此其合力的大小、方向、作用点相应地也不相同,并将影响机翼的受力情况。

(2)机翼结构的质量力。

机翼本身结构的质量力为分布载荷,其大小与分布情况取决于机翼结构质量的大小和分布规律。它的方向与升力相反,数值比气动载荷要小得多。

(3)其他部件、装载传来的集中载荷。

机翼上连接有其他部件(如起落架、发动机等)、副翼、襟翼等各类附翼和布置在机翼内、外的各种装载(如油箱、武器弹药等)。除了在以翼盒作为整体油箱情况下燃油产生的是分布载荷外,这些部件、装载一般都是以有限的连接点与机翼结构相连,因此,不论是起落架传来的地面撞击力或副翼等翼面上的气动载荷,以及部件、装载本身的质量力(包括重力和惯性力),都是通过接头,以集中载荷的形式传给机翼。其中有些力的数值可能很大。

2.气动载荷沿机翼展向的分布

当起落架和襟翼全部收起时,刚性机翼和柔性机翼上的气动载荷沿展向分布如图 6-4 所示。图 6-4 中的 C_{La} 是机翼的升力系数的斜率。在计算机机翼升力沿展向的分布时,通常从飞机的左右对称面开始算起,且假设机身部分的升力和被其覆盖的机翼部分的升力相同。

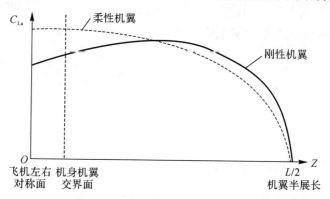

图 6-4　机翼气动载荷的展向分布

3.气动载荷沿机翼弦向的分布

气动载荷沿机翼展向方向单位长度垂直于机翼弦平面的气动载荷 q_b,如图 6-5 所示。在翼型平面上,把来流 V 与翼弦线之间的夹角定义为翼型的几何迎角,简称"迎角 α"。相对弦线而言,来流上偏为正,下偏为负。空气绕翼型流动视为平面流动,翼型上的气动力视为无限长桨叶在展向取单位展长所受的气动力。当气流绕过翼型时,它们将产生一个合力 q_b,合力的作用点称为压力中心,在来流方向的分量为阻力 q_x,在垂直于来流方向的分量为升力 q_y。

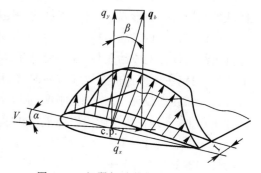

图 6-5　机翼气动载荷的弦向分布

4.机翼的质量力分布

机翼的质量力包括机翼结构的质量力和安装在机翼上的动力装置、起落架及装载物(如燃油、外挂等)的质量力。机翼结构的质量力为气动力的 8%～15%,也是分布力,可以认为其与气动力分布相同。质量力的合力作用点被称为质心,其在翼弦上的位置一般位于距前缘 40%～50%的弦长处。

安装在机翼内或悬挂在机翼上的各部件和装载物的质量为部件或装载物的质量。这些力作用在部件或装载物的质心上,通过与机翼结构的连接点以集中力的形式传递到机翼上。

5.机翼气动载荷分布及其变形图

为简单起见,作用在机翼上的分布气动力 q_a 和分布质量 q_m 的合力 $q(z)$ 表示,机翼犹如一根支持在机身上的薄壁悬臂管梁,$q(z)$ 作用在机翼的压心线上,如图 6-6 所示。机翼在 $q(z)$ 的作用下以刚心(c.g)轴为基准产生弯曲变形和主扭转变形,如图 6-7 所示。

固定翼无人机的飞行性能参数主要影响机翼的受载严重程度,翼载荷越大,机翼受到的弯矩越大。一般,翼载荷越大,固定翼无人机的飞行速度越快,机翼的相对厚度较小,机翼结构设计的难度越大。

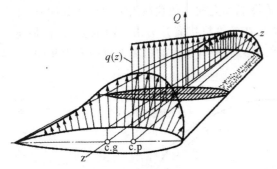
图 6-6　气动载荷沿翼展和翼弦方向的分布图

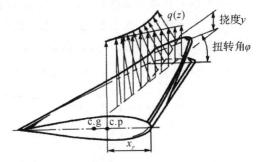
图 6-7　机翼在气动载荷作用下的变形

6.1.3　机翼结构设计的基本任务和内容

1.机翼结构设计的基本任务

机翼结构设计的基本任务是在飞机总体设计的基础上,设计出能满足各项要求的机翼结构。具体地说,机翼的结构设计是指根据给定的原始依据,按照机翼结构设计准则,合理地选择机翼结构的受力形式,布置机翼结构的主要受力构件,确定结构元件的数量和尺寸。

固定翼无人机机翼结构设计的基本任务与有人驾驶飞机机翼结构设计相同,主要包括熟悉机翼结构设计的原始条件、基本要求和设计规范等;进行机翼结构方案设计,包括结构受力形式的选择、主要元件的布置和材料的选用等。机翼结构设计过程基本上可分为两个阶段,即打样设计和详细设计。对强度、刚度、损伤容限、耐久性等设计准则的综合考虑应贯穿在整个设计工作中,只是在两个阶段中侧重点和深度、细化程度有所不同。

机翼采用复合材料结构是提高无人机结构效率,改善无人机气动弹性特性、飞行品质、控制特性的重要技术途径之一。复合材料机翼结构设计的基本任务是要充分发挥机翼主承力结构的作用,以承受多种高载荷,并产生无人机飞行所需的足够升力,确保无人机各项飞行性能的实现。复合材料结构通常具有优异的抗疲劳和抗腐蚀性能,耐久性一般不是设计考虑的主要因素,因此约束设计的主要因素是强度、刚度和损伤容限要求,其中刚度要求除了动特性外主要是稳定性问题。

2.机翼结构设计的内容

(1)打样设计。

在机翼结构打样设计阶段首先要确定机翼的结构、结构布局(即受力构件布置),选择分离面,以及初步确定主要构件的剖面尺寸等。以上工作主要在强度、刚度和损伤容限基础上进行,之后按耐久性设计要求,对一些重要的细节部位,特别是各重要承力构件之间的连接区进行耐久性打样设计。此外,还要进行机翼蒙皮的分块,各构件间的协调及连接形式的确定,维护检查口盖位置、大小的确定等。在进行这些工作时,除考虑上述各设计准则外,还必须注意综合考虑机翼结构本身的工艺性以及内部各种装载物、管道、电缆、附件等系统的位置协调和使用维护要求。最后把总体协调的结果绘在打样图上,并根据梁、翼肋和桁条的布置结果,详细绘制出机翼的结构理论图。

需要指出的是,上述有些工作是和飞机总体设计工作同时进行的。机翼结构形式和布局的确定必须在总体部位安排时,综合机翼、机身的情况,协同考虑。在论证过程中,对每一种方案均考虑了它在结构上实施的可能性和优缺点。总之不少设计工作往往需要经过多次的反复协调才能完成。

作为损伤容限、耐久性设计,本阶段主要从材料的初步选择、应力水平控制、结构布局和细节设计四个因素考虑,然后确定关键件,对关键件和重要细节进行初步分析,必要时还需配以一定的研究试验。在机翼结构打样设计阶段,一般总要经过多次的设计修改,才能最后完成打样设计。

(2)详细设计。

机翼结构详细设计阶段要进行机翼各结构元件如壁板(包括蒙皮、长桁)、纵墙、翼梁和翼肋等的结构设计。根据它们各自所受的载荷和协调条件,选择各元件的结构形式,合理地选择材料,确定其几何尺寸并选定构件间的连接方式,并对机翼结构进行强度、刚度校核计算及颤振校核等工作。

损伤容限、耐久性设计应对打样设计结果进一步深化、细化,除对结构件的总体尺寸和局部细节尺寸精确确定外,还要根据损伤容限和耐久性设计要求,对公差、表面粗糙度、表面处理及特殊加工工艺等进行精确控制。机翼结构分析人员则要进行更为深入细致的损伤容限、耐久性分析,完成必要的试验,并给出检查周期和经济寿命。

若最后设计已满足各项设计要求,即可发出全部生产图纸及其附属的技术文件。

6.2　复合材料机翼结构设计与制造工艺

机翼是固定翼无人机的主要承力结构,翼面外形复杂,因此在结构设计上有许多难点。机翼结构的设计和制造选用复合材料,不仅能保证机翼翼面的光滑和准确性,满足空气动力学要求,而且能提高机翼的强度、刚度和结构效率,以及改善气动弹性特性、飞行品质和控制特性等。

6.2.1　复合材料机翼设计的基本要求、结构形式与特点

1.复合材料机翼设计的基本要求

考虑到机翼复杂外形特征和制造工艺等因素,复合材料机翼结构设计基本要求有以下方面:

1)保证机翼外形准确、表面光滑。机翼的外形参数和翼型是在固定翼无人机总体设计阶段确定的,关系到无人机的飞行特性,机翼结构设计必须首先予以保证。

2)机翼翼面(外翼和中翼)按刚度(气动弹性)要求设计,机翼根部按强度要求设计。如果翼面刚度不足,不仅会影响机翼的气动特性和载荷分布,而且还会引起颤振、操纵面反效等气动弹性问题。因此,翼面设计多数按照刚度要求设计,同时,满足稳定性要求。机翼根部与机身的连接区载荷集中传递,又有起落架收藏大开口,形成高应力区,必须按强度要求设计。

3)强度和稳定性设计要求。所有的结构部件要满足100%设计极限载荷。低于100%设计极限载荷时不出现局部的壁板屈曲;低于115%设计极限载荷时不出现总体屈曲。

4)损伤容限设计要求。蒙皮壁板含勉强目视可见冲击损伤时,蒙皮壁板应能承受100%设计极限载荷;内部骨架和桁条,应能承受100%设计限制载荷;蒙皮壁板含目视可见冲击损伤时,应能承受100%设计极限载荷。

5)在满足刚度、强度条件下,还要满足使用寿命要求。

6)考虑武器发射动载荷响应和起落架着陆撞击载荷影响。

7)整体油箱设计满足密封、防静电、防雷击等要求。

8)对所有要求检查维护的部位都应有良好的可达性、使用维护性和可修理性。要求机翼部件上任意部位可检损伤能够用螺接补片修理,修理后要求结构在剩余的寿命期间能承受100%设计极限载荷。

2.复合材料机翼的结构形式

复合材料机翼结构形式,按翼盒结构形式大体可以分成以下几种情况:

1)复合材料蒙皮壁板、翼梁和翼肋与复合材料或金属主梁机械连接在一起形成翼盒。

2)复合材料蒙皮壁板、翼梁和翼肋与金属主翼梁机械连接在一起形成翼盒。

3)下翼面复合材料蒙皮与翼梁共固化成型,上翼面复合材料蒙皮、翼肋单独成型,再与复合材料或金属主翼梁机械连接组成翼盒。

采用机械连接的目的在于拆卸方便,易检查维修。

3.复合材料机翼的结构特点

复合材料的机翼结构特点取决于材料的选取,包括增强材料和基体材料,以及材料工艺、结构设计、成型工艺、制造工艺等。

(1)多墙(梁)机翼结构特点。

复合材料机翼多墙(梁)结构翼盒是由厚蒙皮、多墙(梁)构成的无桁条、少翼肋结构。蒙皮和墙(梁)凸缘承受弯矩引起的轴向力,如图6-8所示。

多墙(梁)腹板承剪、多闭室承扭,受力高度分散,局部刚度和总体刚度均较大,壁板抗失稳能力提高,破损-安全特性好,结构效率高。对复合材料机翼可缓解冲击损伤的影响,而且更适合于气动弹性剪裁设计,也有利于主要接头连接设计。

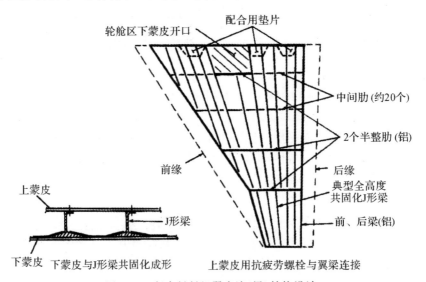

图6-8 复合材料机翼多墙(梁)结构设计

多墙(梁)结构翼盒对复合材料应用有利,蒙皮较厚,墙(梁)间距又小,抗冲击损伤能力提高;多墙(梁)分散了接头传递的集中载荷,有利于接头采用复合材料和接头连接设计。再有蒙皮和墙腹板可以共固化整体成型,减少连接件和明显减重。因此,目前复合材料机翼结构的传力路线布局主要采用多墙(梁)结构布局。其缺点是不宜大开口,与机身连接点多,工艺难度大,成本高。

(2)梁式多肋加筋板结构特点。

复合材料机翼梁式多肋加筋板结构翼盒的翼梁凸缘粗大,承受绝大部分弯矩;蒙皮较薄,主要用于承受扭矩引起的剪流,受压易失稳。桁条较弱、与翼肋相交时,桁条断开。前后梁之间有时增加辅梁或墙,以形成多闭室,提高抗扭能力和蒙皮稳定性。其优点是结构简单、内部空间大,开口方便。根部弯矩由双梁接头传力,载荷大,多为钛合金梁接头。其缺点是梁式结构翼盒复合材料蒙皮较薄,蒙皮对冲击载荷敏感,维护费用较高。

(3)格栅壁板机翼结构特点。

复合材料机翼格栅壁板机翼结构翼盒是由模块工艺制造的带纵横加筋的复合材料格栅壁板结构。这种结构优点是壁板可自动化生产,并具有格栅结构整体性好、抗损伤能力高等优点。其缺点是制造工艺需大量模块和专用设备,故应用十分有限。

复合材料格栅结构平直机翼上翼面蒙皮壁板如图 6-9 所示,是复合材料格栅结构设计应用的一个很有代表性的例子。上翼面从翼尖到翼根压缩载荷逐步增大;根部按强度设计成方形格栅承受高的轴向压缩载荷;中间部分为三角形格栅具有很好的稳定性;外端承载较小,加大肋间距(即格间距)进行优化设计,从而实现高结构效率。

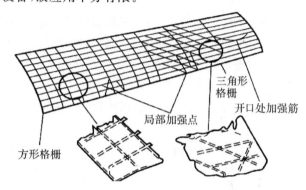

图 6-9　格栅结构平直机翼上翼面蒙皮壁板示意图

(4)设计/制造一体化、共固化整体成型。

复合材料结构件成型与材料形成同时完成的工艺特点,要求复合材料更加强调设计/制造一体化,共固化整体成型,对复合材料机翼大型部件更强调这一点。复合材料机翼结构采用紧固件连接装配工艺与采用共固化成型工艺对比列于表 6-1。

表 6-1　复合材料机翼结构紧固件连接装配与共固化成型比较

工艺方法	制造时间/(%)	装配时间/(%)	劳动量/(%)	总成本/(%)
紧固件连接装配	100	100	100	100
共固化成型	63.8	49	65.4	79
节　约	36.2	51	34.6	21

复合材料机翼翼盒,下翼面蒙皮与翼梁(墙或长桁)共固化成型、上翼面蒙皮单独固化成型,两者采用机械连接便于维护检查。共固化成型下半个翼盒有利于隐身和对燃油密封。

(5)正弦波腹板Ⅰ形剖面翼梁得到采用。

正弦波腹板Ⅰ形剖面梁,比传统的平腹板工字梁刚度大,稳定性好,而且加强件少,质量轻。F-22 机翼正弦波翼梁采用树脂传递模塑成型方法制造,零件数减少50%,制造成本降低

20％,质量也大为减轻。

(6)主接头为复合材料蒙皮壁板与钛合金翼梁接头机械紧固件连接。

机翼主要接头高应力区内复合材料蒙皮壁板和钛合金翼梁接头两种不同性质材料采用机械紧固件连接,出现不同许用应变、不同破坏机理材料多钉连接设计、不同性质材料制孔等难题。对于战斗机,复合材料机翼蒙皮壁板、翼梁、肋等零构件采用机械紧固件连接,大约需要加工5 000个或数量更多的孔。例如,一个F－22机翼组装用紧固件达7 000个,一机翼需打孔14 000个,工作量极大,而且要求配合精度高,需要专门的自动化制孔设备。

(7)复合材料整体油箱需要特殊的密封、防静电、防雷击措施和耐燃油,以及油箱可修性要求。

6.2.2　复合材料机翼结构设计与工艺特点

1.复合材料机翼结构设计流程

固定翼无人机复合材料机翼结构设计主要包括根据总体设计给出的气动要求,合理地选择机翼的承力结构形式,布置好机翼的主要受力构件,确定沿展向各剖面纵向元件的数量及几何尺寸等内容。一般复合材料机翼结构设计流程如图6－10所示,其主要内容包括以下方面:

1)根据设计指标要求选取合适的翼型和其他机翼外形参数,绘制机翼气动外形的计算机辅助设计模型。

2)采用计算流体力学软件计算机翼在典型飞行状态下的气动性能,检验设计方案是否满足气动设计指标要求。

3)进行复合材料机翼构型设计,建立机翼结构的详细几何模型。

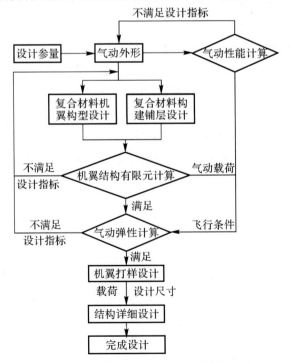

图6－10　复合材料机翼结构设计流程图

4)根据结构部件功能及载荷传递路线,设计复合材料部件铺层及其他结构参数。

5)建立机翼结构有限元分析模型,根据计算流体力学软件计算求得的典型飞行状态下的翼面气动荷载,并考虑设计要求的其他荷载如过载等,计算在典型飞行状态下机翼结构变形和应力/应变场分布,校核机翼结构的结构力学性能。

6)将符合强度/刚度设计要求的机翼结构进行气动弹性剪裁设计,以及进行复合材料机翼气动弹性计算,检验其是否满足气动弹性设计要求。

7)根据计算结果对机翼结构进行尺寸调整参数;减小设计部位的尺寸,有效地提高结构利用率,对结构应力/应变危险区域进行补强设计。重复以上计算步骤直至获得满足设计要求且质量最轻的复合材料机翼结构打样设计方案。

8)依照打样设计得到的结构尺寸对部件进行详细设计,并利用打样设计的有限元模型计算得到的载荷作为结构详细设计的作用载荷,对细节设计部件进行力学性能校核,完成复合材料机翼设计工作。

2. 复合材料机翼结构设计特点

固定翼无人机复合材料机翼结构设计要按照其材料性能的特点进行设计,这与金属结构机翼设计概念有很大区别。

1)在材料性能上,机翼结构常用的碳纤维复合材料主要性能特点是密度小($1.7\sim 2.1g/cm^3$),质量轻;模量高($200\sim 700GPa$),比模量大;强度高($3\sim 7GPa$),比强度大;疲劳强度高,耐疲劳,使用寿命长;自润滑,耐磨损;振动衰减性能优异,吸能减振;热膨胀系数小($0\sim -1.1\times 10^{-6}K^{-1}$),尺寸稳定性好;热导率高$[10\sim 160W/(m\cdot K)]$;耐腐蚀;不锈蚀;各向异性材料,设计自由度大,后续加工及复合性好;机翼结构零件数量少;加工和装配简单。基于碳纤维复合材料性能指标,在进行固定翼机翼结构设计时,设计师要充分了解及利用复合材料优异性能特点,并充分发挥复合材料在材料性能上的优势,以做到提高生产效率,减轻机翼结构质量,降低生产成本。

2)复合材料是非规范化的,与金属相比有较大的变异性,这就要求复合材料生产商需在其唯一的体系上提供具有显著优点的材料。每个唯一的系统都必须得到鉴定,以保证得到安全可靠的产品。

3)复合材料各向异性的力学特性大大扩展了机翼结构的可设计性,翼面气动弹性剪裁设计是复合材料机翼独特的设计技术,现已实现了工程化应用,例如美国 X-29 前掠翼先进技术验证机和俄罗斯 S-37"金雕"前掠翼战斗机(苏 47)的机翼就是由复合材料气动弹性剪裁设计制造的。这项技术在固定翼无人机复合材料机翼蒙皮设计中也将得到应用。

4)设计/制造一体化,机翼蒙皮加筋壁板、蒙皮与翼梁共固化整体成型。复合材料最大的一个工艺特点是零件制造和材料成型同时完成,要求复合材料机翼结构设计与材料设计同步、结构成型与材料制造同时完成,从而决定了复合材料构件设计—材料—工艺三者密不可分,在研制过程中必须实施设计、分析、制造的一体化,即要求复合材料设计/制造一体化,采用共固化整体成型,以实现减重和降低成本。

5)机翼—机身连接和发动机悬挂固定接头。机翼与机身连接实际上是外翼与中央翼盒连接,关键在于连接方式的选择。

机翼主接头承受高载荷,通常采用钛合金接头。钛合金接头与复合材料翼梁两种不同性质材料采用机械紧固件连接,出现不同许用应变、不同破坏机理、材料多钉连接设计、不同性质材料制孔等难题。

6)复合材料多孔连接需专用设备。复合材料机翼蒙皮壁板、翼梁、肋等零件采用机械紧固件连接,不仅要求制孔质量高、工作量极大,而且要求定位准、配合精度高,需要专门的自动化制孔设备。因为复合材料呈脆性材料特点,制孔过程易出现缺陷,若出现制孔问题难以补救。

7)复合材料机翼整体油箱需要特殊的密封、防静电、防雷击、防晃动等措施和耐燃油以及油箱可修性要求。机翼整体油箱应在无人机滑行、爬升、航行、着陆等各种载荷状态下和由内部充压引起的重复载荷下,在规定的期限内不应因发生漏油而不合格(期限不包括分散系数),停止使用。

3.复合材料机翼结构工艺特点

固定翼无人机复合材料机翼翼面上、下壁板整体共固化成型,使翼盒结构制造工艺与金属翼盒有明显差异,特点明显。

1)复合材料的材料性能与材料工艺密切相关,复合材料机翼的每个零部件都需要模具来生产,需要从材料和制造两方面来降低成本;复合材料机翼结构设计从一开始就要考虑结构应力集中的影响(拉伸和压缩)、冲击损伤容限、环境影响(湿热、闪电等)及复合材料结构修理等材料工艺因素。因此,无人机生产制造商对复合材料的原材料(碳纤维和树脂基体)制造厂商的选择至关重要,他们相互之间的合作很重要。

2)复合材料可构造成各种形式和形状,零件的固化是基体在持续的加热和加压作用下基体的聚合效应完成的,因此复合材料机翼的每个零部件的成型工艺、制造工艺及其制造质量决定着机翼结构承载能力。这就是说复合材料机翼结构的细节设计和结构设计方案的选取与成型工艺密切相关,工艺由规范控制,机翼结构细节设计的成败在很大程度上取决于产品制造厂商的工艺规范控制水平,各个环节都要有充分的试验作为依据。

3)复合材料机翼翼面上、下壁板有纵向加筋和纵横双向加筋两种壁板形式。纵向加筋壁板是将机翼展向长桁和梁缘条与蒙皮一起固化成型;纵横双向加筋壁板是将机翼展向长桁、梁缘条和弦向肋缘条与蒙皮一起固化成型。长桁通常有 T 形、L 形剖面结构形式。翼面上、下壁板采用共固化(共胶结或二次胶结)工艺整体成型,形成了结构刚度和强度优异的整体壁板组件。梁腹板为复合材料腹板、金属加强立柱结构;肋腹板多为金属加筋肋。

4)复合材料机翼翼盒制造工艺与金属机翼翼盒相比显著特点是上、下整体翼面壁板决定了工艺分离面选择和装配定位系统的确定。机翼设计分离面为机翼翼盒和结构组件。而复合材料机翼翼盒工艺分离面(装配单元)为上整体翼面壁板、下整体翼面壁板、前梁腹板、后梁腹板、翼肋腹板和金属角材连接件(供梁腹板与肋连接使用)。

5)上、下整体翼面壁板以其优异的刚度,不仅成为复合材料机翼翼盒的工艺分离面,而且复合材料机翼翼盒装配只能选择以整体壁板外形为装配基准的装配型架定位方法(或基准件定位方法)。为保证壁板、梁、肋装配协调,装配时,上、下整体翼面壁板以机翼外形、梁缘条平面和肋缘条平面为基准定位;上端肋和下端肋的装配以壁板内形和肋平面为基准定位;前、后梁腹板的装配之前、后梁平面和肋站位平面为基准定位,均按型架定位器定位装配。设计补偿不大于 0.5mm,一般在 0.3mm 左右。

如上所述,上、下整体翼面壁板的固化成型、变形控制对设计和模具提出了更严格更高的要求,即对设计/制造一体化要求更高了。

6.3　复合材料翼面结构综合优化设计

固定翼无人机复合材料翼面结构设计与金属翼面结构设计最大不同之处,在于充分利用复合材料刚度的方向可设计性和弯扭耦合效应,在满足结构强度、制造、装配等要求的同时,可使翼面结构在气动载荷作用下,产生有利于空气动力、总体、结构、操纵等方面的弹性变形,达到提高飞机性能(飞行品质)和获得最小结构质量(减重约 20%)的目的。

6.3.1　复合材料翼面结构综合设计

1.气动弹性力学的定义和稳定性

(1)气动弹性力学的定义。

机翼结构在空气动力作用下会发生弹性变形,这种弹性变形反过来又使空气动力随之改变,从而又导致进一步的弹性变形,这样就构成了一种结构变形与空气动力交互作用的所谓气动弹性现象。气动弹性对无人机的稳定性会产生显著影响,严重时会使结构破坏或造成飞行事故。因此,气动弹性问题是无人机设计中需要考虑的一个重要问题。

气动弹性力学是一门研究弹性体在气流中力学行为的学科,其任务是研究气动力和弹性体之间的相互影响,不仅要考虑气动力与弹性力之间的相互作用,而且还要考虑它们与惯性力之间的相互作用。换而言之,气动弹性力学所研究的各类气动弹性现象,不外乎起因于空气动力、弹性力和惯性力三者之间的相互作用。如图 6-11 所示的气动弹性力三角形,由弹性力和惯性力的相互作用为研究对象构成了结构动力学;以气动力和惯性力的相互作用为研究对象构成了刚体飞行力学;而把气动力和弹性力联系起来就形成了气动弹性静力学;当所论及

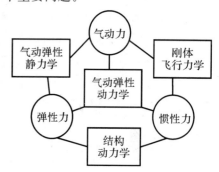

图 6-11　气动弹性力三角形示意图

的问题涉及气动力、惯性力和弹性力三种力时就构成了气动弹性动力学问题。由此可见,气动弹性力学这门学科跨越了三个完全独立的学科。

气动弹性力学经过半个多世纪的发展,形成了航空飞行器设计工程中一门既系统完整又不断发展的学科,它不仅在航空飞行器设计领域不断推出新的研究方向,而且其基本原理和基本理论也已经被拓展应用到土木工程、电力工程等民用工程的相关问题研究中,如在大风地区的高层建筑、大跨度桥梁、冷却塔和输电缆的设计时,都必须考虑气动弹性问题。

(2)气动弹性系统稳定性。

气动弹性力学主要关心的问题之一是弹性结构在气流中的稳定性。对于一定的结构,其空气动力将会随着气流流速的变化而变化,所以可能存在一个临界的流动速度。在这个速度下,结构变成不稳定的。这种不稳定性会产生极大的变形,并且会导致结构的破坏,这是在无人机设计中决不允许的。从稳定性这个角度出发,根据惯性力在所考虑的问题中是否允许忽略,又可把上述的不稳定性区分为静不稳定性和动不稳定性。前者主要是扭转变形发散,后者主要是颤振。

系统稳定性是指自由响应的收敛性,它是控制系统自身的固有特性,取决于系统本身的结

构和参数,与输入无关。判别平衡状态稳定性的准则有静力学准则、动力学准则和能量准则三种。

1)静力学准则。又称为微扰动准则,其要点是假设在分支点附近存在一个相差无限小的平衡状态,它与原平衡状态的差别可以看成微扰动(即变分),列出微扰动的微分方程,问题就归结为微分方程的本征值问题,解出本征值,便可得到系统失稳的条件。

2)动力学准则。其要点是如果系统偏离其平衡位置,但总可以找到初始值,使得在以后的运动中不越出某些预先规定的界限,就可认为系统处于稳定平衡状态。

3)能量准则。其要点是如果弹性系统和外载荷组成的力学系统的总势能相对于所有相邻状态是最小的,则系统处于平衡状态。

(3)临界稳定状态。

系统临界稳定状态是指若系统在扰动消失后,输出与原始的平衡状态间存在恒定的偏差或输出维持等幅振荡,则系统处于临界稳定状态。处于临界稳定,或接近临界稳定状态的稳定系统,分析时依赖的模型通常是简化或线性化的,或者实际系统参数的时变特性等因素的影响,在实际中可能成为不稳定的系统,因此,系统必须具备一定的稳定裕量,以保证其在实际工作时处于稳定状态。在经典控制论中,临界稳定也视为不稳定。

2.复合材料翼面结构综合设计的定义和过程

(1)翼面结构综合设计的定义。

复合材料翼面结构综合设计技术是充分发挥复合材料设计潜力,实现预期设计目标的一项支撑技术。它利用结构分析技术、优化技术和计算机技术,实现质量、强度、材料、工艺、总体、气动、振动、静气动弹性、减振、主动控制等多种矛盾的需求在复合材料翼面结构上的最佳综合。

(2)翼面结构综合设计的过程。

复合材料气动弹性剪裁优化设计是利用复合材料层合板的刚度方向性和耦合效应控制翼面结构气动弹性变形,以提高静、动气动弹性特性的一种以最小质量为设计目标的优化设计方法。根据固定翼无人机设计的具体情况,可以期望改善气动弹性稳定性(提高发散速度和颤振速度)、提高升阻比、减缓机动载荷等。美国前掠翼飞机 X-29 是复合材料气动弹性剪裁优化设计的典型成功范例。固定翼无人机设计中对综合优化设计有以下三个基本要求:

1)工程化。优化结果的可用性要好,不同设计阶段的变量、优化目标、对结果保真度要求不同。固定翼无人机是设计出来的,大量的工程设计经验需要进行数值表达。

2)流程化。固定翼无人机作为工业化程度很高的产品,设计的质量必须靠严格的流程保证,而非个人的能力发挥,这就要求固定翼无人机设计中实现基于工具的流程化。

3)虚拟化。利用计算机辅助工程虚拟仿真技术对材料数据和工艺数据进行数学与力学建模。

3.复合材料翼面结构综合设计的方法

按照气动弹性要求设计翼面的刚度特性即气动弹性剪裁,需要采用计算机设计程序进行设计。气动弹性剪裁设计主要涉及三个方面:复合材料(结构)力学、结构气动弹性特性和优化设计。复合材料翼面结构在静力、振动、位移、舵面效率、发散速度、颤振、尺寸限制等多种约束条件下的最小质量设计是一项综合优化设计技术。在满足许用应变、尺寸限制、均衡、颤振速度等约束条件下,综合优化设计可获得最佳铺层设计结果,最大应变小于许用应变;按许用应变设计的复合材料翼面蒙皮构件可满足耐久性/损伤容限要求;颤振速度提高,结构质量减轻。

翼面结构综合设计主要分析方法有以下方面:

1)用位移有限元法进行结构静、动响应分析。

2)采用亚声速升力面理论中的空间偶极子-马蹄涡格网法计算非定常气动力,用 v - g 法计算颤振速度。

3)采用核函数法计算气动力影响系数。

4)对尺寸限制、应力、应变、位移、振频、舵面效率、发散速度和颤振速度等约束条件进行范化及筛选处理。

5)采取以解析法为主,差分法为辅的敏度求解策略。

6)采用变量偶合、敏感元素、约束临时删除、一阶台劳级数近似等简化措施。

7)采用数学规划法(Newsumt)进行优化计算。

6.3.2　复合材料机翼气动弹性剪裁设计

复合材料机翼气动弹性剪裁设计是一个研究专题,涉及气动、结构、动力学和飞行力学等多学科综合。

1.机翼气动弹性剪裁的定义

机翼气动弹性剪裁是通过复合材料的刚度方向性及其弯扭变形耦合来控制翼面结构的静力和动力气动弹性变形,从而提高固定翼飞机飞行性能的一种结构优化方法。飞行性能主要是指航程、飞行包线、机动性能、操纵安定性能及稳定性等,其中相当一部分依赖于气动弹性性能的改善,主要是指提高扭转发散速度、提高操纵效率、提高颤振速度、改善静稳定性、减缓机动载荷、提高升阻比、改善升阻曲线特性等。

复合材料气动弹性剪裁原理上是考虑气动弹性约束的一个结构优化设计问题,其数学模型从结构优化的角度可归结为寻找满足静、动强度及气动弹性等多个约束条件的结构参数设计变量,使要求的目标函数(一般为结构质量)最小。因此,对于航空飞行器结构设计中常采用的层合复合材料结构,由于其铺层的可设计性,一般选取复合材料铺层方向角和铺层厚度等参数为结构设计变量,选取结构质量最小为目标函数,约束可以是应力、应变、位移、舵效、发散速度和颤振速度等约束以及结构参数取值的边界约束。

机翼气动弹性剪裁的理论基础主要包括两个方面,即力学特性和优化技术。力学特性主要指的是复合材料的各向异性特性及层合板的刚度耦合特性,尤其重要的是,弯扭刚度耦合,这种交叉耦合是气动弹性剪裁得以实现的基本因素。优化技术包括各种数学规划法和优化准则法以及如今各种先进的优化算法,为了充分利用复合材料的刚度方向特性,必须根据层合板的各项参数所起的作用寻求优化组合。

复合材料气动弹性剪裁技术最早是针对前掠翼固定翼飞机提出的,并已在前掠翼固定翼飞机上成功应用,例如美国前掠翼验证机 X - 29 和 S - 47 均是复合材料气动弹性剪裁优化设计的典型成功范例。虽然 X - 29 和 S - 47 验证了采用改变复合材料的铺层方向的方法,可以产生所需的弯扭耦合效应,从而克服诸如扭转发散等问题并使翼面得到独特的气动特性。但是前掠翼结构会带来另外两个问题:一是稳定性不好;二是机翼根部极其容易疲劳。这是美国后来没有继续发展实用型的前掠翼飞机的主要原因之一。

2.后掠翼气动力特点

机翼按其刚轴与机身轴线的关系分为平直翼、后掠翼和前掠翼。刚轴是机翼各翼剖面的刚心连线。目前,平直翼主要用于低速飞机,后掠翼广泛应用超声速飞机中,而具有优良的大迎角气动特性的前掠翼应用极少。因为在前掠翼设计中遇到了致命的扭转发散问题,即静气动弹性不稳定问题。

后掠翼是现今超声速飞机广泛采用的机翼平面形状,机翼后掠不仅可以有效地提高飞机临界马赫数,而且可以降低超声速飞机的波阻。图 6-12(a)所示为未经剪裁的后掠机翼,其主刚度方向沿后掠角方向,取其中剖面 $A—A$,当机翼在升力作用下产生弯曲变形后,该剖面相对气流会附加一个低头的扭角,从而降低升力。这种弯扭耦合特性称为"外洗",显然,此时副翼操纵效率会发生降低。

而对于图 6-12(b)而言,纤维方向相对主刚度方向进一步后掠,由于方向刚度的作用,使其剖面 $A—A$ 在机翼向上弯曲同时,产生一个相对气流的抬头扭角,从而增加升力。这种弯扭耦合特性称为"内洗",显然,"内洗"可以提高副翼效率。

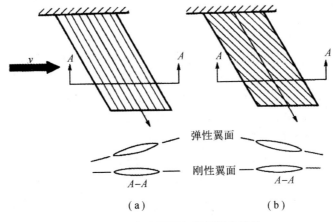

图 6-12 方向刚度与弯扭耦合特性
(a)外洗;(b)内洗

"外洗"通过调整方向刚度前掠,有利于机动载荷减缓,防止静发散,减小诱导阻力;而"内洗"通过调整方向刚度后掠,可提高舵效和升力效率,提高颤振速度。以提高副翼舵效为目的,对复合材料机翼进行气动弹性剪裁设计,应使其刚轴向"内洗"方向移动。刚轴内洗效应使得机翼在弯曲的同时会发生抬头扭转,从而一定程度上减弱,甚至抵消副翼偏转引起的机翼低头扭转效应,达到提高副翼舵效的目的。

但是,从另一个方面来说,大后掠角带来翼尖"失速"的坏处。后掠翼外洗气流使得机翼边界层(也称附面层)从翼根到翼尖逐渐变厚,在翼尖处造成气流分离,如图 6-13(a)所示。气流分离后,升力降低而造成失速现象。翼尖失速发生后,会不断从翼尖向机翼中部和根部扩展。失速的面积越来越大,可能使副翼效率大大降低,影响操纵稳定。为此,通常采用的方法是在翼面上增加有一定高度的顺气流方面"翼刀",如图 6-13(b)所示,以减小外洗气流影响。此外,后掠翼和低速性能要求相互矛盾,低速性能差,起飞和着陆滑跑距离加长。

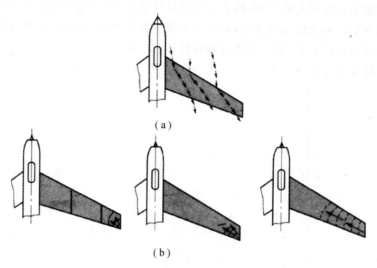

图 6-13　后掠翼翼尖"失速"扩展示意图

(a)外洗引起的翼面气流转向；(b)翼尖失速发生和扩展过程

3.气动弹性剪裁设计混合多级优化方法

气动弹性剪裁设计混合多级优化方法以减重为目标,满足机翼颤振速度的约束,优化蒙皮各铺层的比例,采用遗传算法优化蒙皮的铺层顺序,不仅可以减轻机翼的结构质量,还能大大提高机翼的颤振速度。

(1)理论基础。

1)模态分析。模态分析是研究结构动力特性一种近代方法,是系统辨别方法在工程振动领域中的应用,在飞行器颤振分析中应用广泛。模态分析的一般方程表示为

$$[\boldsymbol{K}-\lambda\boldsymbol{M}]\boldsymbol{\phi}=0 \tag{6-1}$$

式中,$\boldsymbol{K}$ 和 $\boldsymbol{M}$ 为系统的刚度矩阵和质量矩阵;λ 和 $\boldsymbol{\phi}$ 分别表示特征值和特征向量。

2)颤振分析。颤振速度的工程分析一般有 2 种方法,即 p-k 法和 v-g 法。p-k 法的数值稳定,不会像 v-g 法那样有时出现"曲线回绕"现象,较适合于优化设计。

p-k 法处理如下形式的颤振方程:

$$\left\langle \overline{\boldsymbol{M}}p_{\mathrm{c}}^{2}+\left[\overline{D}-\frac{1}{4}\rho_{a}c_{\mathrm{ref}}V\boldsymbol{Q}_{\mathrm{I}}(k,M_{\infty})/k\right]p_{\mathrm{c}}+(\overline{\boldsymbol{K}}-\frac{1}{2}\rho_{a}V^{2}\,\boldsymbol{Q}_{\mathrm{R}}(k,M_{\infty}))\right\rangle q=0 \tag{6-2}$$

式中,$\boldsymbol{Q}_{\mathrm{R}}(k,M_{\infty})$ 为广义气动力矩阵的实部,即模态气动刚度矩阵;$\boldsymbol{Q}_{\mathrm{I}}(k,M_{\infty})$ 是广义气动力矩阵的虚部,即模态气动阻尼阵;p_{c} 为特征值;k 为减缩频率。

(2)基于 BLISS 算法。

混合多级优化算法是基于 BLISS 算法,结合复合材料气动弹性剪裁设计的特点,将设计变量和设计约束分离开来,充分利用复合材料的性能,首先对系统设计变量赋初值,然后通过循环来改进设计变量达到最优。每次循环都由两步组成:第 1 步冻结系统层变量,对子系统层内的局部设计变量进行独立的、并行的、自主的优化;第 2 步在第 1 步的基础上,优化系统层的变量以达到更进一步的优化。

对于复合材料后掠机翼的气动弹性剪裁问题,根据设计变量对结构性能的影响来看,分为两种设计变量:

1)总体性能影响比较大的变量,称为系统层设计变量,如蒙皮的厚度和翼肋的厚度。

2)对总体性能影响比较小的变量,称为子系统层设计变量,如复合材料铺层的顺序。

从约束的复杂程度来看,也分为比较容易计算的约束,如强度和变形,以及难计算的约束,如颤振速度。优化系统分为三个层次:静强度优化、铺层比例优化和铺层顺序优化,以期最大程度的利用复合材料的结构性能。

(3)优化系统层次的划分。

1)第1级静强度优化。以减重为目标,仅需要满足位移、扭转角、强度等静强度的约束,优化蒙皮、梁、肋的厚度。静强度减重优化设计的做法是蒙皮的初始铺层采用 $0°,\pm 45°,90°$ 铺层,初始比例为 4:4:2,各不同角度的铺层层叠。在满足位移、扭转角、应力、应变等静强度约束的条件下,在1g巡航过载下,以质量最小为目标进行优化设计。

图6-14给出了机翼结构质量的收敛过程。结果表明,经过6次迭代收敛,优化后质量明显下降。经过静强度设计,各区域的尺寸得到了调整,主要体现在梁、肋的厚度变小,内、中翼蒙皮的厚度增加,厚度分布变得更为合理。此时,颤振速度为230 m/s,不满足设计要求,需进一步进行气动弹性剪裁。

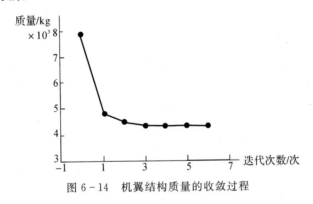

图6-14 机翼结构质量的收敛过程

2)第2级铺层比例优化。在第1级优化结果的基础上,建立颤振的优化模型,以减重为目标,满足颤振速度的约束,优化蒙皮各铺层的比例。在颤振速度的优化中,通常会增大结构刚度,因此不需要考虑静强度约束。

铺层比例优化:在第1级优化结果的基础上,满足颤振速度不小于270 m/s的要求,以内、中、外翼蒙皮各铺层的厚度为设计变量,以质量最小为目标进行优化设计。经过15次迭代,优化达到收敛。将层合板的厚度进行调整(单层厚度为0.12mm),经过铺层比例优化后机翼的质量只增加20kg左右,颤振速度达到270m/s,各区域蒙皮的厚度都有所增加,所以不需要再进行静强度验证。优化后,各翼段的 $\pm 45°$ 铺层的比例都有所增加,这种铺层比例可以提高结构的弯曲和扭转刚度,对满足多种约束的结构设计有利,使颤振速度增加,使蒙皮的刚度分布更为合理。

3)第3级铺层顺序优化。在第2级优化结果的基础上,以增大颤振速度为目标,采用遗传算法优化各蒙皮的铺层顺序。在第2级优化中,采用不同的颤振速度约束,最终会得到不同的铺层比例,因此第3级优化仅是在第2级优化的铺层比例结果下最优铺层顺序。在铺层顺序的优化中,结构刚度会进一步增大,因此也不需要考虑静强度约束。由于第2级优化中的颤振速度的约束对蒙皮铺层比例优化结果有较大影响,第3级优化得到的仅是在第2级优化的蒙皮铺层比例结果下的最佳铺层顺序。

6.4　复合材料机翼典型结构件设计

一般固定翼无人机机翼典型结构件设计包括蒙皮件(蒙皮层合板、加筋板、夹层结构和格栅结构壁板等),翼梁、墙类(层合板梁、夹层结构梁、正弦波腹板梁)等纵向骨架件,以及翼肋、隔框类(层合板肋、夹层结构肋、构框肋)等横向骨架件的设计。

6.4.1　复合材料机翼蒙皮壁板设计

1.蒙皮壁板设计要点

蒙皮形成固定翼无人机机翼外表面,主要功用是维持机翼外形,直接承受作用在机翼上的气动载荷,并把气动载荷传递到机翼的纵向和横向受力构件上;当机翼发生扭转时蒙皮受剪。由于蒙皮壁板一般为承力蒙皮,不但要承受气动载荷,还需参与总体受力,从而承受扭矩引起的剪应力以及弯矩引起的正应力。

蒙皮壁板设计要点有以下几项:

1)按刚度要求和气动弹性要求进行铺层剪裁设计。为满足蒙皮应力沿展向和弦向的变化及气动弹性要求,蒙皮沿翼展和翼弦是变厚度的。变厚度设计应有铺层过渡区,以减少应力集中。

2)铺层设计应满足稳定性要求和提高冲击损伤容限。

3)蒙皮实际最小厚度为 0.6~0.8mm,否则难以操作。最大厚度原则上无限制,但越厚工艺难度越大,一般每 6~8mm 预固化一次,要进行多次固化以保证质量,减少缺陷。

蒙皮壁板已经应用和正在研制的主要形式有变厚度蒙皮壁板、加筋板蒙皮壁板、夹层结构壁板、格栅结构壁板和整体翼面壁板。整体翼面壁板采用增强纤维预成型件液体成型工艺制造,是正在开发的新型蒙皮壁板形式。

2.蒙皮壁板铺层设计原则

蒙皮的铺层设计需要遵循以下几个原则:

1)要按照刚度要求和气动弹性的要求进行铺层的剪裁设计。为满足蒙皮应力沿展向和弦向的变化,蒙皮的厚度可沿翼展和翼弦改变。

2)铺层设计应该满足稳定性要求并尽可能提高冲击损伤容限。

3)变厚度设计要存在过渡区,从而减小应力集中。

4)蒙皮的基本铺层原则,可依据对 $0°,±45°,90°$ 铺层的蒙皮,按照 $±45°$ 铺层所占的百分比大致可分为以下三种:①软蒙皮:10/80/10 铺层比,其中 $0°$ 铺层占 10%, $±45°$ 铺层占 80%, $90°$ 铺层占 10%。此状态下 $0°$ 轴向刚度小,面内剪切刚度大,因此也叫作承剪蒙皮。软蒙皮适用于多墙翼面结构,其有利于承受剪力和载荷均化,同时抗冲击损伤性能良好。②一般蒙皮:40/50/10 铺层比,其中 $0°$ 铺层占 40%, $±45°$ 铺层占 50%, $90°$ 铺层占 10%。该铺层形式 $0°$ 轴向刚度和面内剪切刚度相当。一般该种蒙皮用在梁式翼面结构较多,因其具有一定的承受 $0°$ 轴向载荷的能力。③硬蒙皮:60/30/10 铺层比,其中 $0°$ 铺层占 60%, $±45°$ 铺层占 30%, $90°$ 铺层占 10%。此铺层结构下 $0°$ 轴向刚度大,面内剪切刚度小,为承拉或承压蒙皮。硬蒙皮承受 $0°$ 轴向载荷能力较强,常用在翼盒根部蒙皮和加强筋桁条的凸缘部位。

6.4.2 复合材料机翼纵向骨架件设计

1. 翼梁(墙)设计要点

翼梁(墙)是机翼主要的纵向受力构件,主要承受剪力和弯矩。其受力形式为凸缘承受由弯矩引起的轴向力、腹板承剪和传递垂直于翼面的气动载荷。梁式机翼一般设置梁的数量为一根或两根,或者多根过渡到一根梁上,以达到集中所有空气动力载荷,再传递到机身上。

翼梁(墙)设计要点有以下几项:

1)按梁的剖面形状分工字形梁、C形梁、J形梁等形式,按梁腹板进一步分类更能反映出梁的结构特点,如图6-15所示,有立柱加筋腹板梁、夹层结构腹板梁和正弦波腹板梁。

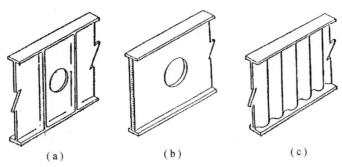

图6-15　翼梁典型结构形式
(a)立柱加筋膜板梁;(b)蜂窝腹板梁;(c)正弦波腹板梁

2)梁(墙)设计大致可分凸缘设计、梁腹板设计和凸缘与腹板结合的细节设计,以及梁凸缘与机体的连接设计。

3)梁(墙)类结构的铺层设计要根据变距、剪力及其分布特征进行。按许用应变设计各铺层方向的铺层数,按稳定性要求优化铺层顺序(尽可能用对称层铺层),根据各切面强度,可局部修改铺层比例和顺序。

4)立柱加筋腹板梁一般多采用L形或T形剖面立柱。立柱间距由腹板剪应力和腹板稳定性条件确定。

5)夹层结构腹板梁设计包括梁凸缘、夹层结构腹板及它们的结合细节设计。一般梁腹板用±45°铺层提高抗剪能力,再以0°和90°铺层满足抗压塌和泊松比要求。

2. 正弦波腹梁设计要点

正弦波腹板实际上是圆形波纹板及其演化的弓形波纹板,只因其酷似正弦波而得名,是一种刚性好的既能承载又能吸收撞击能量的理想腹板形式;是目前在复合材料翼面结构中已采用并有广泛应用前景的结构形式,不仅结构质量轻、刚度大、稳定性好,而且易于制造,目前多采用梁凸缘与腹板共固化连接,实现制造低成本。

(1)波腹板梁参数选择。

正弦波腹板梁的波形选择主要从承载、吸能、连接件尺寸、间隔和被连接件框(肋)尺寸等综合考虑,并从模具加工和铺贴成型工艺考虑,即设计与工艺综合的结果,因而目前多采用圆形波和弓形波。其中弓形波纹板如图6-16所示,主要参数是波高 H、半径 R 及腹板厚度 t_w。H 与 R 应权衡考虑屈曲条件和质量要求而确定。由波纹板屈曲分析可知,屈曲临界应力与半

径 R 成反比,当 R 减小时,屈曲临界应力增加,但 R 减少使波纹板结构质量增加。另外,波纹参数还与腹板和凸缘的连接件的直径和连接件间距,以及连接件螺母类型有关。因此,波形参数选择是上述诸因素的综合权衡的结果。

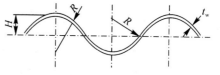

图 6-16　弓形"正弦波"腹板主要参数示意图

（2）波腹板梁铺层设计。

机体结构上的正弦波腹板梁,一般选用碳/环氧或芳纶/环氧织物复合材料为主,少量的单向带。腹板的设计许用值,通常按工作剪流与 ±45°织物铺层数关系给出,如图 6-17 所示,是一条由试验数据导出的经验曲线。

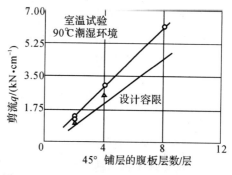

图 6-17　正弦波腹板设计许用值确定示意图

1）根据梁腹板工作剪流 q,即可由许用值曲线确定梁腹板的 ±45°织物的铺层。为了提高梁腹板承受蒙皮气动载荷和燃油压力载荷能力,在两层 45°织物中间夹一层 90°单向带,以提高垂直蒙皮方向刚度。

2）梁凸缘铺层设计要考虑轴向承载和厚度足以避免紧固件连接出现法向拉脱破坏。同时,腹板铺层要折翻成凸缘的一部分铺层,以保证传力连续。梁凸缘铺层以 0°或 0°/90°织物为主。

3）开口补强一般采用 ±45°铺层 1:2 或 1:3 的办法增加开口部位的铺层。

4）油箱密封一般采用适当加厚凸缘的铺层,并在凸缘上模压出宽 12.5mm、深 1.5mm 的沟槽,充以密封胶密封。

5）电偶腐蚀防护采用玻璃纤维布隔离防蚀措施。

3. 翼梁（墙）铺层设计原则

因翼梁结构形式,特别是梁腹板形式的不同,使翼梁结构设计有很大差异。一般梁（墙）铺层设计需要遵循以下几个原则:

1）根据弯矩、剪力及其分布特性,选取若干切面,按各切面的弯矩、剪力进行梁凸缘和腹板铺层设计。

2）按许用应变设计各铺层方向的铺层数（铺层比）;按稳定性要求优化铺层顺序（尽可能采用对称铺层）;校核各切面的强度,局部修改铺层比例和顺序。

3）凸缘部分铺层比一般为 60/30/10,其中 0°层占 60%,±45°层占 30%,90°层占 10%。

4）腹板部分铺层比一般为 10/80/10,其中 0°层占 10%,±45°层占 80%,90°层占 10%。

5）对腹板应进行压-剪稳定性校核和抗压塌强度检查。

6）凸缘与腹板铺层的连续和各切面间的铺层过渡,以及与铺层位置的确定应与铺层工艺要求相协调。

7）根据连接、泊松比、固化变形控制等要求进行铺层局部调整（优化）。

8）梁凸缘与腹板结合部位,腹板的铺层应延伸到梁凸缘,并与凸缘的其他铺层相协调,转接处应有足够大的圆角半径,空腔应充填实,并有切实可行的成型工艺质量保证措施。

9）腹板加筋条布置与翼肋和集中外载作用点相协调。

10)当复合材料梁采用合金钢、铝合金等金属集中传力接头(钛合金接头除外)时,应考虑采取有效的电偶腐蚀防护措施。

11)翼梁与蒙皮壁板连接采用共固化成型工艺时,应控制变形协调;采用螺接或铆接时,应增加垫圈起防胀和防嵌入的作用。

6.4.3 复合材料机翼横向骨架件设计

1.翼肋、隔框类设计简介

机翼横向骨架件包括翼肋、隔框类(层合板肋、夹层结构肋、构框肋)等类型结构件。翼肋按照受力大小可分为普通肋和加强肋。普通肋用来维持机翼的剖面形状,是机翼的维持形状的结构件,通常和桁条、蒙皮相连,以其自身的刚度给桁条和蒙皮以支持,起到加强作用,进而提升蒙皮的抗失稳能力。加强肋除了拥有普通肋的特点外,可以承受如副翼、襟翼、起落架、发动机、外挂等所致的集中载荷,将它们转化成分散载荷,传递到蒙皮和翼梁。

(1)翼肋主要功能。

1)支撑蒙皮维持气动外形并增强壁板的稳定性。

2)整体油箱内半密封肋及普通肋能够减少燃油的晃动,密封端肋为整体油箱的边界。

3)传递及分布气动力载荷和其他载荷。

4)加强肋为发动机吊挂、襟副翼滑轨、起落架接头等提供支撑,传递集中载荷。

5)为系统管路安装提供支撑。

(2)翼肋主要受载。

1)空气动力。外部载荷主要是翼表面的空气动力,并将这些载荷传递给翼梁。

2)惯性载荷。惯性载荷有燃油、结构、设备等。

3)压损载荷。压损载荷是指机翼弯曲引起的对翼肋的压损载荷。

4)集中载荷。集中载荷包括发动机短舱、起落架及襟副翼滑轨接头对翼梁和壁板的载荷,需要翼肋进行分配和传递。

5)剪切载荷。翼肋与壁板之间的剪切载荷。

复合材料翼肋结构形式主要有层合板肋,如图6-18(a)所示;夹层板肋,如图6-18(b)所示;构架肋,如图6-18(c)所示。复合材料普通翼肋结构件处于翼面总体非主受力方向,按其对蒙皮壁板的支持刚度要求设计,本质上同梁腹板设计。

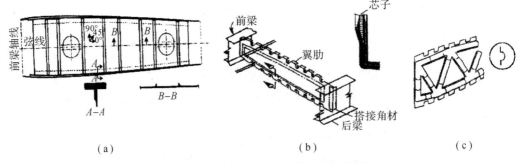

图 6-18 复合材料翼肋结构形式示意图

(a)层合板立柱加筋肋;(b)夹层板肋;(c)构架肋

隔框是机身的横向承载或维形结构构件,作用和设计原理与翼肋相同,但构件曲率大。目前复合材料隔框一般仅用于普通框。

2.A380机翼翼肋材料更改引发的思考

A380飞机是空客研制的先进民用飞机。研制初期机翼主盒段翼肋采用复合材料,后来更改为铝合金。在A380之后研制的A400M和A350的机翼主盒段翼肋也均采用了金属材料。在现代民用飞机机翼壁板和翼梁普遍选用先进碳纤维复合材料的趋势下,翼肋选择金属材料还是复合材料值得思考和探索。

(1)A380机翼翼肋材料更改始末。

2012年1月21日空客公司公开确认:"在有限数量的空中客车A380飞机上,一些连接机翼翼肋与蒙皮的非关键连接件(连接角片)发现细微裂纹。此连接件为T形托架。"为此,欧洲航空安全局于2012年1月20日发出适航指令,要求已累计飞行超过1 800个飞行循环(一个起飞和降落为一个飞行循环)的空中客车A380飞机在适航指令生效之日起4天或14个飞行循环之内针对此问题进行检查;已飞行超过1 300个飞行循环但不足1 800个飞行循环的A380飞机在6个星期或84个飞行循环之内进行检查。

空客于2012年5月份宣称找到了A380飞机机翼翼肋与蒙皮连接件出现细微裂纹问题的根本原因,认为裂纹产生原因与材料选择、零件在极端低温状态下的热力变形和安装过程中产生的应力作用等因素有关。最终解决方案包括针对已投入运营和已完成总装的A380机翼进行改装,针对新生产的A380飞机机翼采用新标准。从2012年年底开始装配的机翼,所有的翼肋将采用7010铝合金(放弃使用复合材料)。这一措施不会增加机翼质量,也不会对飞机性能产生影响。

(2)A380机翼翼肋出现裂纹主要原因。

以往金属机翼以及复合材料机翼采用金属翼肋的飞机从未发生过A380类似的问题。分析结果表明A380机翼剪切角片出现裂纹主要原因有两个:

1)由于铝合金壁板与复合材料翼肋的热膨胀系数差别大,在温度循环下会产生附加的高应力。

2)在装配过程中复合材料翼肋与上下壁板的配合不如金属翼肋容易协调,很容易产生装配残余应力。因此,这些应力的叠加导致了部分连接角片在少数循环下出现微裂纹。

(3)机翼翼肋材料选择趋势。

空客所有新生产的以及2012年底开始装配机翼的A380飞机将不再采用复合材料而改用7010铝合金,而且在A380以后研制的A350和A400M飞机上翼肋也都不再采用复合材料,可见,空客公司对翼肋选用复合材料持有否定的倾向。

(4)对机翼翼肋是否选用复合材料的思考。

在机翼上考虑翼肋是否选用复合材料时,应全面地进行权衡分析。

1)应分析所应用的部位。由于翼肋主要维持机翼气动外形,对于压缩载荷较大及承受集中载荷的翼肋,不宜考虑应用复合材料制造。低载区(如机翼翼稍附近、操纵面翼肋等)的普通翼肋可考虑采用复合材料翼肋。如A380机翼的操纵面翼肋采用了复合材料。

2)机翼翼肋为了防止腹板在压缩载荷下发生屈曲,一般采用纵横加筋。复合材料结构如果采用纵横加筋的方案无疑会大幅度增加工艺复杂性。

3)在机翼装配过程中,数量众多的翼肋与上下壁板、前后翼梁之间的协调十分复杂。复合材料翼肋制造公差不易控制,使得机翼装配协调问题异常复杂。在装配技术成熟度尚不能保证产品质量时,不建议采用复合材料翼肋。

4)翼肋上通常需要预留系统通路。复合材料翼肋腹板开口造成纤维切断,纤维承载能力下降,一般通过对开口补强恢复承剪能力,与未开口的腹板相比,减重潜力降低,未能发挥复合材料减重优势。

5)复合材料电传导性能差,因此复合材料翼肋电磁兼容效率较之金属翼肋降低。为此还需要额外的导电通路,即增加了不必要的结构质量,降低了复合材料的减重优势。

6)翼肋承受展向燃油晃动载荷的冲击,如果采用复合材料翼肋,则在翼肋腹板面的法向燃油冲击载荷会引起分层缺陷。分层缺陷是复合材料最致命的缺陷之一。

7)复合材料翼肋连接设计也十分复杂。多段翼肋的缘条与蒙皮分别连接,设计补偿多达数百个。翼肋腹板通过金属角片与长桁连接,翼肋前后端通过金属接头与前后梁连接。因此,在热塑性材料工艺应用技术取得突破前,仍建议采用金属连接件作为基本方案,即翼肋和翼肋连接件均采用金属结构比较好。

(5)总结。

目前机翼选用金属翼肋已经成为一种趋势,例如波音787复合材料机翼的翼肋也采用了金属材料。由此可见,在机翼壁板、翼梁等大量选用复合材料的固定翼无人机上,选择复合材料翼肋仍需要十分谨慎,最好还是选用金属翼肋比较保险。

6.5　固定翼无人机复合材料尾翼结构设计

一般固定翼无人机尾翼包括垂直尾翼和水平尾翼两部分。从结构的承力特性上看尾翼与机翼类似,可以看作小的机翼,机翼结构设计的理论和方法也基本上适用于尾翼,因此尾翼可以和机翼合并在一章中阐述。

6.5.1　固定翼无人机尾翼结构的基础知识

1.尾翼的功用和组成

固定翼无人机尾翼的主要功用是保证固定翼无人机在飞行中的平衡、稳定性和操纵性。一般固定翼无人机的尾翼由水平尾翼和垂直尾翼两部分组成。常规式的平尾包括水平安定面和升降舵,用于保证固定翼无人机的纵向稳定性和操纵性;垂尾一般由垂直安定面和方向舵组成,用于保证固定翼无人机的航向稳定性和操纵性。有的现代超声速固定翼无人机为了改善高速飞行中的纵向操纵性,采用了全动式水平尾翼。另外,尾翼的水平安定面和垂直安定面统称为尾翼安定面,升降舵和方向舵统称为尾翼操纵面。相对于机体结构,尾翼结构占全机结构质量(相对质量)的1.5%～2.5%。

典型的尾翼布置形式有常规尾翼、T形尾翼和全动水平尾翼3种,如图6-19所示。全动水平尾翼将水平安定面和升降舵合二为一,腹鳍和背鳍的作用与垂直安定面相同,用于提高固定翼无人机的航向稳定性。除了上述3种典型的尾翼布局外,还有双垂尾、多垂尾、V尾、无平尾、鸭式布局、平尾翼尖垂尾等布局构型。不管什么样的布局,尾翼的功用都是提供固定翼无人机的纵向、航向的稳定性和操作性。

实现尾翼功用的效率主要取决于固定翼无人机速压、尾翼面积、尾翼形状和布局、尾翼自身的刚度及其尾翼的支持刚度。对尾翼的基本要求就是在最小尾翼质量的要求下,保证固定翼无人机在所有飞行状态下具有所要求的稳定性和操纵性。为满足这项基本要求,就要合理选择尾翼的形状、参数和布局。

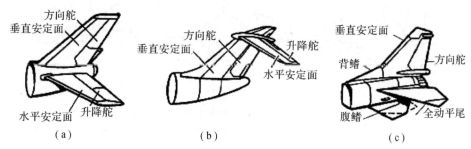

图 6-19　固定翼无人机典型尾翼的结构布局

(a)常规尾翼;(b)T 形尾翼;(c)全动水平尾翼

2.尾翼结构设计要求

尾翼的展弦比较小,一般平尾的展弦比为 3～4、垂尾的展弦比(不计机身部分)为 1.5 左右。固定翼无人机尾翼的功用是通过它所产生的升力来实现的,所以从本质上说,尾翼与机翼一样都是升力面,因而尾翼的设计要求和构造与机翼十分类似,包括完成它所承担的空气动力任务,同时具有足够的强度、刚度、寿命,而质量尽可能轻。固定翼无人机尾翼结构设计要求主要有以下方面:

1)在飞行范围内不得发生发散、颤振、抖振等气动弹性不稳定现象。

2)要有良好的防冰、除冰和防雷击性能。

3)垂尾要满足防鸟撞设计要求。

3.尾翼结构的载荷

(1)水平尾翼的受载。

水平尾翼上作用有分布的气动载荷和质量载荷。质量载荷来自尾翼自身结构,因其量值不大,可忽略不计。为了方便分析计算,将作用在水平尾翼上的气动载荷看作由机动载荷、不对称载荷和平衡载荷三部分组成。机动载荷是固定翼无人机在不平静气流或机动飞行时为实现俯仰而偏转升降舵所产生的载荷,这是水平尾翼的主要受力情况。

由固定翼无人机侧滑或横滚引起的作用在平尾上的载荷则是不对称载荷,如图 6-20(a)和图 6-20 (b)所示,其一般比机动载荷要小得多,但所引起的 M_x 却较大,对机身结构会有影响;平衡载荷用以保证固定翼无人机在水平直线飞行时处于平衡状态,此时水平安定面上的载荷往往与升降舵的载荷方向相反,所以平尾受有较大扭矩,如图 6-20(c)所示。

在低速和大攻角飞行时,T 形尾翼布局可使其水平尾翼处于更加有利的气流场中。超声速飞行时,由于焦点后移,固定翼无人机的静稳定性增加,但操纵性变坏。为了消除这种现象并保证超声速固定翼无人机有较高的机动性能,就需要提高固定翼无人机的操纵效率;但是在超声速飞行时,翼面前缘会产生激波,舵面偏转时引起的压力变化就不能扩大到整个翼面上,使舵面效率大大降低。因此,通常采用全动式水平尾翼来提高纵向操纵的效率,采用双垂尾布局形式来提高航向操纵效率。

气动载荷的分布是根据计算、风洞试验结果和“强度规范”要求给出的。载荷在水平安定面、升降舵上沿展向的分布分别与安定面弦长和升降舵弦长大约成正比。平衡载荷沿弦向的分布可用图 6-21 所示的分布来近似。

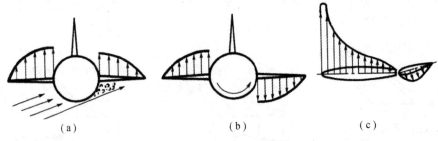

图 6-20　水平尾翼外载荷

(a)侧滑;(b)横滚;(c)平衡载荷时的分布

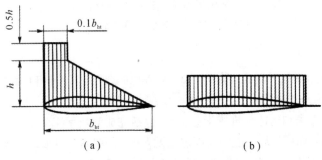

图 6-21　气动载荷沿弦向的近似分布

(a)$Ma<1$;(b)$Ma>1$

(2)垂直尾翼上的载荷。

垂直尾翼上的载荷的计算与水平尾翼的载荷计算基本相似。不同的是,垂直尾翼上的气动载荷只有机动载荷和不对称载荷两部分;不对称载荷除横滚的影响外,为平衡不对称的发动机推力也会引起垂尾载荷,如图 6-22 所示。为了提高垂尾的效率,有的固定翼无人机还采用了腹鳍,以增加固定翼无人机的稳定性,并且在大攻角飞行时降低了由于机翼和机身对垂尾的遮挡而造成的对航向稳定性的影响。背鳍也可以提高垂尾的效率。

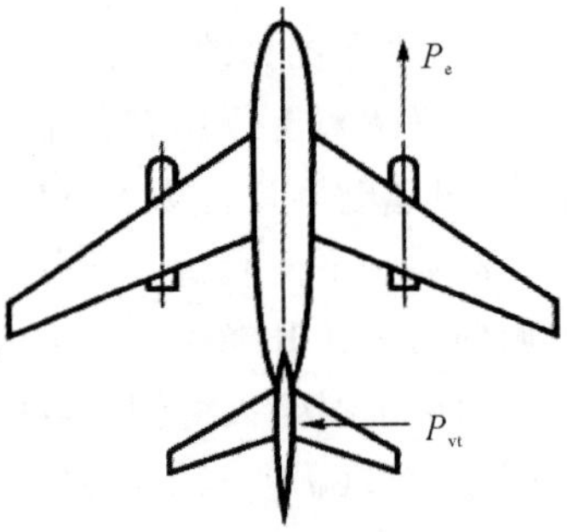

图 6-22　发动机推力不对称所引起的垂尾不对称载荷

6.5.2　复合材料安定面结构设计

1.安定面结构形式和设计要求

(1)安定面的结构形式。

固定翼无人机尾翼(垂尾和平尾)上固定不动的部分称为安定面,其中水平尾翼中的固定翼面部份称为水平安定面,功用是在俯仰方向上(抬头或低头)具有静稳定性。当固定翼无人机水平飞行时,水平安定面不会产生额外的力矩;而当固定翼无人机受到扰动抬头时,此时作用在水平安定面上的气动力就会产生一个使固定翼无人机低头的力矩,使固定翼无人机恢复到水平飞行姿态;同样,如果固定翼无人机低头,则水平安定面产生的力矩就会使固定翼无人机抬头,直至恢复水平飞行为止。

垂直尾翼中的固定翼面部份称为垂直安定面,功用是使固定翼无人机在左右(偏航)方向具有一定的静稳定性,并控制固定翼无人机在左右(偏航)方向的运动。

安定面结构包括前缘、翼尖和受力翼盒。前缘一般受载不大,并装有电缆、天线等,往往采用玻璃纤维复合材料;翼尖装有尾灯等,载荷小,设计关键是要进行雷击防护;受力翼盒是安定面结构主体,根部与机身连接,承受气动载荷并为舵面提供支持。安定面根部还可能安装设备和操纵系统。因此,安定面结构设计土要是受力翼盒的设计。

(2)安定面结构设计要求。

1)翼面按刚度要求设计,以保证全机的安定性和达到足够的临界颤振速度,并保证舵面正确操纵;根部按强度要求设计,以满足结构连接和支持要求。

2)后掠效应增载和薄蒙皮设计,要求翼面壁板稳定性足够。

3)垂直安定面处于Ⅱ级雷击区,必须采取有效的雷击防护措施。

4)满足使用维护要求。

2.安定面翼盒结构形式的选择

复合材料安定面翼盒结构形式,大多采用梁式结构、多墙(梁)结构和格栅壁板结构。

(1)梁式结构。

复合材料梁式结构安定面翼盒的受力布局(传力路线)为翼梁承弯、蒙皮承剪。结构特征是翼梁凸缘粗大,承受绝大部分弯矩;蒙皮较薄,主要用于承受扭矩引起的剪流,受压易失稳,如图 6-23 所示。桁条较弱、与翼肋相交时,桁条断开。前后梁之间有时增加辅助梁或墙,以形成多闭室,提高抗扭能力和蒙皮稳定性。其特点是结构简单、内部空间大、开口方便。复合材料梁式结构安定面翼盒复合材料蒙皮较薄,一般 1.5~4mm,梁间距大,蒙皮对冲击载荷敏感,维护费用增加;根部弯矩由双梁接头传力,载荷大,多为钛合金梁接头。

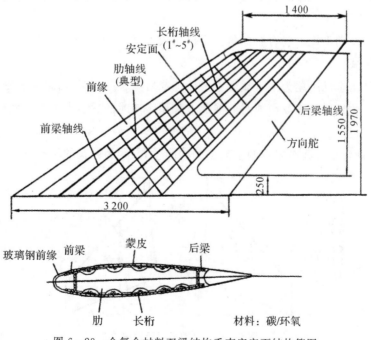

图 6-23　全复合材料双梁结构垂直安定面结构简图

（2）格栅壁板结构。

格栅壁板安定面，是由模块工艺制造的带纵横加筋的复合材料格栅壁板双梁结构。这种结构优点是壁板可自动化生产，并具有格栅结构整体性好、抗损伤能力高等特点，如图6-24所示。因制造工艺需大量模块和专用设备，故应用十分有限。

（3）多墙结构。

多墙结构的技术关键是保证墙与蒙皮连接可靠。为此，应进行充分的工艺试验和设计研制试验，以及选择适用的无损检测技术，证明结构工艺质量稳定、可靠。翼面外形主要由模具精度保证。

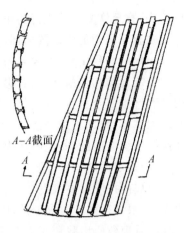

图6-24　格栅结构翼面壁板示意图

6.5.3　复合材料全动水平尾翼结构设计

当固定翼无人机达到超声速飞行时，舵面效率大大降低，而固定翼无人机的纵向安定性却大大增加，二者之间产生了矛盾。为了提高操纵面的效率，采用了全动平尾。全动平尾将水平安定面和升降舵合而为一，整个平尾可绕某一轴线偏转，起操纵面作用。

1. 全动平尾的类型

全动平尾的分类方法有两种：一种是按轴的位置分类；另一种是按操纵形式分类。

（1）按轴的位置分类。

固定翼无人机全动平尾的类型，按转轴与机身轴线的相对位置可分为斜轴式和直轴式两种，如图6-25所示。

1）斜轴式。全动平尾一般有后掠角。后掠角较大时，为了避免转轴所在位置太靠近后缘，一般布置成斜轴式。

2）直轴式。当全动平尾为平直翼或中等后掠或后缘较平直时，可采用直轴式。

转轴的前后位置应处于亚声速时的前焦点和超声速时的后焦点之间。例如对于后掠式平尾，亚声速焦点位置在28%～30%平均气动力弦长处，超声速焦点在50%弦长处左右。为了减小操纵力矩，通常把轴线布置在两个焦点的中间位置，约为弦长的40%处。

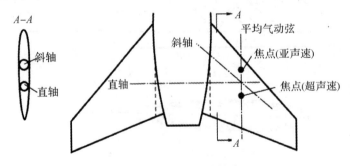

图6-25　全动平尾转轴位置

(2)按操纵形式分类。

固定翼无人机全动平尾按操纵形式可分为转轴式和定轴式两种类型,如图 6-26 所示。

1)转轴式。转轴式全动平尾的转轴与平尾刚性连接,转轴的轴承安装在机身加强框上,用固定在转轴上的摇臂操纵平尾,其转轴承受剪力、弯矩和扭矩。

2)定轴式。定轴式全动平尾的轴固定在机身上,转轴的轴承安装在平尾上,操纵接头则布置在平尾侧边加强肋上,操纵平尾偏转,此时的定轴只受剪力和弯矩。定轴式全动平尾的操纵点和轴之间的力臂可以设计得比转轴式的长,所以可使操纵力较小,尾翼受力较好;但因为其要在尾翼结构高度内安装轴和轴承,所以限制了轴径,对轴的受力不利;此外,须在机体上开弧形槽,对机体有所削弱。采用转轴式全动平尾的利弊与定轴式相反。

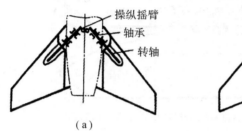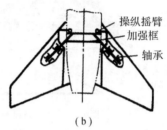

图 6-26　转轴式和定轴式全动平尾示意图

(a)转轴式;(b)定轴式

2.复合材料全动平尾结构设计方案

复合材料全动平尾翼面结构形式多种多样,有梁式、多墙式变厚度蒙皮结构和全高度蜂窝夹层结构等,其设计难点为枢轴处载荷参与区的设计与分析,包括参与区蒙皮的变厚度设计,以及蒙皮与枢轴的连接设计等。

(1)全高度蜂窝夹层结构全动平尾设计方案。

图 6-27 所示的全高度蜂窝夹层结构全动平尾,为转轴式全动平尾。蒙皮为碳/环氧变厚度层合板,枢轴(梁)处最厚共 56 层,并逐步向翼尖、前缘、后缘递减,最薄处为 10 层。雷电防护采用在蒙皮表面铺设铝网的措施解决。铝网与蒙皮预浸料一起固化成型为一整体。

平尾主承力组合件选用钛合金锻件机械加工枢轴(梁)与钛合金根肋焊接而成。选用钛合金材料的目的在于保证蒙皮与平尾主承力组合件黏结成型变形协调一致。

(2)波纹板多墙结构全动平尾设计方案。

图 6-28 所示的波纹板多墙结构全动平尾方案,是全高度蜂窝夹层结构全动平尾设计方案的改进方案,改进的目的是降低成本,主要改进了以下三处:

1)铝合金波纹板替换全高度铝蜂窝。

2)黏结组装成型改为铆接组装成型。

3)平尾主承力组合件材料由钛合金改为铝合金。

这三点改进均在金属结构方面,可使制造成本可下降 40% 左右。

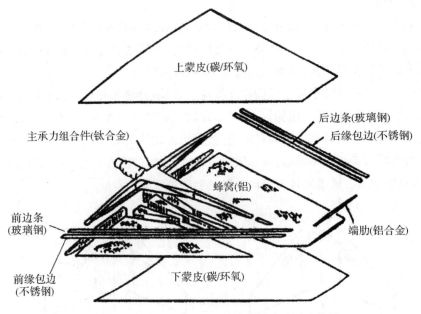

图 6-27　全高度蜂窝夹层结构全动平尾示意图

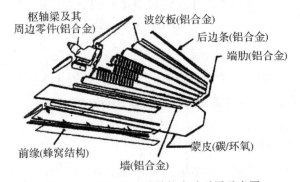

图 6-28　波纹板多墙结构全动平尾示意图

6.5.4　复合材料操纵面结构设计

固定翼无人机操纵面包括附着于尾翼的方向舵、升降舵,以及附着于机翼的副翼、襟翼等,一般为梁轴多点支撑的薄翼面结构。本节主要介绍和讨论附着于尾翼的复合材料操纵面(方向舵、升降舵)的结构设计。

1.操纵面结构形式和悬挂点的确定

(1)操纵面的结构形式。

固定翼无人机尾翼(垂尾和平尾)上可以转动动的部分称为操纵面,其中水平尾翼上可转动(可操纵)的翼面部分称为升降舵,其作用是对固定翼无人机进行俯仰操纵。当需要固定翼无人机抬头向上飞行时,自动驾驶仪会操纵升降舵向上偏转,此时升降舵所受到的气动力会产生一个抬头的力矩,固定翼无人机就抬头向上飞行。反之,如果自动驾驶仪操纵升降舵向下偏转,固定翼无人机就会在气动力矩的作用下低头向下飞行。

　　垂直尾翼上可转动(可操纵)的翼面部分称为方向舵,其作用是对固定翼无人机进行偏航操纵。当需要控制固定翼无人机的航向时,自动驾驶仪就可以操纵垂直尾翼上的方向舵达到偏航的目的。方向舵的操纵原理与升降舵类似,当固定翼无人机需要左转飞行时,自动驾驶仪就会操纵方向舵向左偏转,此时方向舵所受到的气动力就会产生一个使机头向左偏转的力矩,固定翼无人机的航向也随之改变。同样,如果自动驾驶仪操纵方向舵向右偏转,固定翼无人机的机头就会在气动力矩的作用下向右转。

　　固定翼无人机尾翼操纵面位于尾翼面后部,其结构高度特别小,转轴位置比较靠前,据此操纵面一般设计成单梁或多梁结构。尾翼操纵面前缘为单闭室,转轴后面部分按照结构的绝对尺寸设计成不同的形式,包括无墙三角单闭室结构、单墙结构和全高度填充结构。固定翼无人机尾翼操纵面可看作是支持在悬臂接头上的多支点连续梁,操纵面上受到的气动力和质量力通过悬臂和操纵摇臂传给安定面。

　　(2)操纵面悬挂点的确定。

　　操纵面悬挂点的设计包括悬挂点的数量和位置的确定、悬挂接头及运动补偿的设计。悬挂点数量和位置确定的基本原则如下:

　　1)保证使用可靠,转动灵活,操纵面和悬臂接头的综合质量轻。

　　2)增加悬挂点的数量可使操纵面受到的弯矩减小,减轻了操纵面的质量,但增加了悬臂接头的质量和运动协调的难度;减少悬挂点的数目,运动协调容易,但操纵面上的弯矩大,且不符合损伤容限设计思想。一般悬挂点的数量大于 2 个,有的大型机悬挂点多达 7 个。

　　3)悬挂接头是一个悬臂梁,为了保证互换性和便于安装,悬挂接头一般有设计补偿。每个操纵面除一个接头完全固定外,其余接头都有设计补偿,以便装配可调和运动协调,如图 6-29 所示。

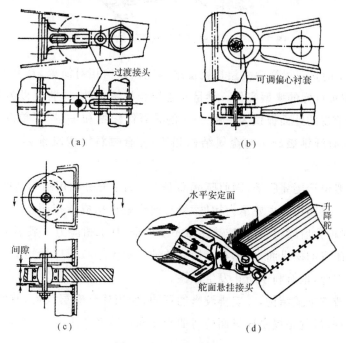

图 6-29　操纵面接头

(a)过渡接头;(b)偏心衬套;(c)预留间隙;(d)悬挂接头的连接

2. 操纵面结构设计要求

复合材料安定面翼盒结构形式多种多样,结构形式的选择与很多因素有关,如材料体系、结构件的受载严重程度、结构设计的基本原则、使用环境和生产工艺水平等。

1) 操纵面属于可转动翼面,为了防止产生有害的气动弹性现象,结构设计时,力求使结构重心线与转轴线尽量接近,以有利于保证结构的静平衡和动平衡,并采用整体化设计提高结构刚度,如图 6-30 所示。

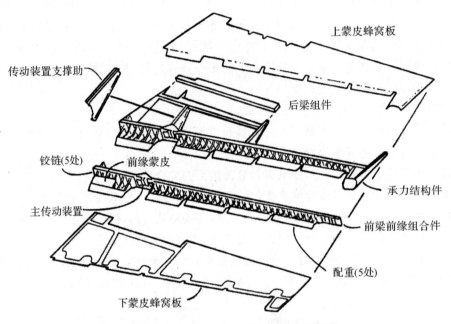

图 6-30　双梁蜂窝夹层板蒙皮结构舵面结构

图 6-30 表示的是双梁蜂窝夹层板蒙皮结构舵面结构相对简单,是利用蜂窝夹层板减少翼肋数目,达到减重目标的典型实例。梁是实心层合板结构件、翼肋腹板为蜂窝夹层板。No-mex 蜂窝夹层板蒙皮的外面板仅为一层 $\pm45°$ 的碳纤维织物和一层 $90°$ 单向带,内面板则为两层织物,以防钻孔时纤维破碎。与金属结构相比,复合材料结构减重 25.6%,加之配重也减轻,总体减重可达 29%。

2) 操纵面一般位于尾翼后部,因此厚度都很小。为了充分利用结构高度,一般在靠近前缘最大高度处布置一根梁作为主要承力构件,梁与前缘蒙皮构成承扭闭室。梁后面的三角形闭室由于后缘(有时称为后梁)与蒙皮连接质量不易保证,其承扭能力一般不予考虑。

3) 单梁式单闭室的操纵面,梁的布置接近转轴有利于梁载荷以较短的传力路线通过悬挂接头支架传给安定面,也有利于防止发生颤振。

4) 采用双梁或三梁式结构,并安排较密的翼肋,使用蜂窝夹层蒙皮,有的则在后部采用全高度蜂窝夹芯结构,目的是提高操纵面的弯曲刚度和扭转刚度。

习　题　6

1. 固定翼无人机机翼的功用有哪些? 画图说明固定翼无人机的飞行原理。

2. 作用在固定翼无人机机翼上的外载荷有哪些?

3. 简述固定翼无人机机翼结构设计的基本任务和内容。

4. 复合材料机翼结构形式有哪些? 说明各种复合材料机翼结构的特点。

5. 简述固定翼无人机复合材料机翼结构设计流程、特点和制造工艺特点。

6. 画出气动弹性力三角形示意图。说明气动弹性力学和稳定性的内容。

7. 什么是翼面结构综合设计? 说明翼面结构综合设计的过程、要求和方法。

8. 什么是复合材料机翼剪裁? 说明后掠翼气动力特点。

9. 复合材料机翼蒙皮壁板设计要点有哪些? 说明蒙皮的铺层设计需要遵循的原则。

10. 简述复合材料机翼纵向骨架件设计要点和梁(墙)铺层设计原则。

11. 简述 A380 机翼翼肋材料更改引发的思考。

12. 固定翼无人机尾翼的主要功用和尾翼结构设计要求有哪些?

13. 复合材料安定面翼盒结构形式有哪些?

14. 全动平尾如何进行分类? 举例说明全动平尾设计方案。

15. 什么是固定翼无人机尾翼操纵面? 确定操纵面悬挂点数量和位置的原则有哪些?

第7章 旋翼无人机复合材料旋翼系统设计

本章主要内容包括以下方面：

(1)旋翼无人机旋翼系统的基本概念。

(2)复合材料旋翼桨叶结构设计。

(3)复合材料旋翼桨毂结构设计。

(4)复合材料尾桨结构设计。

(5)多旋翼无人机复合材料螺旋桨结构设计。

7.1 旋翼无人机旋翼系统的基本概念

旋翼系统是旋翼无人机最重要的关键部件之一,包括主旋翼(简称"旋翼")与尾旋翼,其作用是不仅为旋翼无人机提供升力和前进力,而且提供旋翼无人机的操纵力矩。旋翼的基本结构形式是若干片桨叶与一个桨毂相连,桨毂安装于旋翼轴上,旋翼轴通过主减速器将旋翼与机身连成一个整体,并由发动机带动旋翼系统运转。每片桨叶类同于固定翼无人机的一个机翼,产生向上的升力,但其外形是细长型的,刚度较低,一般是变剖面的。

7.1.1 旋翼系统的工作原理和功用

1.旋翼系统的工作原理

旋翼无人机与有人直升机一样,具有一个或多个转轴都近于铅直安装的旋转机翼(旋翼)。旋翼由数片桨叶及一个桨毂组成,桨毂用来连接旋转釉和桨叶。旋翼的桨叶在动力装置的驱动下高速旋转,产生向上的升力。

旋翼的桨叶在升力作用下,绕桨毂水平铰向上挥舞,形成一个倒锥体,桨叶与桨毂旋转平面之间的夹角称为锥体角。锥体角的大小取决于桨叶升力及离心力两者的大小:桨叶升力越大,锥体角越大;桨叶转动的速度越大,桨叶产生的离心力越大,锥体角越小。

旋翼无人机旋翼绕主轴旋转时,每片桨叶类同于固定翼飞机的一个机翼,沿半径方向每段桨叶上产生的空气动力在桨轴方向上的所有分量的合成力,即为桨叶的总升力,所有桨叶的总升力合成构成旋翼总拉力,起到克服重力的作用,如图7-1所示。

2.旋翼系统的主要功用

旋翼是旋翼无人机的关键部件之一,它的主要功用有以下方面:

1)产生向上的力(简称"拉力")以克服全机质量,类似于固定翼无人机机翼的作用。

2)产生向前的水平分力克服空气阻力,使旋翼无人机前进,类似于推进器的作用。

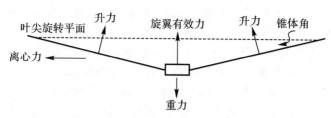

图 7-1　旋翼产生有效升力的示意图

3)产生其他分力及力矩使旋翼无人机保持平衡或进行机动飞行,类似于固定翼无人机上各种安定面和操纵面的作用。

从旋翼系统的工作原理和功用可看出,旋翼无人机是具有一个或多个旋转机翼(旋翼)的航空飞行器,需要依靠动力装置提供飞行动力,且必须处在空气环境中(空中)才能够进行持续、可控的飞行。

7.1.2　旋翼桨叶的工作环境与运动

旋翼无人机是一种中低空、低速航空飞行器,它的最大飞行速度为 300km/h 左右,飞行高度一般在 8 000m 以下。但是它具有固定翼无人机所不具备的独特的飞行能力(如垂直升降,空中悬停,小速度前飞、后飞、侧飞,原地回转和树梢高度飞行等),使其成为目前唯一能抵达任何地形区域的航空飞行器。为了满足在不同地域、不同气候条件下使用的要求,旋翼无人机应能在湿热、干寒、风沙、雨淋、海水等恶劣环境下使用。

1. 旋翼桨叶的工作环境

旋翼系统的空气动力特性决定着旋翼无人机的性能、飞行品质和可靠性,也是旋翼无人机振动和噪声的主要来源。

旋翼无人机在做垂直和悬停飞行时,空气气流基本上是沿旋翼轴方向垂直流经旋翼桨盘,桨盘左右两边桨叶表面对应点的气流速度相同,如图 7-2 所示。

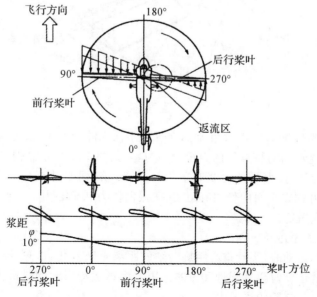

图 7-2　前飞时桨叶相对气流速度和桨距角示意图

旋翼无人机前飞时,由于有了前飞速度,流经旋翼桨盘左右两边桨叶表面的气流速度则不相同。在旋翼桨叶转动方向与飞行方向相同的前行侧,流经桨叶表面某点的气流速度应是该点的旋转切线速度加上旋翼无人机的飞行速度;在旋翼桨叶转动方向与飞行方向相反的后行侧,气流速度应是旋转切线速度减去飞行速度,如图 7-2 所示。

假设旋翼无人机前飞行速度为 360km/h,即 100 m/s,则前行桨叶桨尖的相对气流速度为 300m/s 左右,这与 340.2m/s 的声速很接近了。如果旋翼无人机速度再增加,该桨尖处就会出现激波,产生激波失速。在上述相同假设条件下,旋翼后行侧桨尖处的相对气流速度为 100 m/s左右,桨根部分还会出现气流从桨叶后缘流向前缘的返流区。由于后行侧气流相对速度减小,桨叶产生的升力也会随之减小。为了使升力保持与前行侧相同,就必须增加后行侧桨叶的桨距角,如图 7-2 所示,但是桨距角过大会出现气流分离。因此,旋翼前行侧的激波失速与后行侧的气流分离阻碍了旋翼无人机飞行速度的提高。

2.旋翼桨叶运动

(1)旋翼桨叶的挥舞运动。

旋翼的桨叶如果是固接在旋转轴上的,前飞时由于旋转平面上气流的不对称,必然引起左右两边的拉力不对称。前行桨叶拉力大,后行桨叶拉力小,因而形成侧倾力矩使旋翼无人机倾转。前飞速度越大,侧倾力矩也越大。另外,由于桨叶像一根很长的悬臂梁,分布的空气动力载荷引起很大的根部弯矩,而且这种弯矩随着周向气流速度的周期变化而相应地改变,桨叶在大的交变弯矩作用下容易发生疲劳损坏。铰接式旋翼为了消除上述障碍,桨叶根部通过挥舞铰与旋转轴相连,桨叶可以绕挥舞铰作上下挥舞运动,如图 7-3 所示。

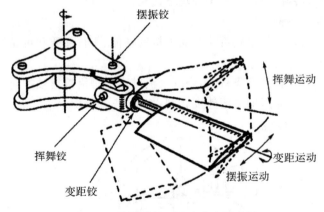

图 7-3　旋翼桨叶运动自由度示意图

旋翼桨叶作周期挥舞运动,挥舞角为 β,在挥舞平面内除拉力 Y、重力 G 和离心力 F 之外,还有挥舞惯性力 J,这些力对挥舞铰的力矩之和为零,如图 7-4 所示。但是作用在桨叶上各种力的数值相差很大:桨叶拉力 Y 约为桨叶重力 G 的 25 倍,而桨叶离心力 F 为桨叶质量 G 的 300～400 倍。在桨叶摆振平面内作用有阻力、摆振惯性力和离心力。一些作用于桨叶上的载荷对桨叶轴线将构成扭矩。

(2)旋翼桨叶的摆振运动。

旋翼桨叶作挥舞运动时,桨叶重心距旋转轴的距离不断变化,由理论力学知道,旋转着的质量对旋转轴有相对运动时会受到哥氏力的作用。挥舞运动引起的哥氏力是周期交变力,而且一阶挥舞运动会引起二阶的哥氏力。

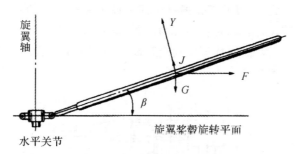

图 7 - 4　桨叶在挥舞平面内受力示意图

根据实际例子的计算发现,一片桨叶的哥氏力的最大幅值竟高达桨叶自重的 7 倍以上,这会在旋转平面内造成很大的交变弯矩,对桨叶结构寿命非常不利。另外,桨叶在旋转平面内的空气动力阻力也造成根部弯矩,前飞时气动阻力同样随方位角变化,不过它所造成的弯矩交变部分比哥氏力的交变弯矩小得多。通常旋翼无人机桨毂上安装有垂直铰,这种垂直铰称为摆振铰,桨叶可以绕摆振铰作水平面内的前后摆动,如图 7 - 3 所示,从而避免因摆振运动所造成的桨叶根部疲劳断裂。

7.1.3　旋翼系统设计的依据和桨毂结构形式

1.旋翼系统设计依据

旋翼系统设计包括旋翼桨叶设计、旋翼桨毂设计以及尾桨的设计,主要在旋翼无人机总体设计给定的旋翼特定性能参数下进行。设计时,根据预先确定的动力学设计目标,通过结构优化确定桨叶、桨毂的结构特性参数。随着结构细节设计的深入开展,对原有总体参数进行必要的修正、更改,逐步反复迭代形成最终的设计方案。

旋翼结构设计以总体设计给定的旋翼结构形式、旋翼总体参数、桨叶气动设计参数及边界参数为设计依据。设计过程中,根据实际情况对总体参数进行必要的修正。

(1)总体参数。

旋翼设计的总体参数包括旋翼系统结构形式、旋翼直径、桨叶片数、转速、转向、桨叶静挠度、桨盘载荷、挥舞调节系数、水平铰外伸量、垂直铰外伸量、旋翼预锥角与下垂角等。

(2)桨叶气动参数。

桨叶气动参数包括翼型及翼型配置、桨叶弦长、桨叶几何扭转、平面形状、桨尖几何形状、桨根切除位置,以及其他特殊要求,如变距轴线位置、后缘调整片位置和翼剖面过渡等。

(3)边界及接口协调参数。

边界及接口协调参数包括操纵系统的总距要求、纵横约束刚度值;旋翼轴的弯曲、扭转刚度;与操纵、传动系统的接口尺寸和位置等。

2.旋翼桨毂的结构形式

旋翼无人机旋翼形式是指旋翼桨叶与旋翼轴的连接方式,也就是旋翼桨毂的结构形式。桨毂是旋翼的安装支撑结构,其作用是实现桨叶的安装、传动和控制功能。旋翼桨叶在旋转运动和工作过程中,产生的各种载荷均传递到桨毂上;同时,桨毂还需将发动机的功率传递给桨叶,驱动桨叶正常运动。

(1)铰接式。

铰接式(又称全铰接式)旋翼桨毂是通过桨毂上设置完整独立的水平铰(挥舞铰)、垂直铰(摆振铰)和轴向铰(变距铰)结构,实现桨叶的挥舞、摆振和变距运动。典型的铰接式桨毂铰的布置顺序(从里向外)是由挥舞铰、摆振铰到变距铰,如图 7-5 所示。铰接式桨毂构造复杂,维护检修的工作量大,疲劳寿命低。

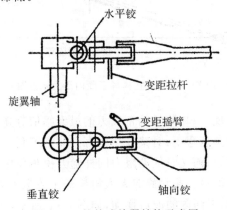

图 7-5　铰接式旋翼结构示意图

(2)半铰接式。

半铰接式桨毂有跷跷板式和万向接头式两种不同的结构形式。

跷跷板式桨毂是通过桨毂将两片桨叶连在一起的一种旋翼结构形式,如图 7-6(a)所示。两片桨叶共用一个中心挥舞铰,没有摆振铰。每片桨叶有各自的变距铰(轴向铰)。这种桨毂形式与铰接式相比,其优点是桨毂构造简单,去掉了摆振铰、减摆器,两片桨叶共同的挥舞铰不负担离心力而只传递拉力及旋翼力矩,轴承负荷比较小,没有"地面共振"问题。轻小型旋翼无人机常采用跷跷板式旋翼结构。

万向铰式旋翼是跷跷板式旋翼的另一种形式。除桨叶各自具有变距铰外,连成一体的两片桨叶共用一个悬挂式挥舞铰,并通过万向铰实现桨叶的周期变距,如图 7-6(b)所示。万向铰式桨毂可以连接任意片数的桨叶,桨叶安装在一个与桁架相连接的转轴上,通过桁架将各片桨叶连接在一起,由桁架确定旋翼桨盘平面,桁架以万向铰形式连接在旋翼轴的顶端。

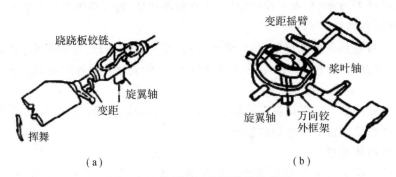

（a）　　　　　　　　　　（b）

图 7-6　半铰接式旋翼结构示意图

(a)跷跷板式;(b)万向铰式

(3)无铰式。

无铰式旋翼桨毂无挥舞铰和摆振铰,只保留变距铰,桨叶的挥舞、摆振运动完全通过桨根弹性变形来实现,如图 7-7 所示。无铰式旋翼桨叶在挥舞、摆振方向根部是固支的,扭转与铰接式相同。与铰接式旋翼相比,它的结构力学特性与飞行力学特性联系更为密切。

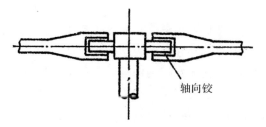

轴向铰

图 7-7　无铰式旋翼结构示意图

(4)无轴承式。

无轴承式桨毂无挥舞铰、摆振铰、变距铰,桨叶工作时的挥舞、摆振、扭转运动完全通过桨根柔性梁来实现,如图 7-8 所示。

无轴承式旋翼桨叶在挥舞、摆振方向的根部支持与无铰式桨毂相同,扭转运动的根部支持为弹性约束。无轴承桨毂的主要结构是由单向复合材料制成的柔性梁,柔性梁外端同桨叶相连接,内端同固定在旋翼轴上的连接盘相连。柔性梁

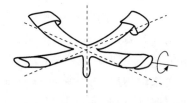

图 7-8　无轴承式旋翼结构示意图

在保证一定的弯曲刚度和强度的情况下,扭转刚度很低,起到了挥舞、摆振和变距铰的作用。无轴承式桨毂结构简单,零件数量少,全复合材料结构,破损-安全性能好,寿命长,外形尺寸小,阻力小,质量轻。由于无轴承桨毂取消了所有的"铰",桨叶的挥舞、摆振、变距都要靠柔性梁的挠曲变形来实现。这样,无轴承旋翼的一个突出的特点就是强烈的变距—挥舞—摆振弹性耦合,对旋翼结构动力学特性影响较大。

7.1.4　旋翼无人机旋翼动力学特性

旋翼系统结构与其他结构相比较,明显的特点是与空气动力学问题密切联系的结构动力学问题特别突出。这是由旋翼空气动力学环境的特殊性和旋翼桨叶结构本身的特殊性决定的。

1. 旋翼系统结构动力问题

旋翼桨叶在旋转工作时具有挥舞、摆振和扭转(变距)等三种类型的振动。通常对铰接式旋翼而言,可以把三种类型的振动看成相互独立的,而对无铰式、无轴承式则要考虑三种类型振动之间复杂的耦合关系。旋翼系统结构动力问题的基本特点主要表现在以下方面:

(1)包含时间变量。

静载荷是不随时间变化的稳态力,静力问题具有单一的解答。结构动力问题则不同,动载荷(输入)是随时间变化的速变力,因此,在动力分析中,输入(激励)的大小、方向甚至作用点,一般都是随时间而变化的。这就决定了动力系统的输出(响应)也随时间而变化,使动力问题不像静力问题那样具有单一的解答,必须在动载荷作用的时间范围内求解结构响应的时间历程。结构中的内力、变形除了与载荷大小有关外,还与载荷作用方式、载荷随时间的变化规律、结构边界条件以及结构的固有特性、阻尼特性有关。此外,对于动力学问题,不仅要知道边界

条件,还要知道初始条件。显然,时间变量是结构动力问题的基本变量之一,这使得动力分析比静力分析更加复杂。

(2)惯性力的存在。

结构动力的突出特征是存在振动现象。在振动过程中组成结构的质点具有加速度,从而在结构中产生了惯性力。惯性力的存在是动力学问题的又一特性。由理论力学质点动力学可知,随时变化的惯性力项的出现,使质点振动的运动方程为二阶常系数线性微分方程(在微幅振动条件下),这也就在一定程度上确定了运动方程的形式和求解的特点。因此,在结构动力学中,必须十分重视结构的质量大小与分布情况,注意研究振动中惯性力的状况。

(3)桨叶运动自由度之间的耦合。

耦合是指两个或两个以上事物之间存在紧密配合与相互影响,并通过相互作用从一侧向另一侧传输能量的现象。旋翼无人机有多个旋翼,每个旋翼由多片(两片或两片以上)桨叶和一个桨毂构成,每片桨叶都有挥舞平面弯曲、摆振弦向弯曲和扭转运动三个方向的振动,而每个方向又可以有各种不同阶次振型的振动。这三种振动形态(运动自由度)之间存在着强烈耦合关系,如图 7-9 所示,对其结构性能特性有重要影响。旋翼的结构形式以及某些结构参数的匹配,会直接影响桨叶运动自由度之间的耦合,如

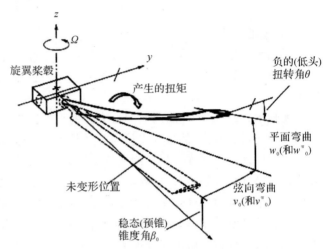

图 7-9　桨叶运动自由度之间的耦合示意图

桨叶弦向重心和气动中心的偏离、桨尖预掠、后缘加调整片等因素。特别是随着旋翼结构形式的发展,桨叶耦合关系也更加复杂。

2.铰接式旋翼动力学特性

(1)弯曲振动。

全铰接式旋翼的桨叶离心力经过桨毂上的三个铰链传递到桨毂中心,各片桨叶的离心力在桨毂中心相互平衡。在挥舞面内,挥舞弯矩在水平铰处为零,水平铰以内部分承受由水平铰支反力产生的弯矩和剪力。在摆振平面内,桨毂垂直铰以外部分承受摆振剪力和摆振力矩。旋翼桨叶在旋转面内振动与挥舞面内振动的区别是离心力的作用方式不同,在挥舞面内振动时离心力是平行力系,而在旋转面内则是中心力系。也就是说,在旋转面内离心力刚度要比挥舞面桨叶产生的铰链力矩,由变距拉杆平衡,并传给自动倾斜器。

轴向铰一般通过推力轴承传递离心力,由两个或两个以上的径向轴承传递弯矩,在确定推力轴承承载能力时,应考虑推力轴承承担的弯矩。水平铰和垂直铰的轴承一般为径向滚柱轴承,可以承受离心力与弯矩。全铰接式旋翼桨叶有挥舞、摆振和扭转三个自由度的运动,根部为铰链传动,不需要考虑桨叶的结构耦合,桨叶固有特性完全按单桨叶的单平面运动来分析。全铰接式旋翼弯曲振动固有特性的基阶模态就是桨叶的零阶模态,桨叶弯曲振动 0～3 阶振型如图 7-10 所示。

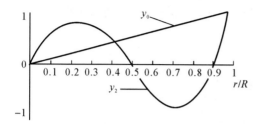 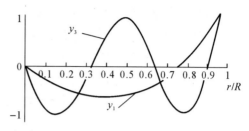

图 7-10　全铰接式旋翼桨叶弯曲振动 0～3 阶振型

（2）扭转振动。

全铰接式旋翼桨叶的扭转振动除作用有惯性力矩、结构弹性回复力矩外，还有离心力引起的回复力矩，即桨叶上的离心力也附加了刚度。桨叶根部受桨距操纵线系的弹性约束，弹性变形位能包括桨距操纵线系部分，而且桨距操纵线系刚度是主要的，不同线系的刚度不同，扭转频率也不同。

桨叶的扭转固有特性与挥舞和摆振的情况不同，转速变化时固有扭转频率的改变很少，对基阶（一阶）模态也是如此。桨叶本身扭转刚度要比桨叶根部操纵线系的刚度大得多，对一阶扭转固有频率往往是桨叶根部操纵线系刚度起主要作用。通常桨叶一阶扭转固有频率可高达 6Ω 以上，低的也在 3Ω 以上，而二阶扭转固有频率，甚至高于 15Ω。全铰接式旋翼桨叶扭转振动一到三振型如图7-11 所示。

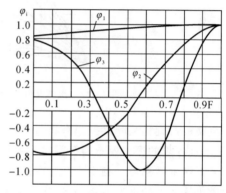

图 7-11　全铰接式旋翼桨叶扭转振动一到三阶振型

（3）旋翼桨叶共振图。

共振是指机械系统所受激励的频率与该系统的某阶固有频率相接近时，系统振幅显著增大的现象。共振时的激励频率称为共振频率，近似等于机械系统的固有频率。共振是有害的，会引起机械和结构很大的振动、变形和动应力，甚至造成破坏性事故。

旋翼桨叶频率随转速在变化，为了表示固有频率随转速的变化情况，通常把旋翼各次谐波激振力频率和桨叶固有频率画在一个图上，用来检查旋翼的共振情况，这就是旋翼共振图如图7-12 所示。共振图上桨叶各阶固有频率与转速整倍数的交点即共振点，为了避免发生旋翼桨叶共振，旋翼工作转速必须避开所有的共振点。

3. 跷跷板式旋翼动力学特性

跷跷板式旋翼只有两片桨叶，两片桨叶与桨毂连成一体，共用一个水平铰，桨叶挥舞运动只能通过中心铰链来实现，没有垂直铰，仍然有轴向铰。对悬挂式结构，为充分利用离心力和卸载作用，桨毂没有结构预锥角，两片桨叶之间上跷一个角度，共用的水平铰比两片桨叶轴线的交点高出一个距离。因为两片桨叶的合力在交点相互平衡，所以水平铰不承受离心力，使载荷得到大幅减轻。对两片桨叶跷跷板旋翼，由于铰支情况的不同，桨叶挥舞面的运动与铰接式旋翼有所区别。从挥舞固有特性来看，有对称型（集合型）和反对称型（周期型）两种类型的振型及相应的频率，如图7-13 所示。对一片桨叶来说，周期型的振型及频率与根部单独铰支的桨叶完全相同,在铰支处的约束为零,两片桨叶的变形必然相反;而集合型的振型实际上就与根部固支的单片桨叶完全一样,两片桨叶的变形相同。

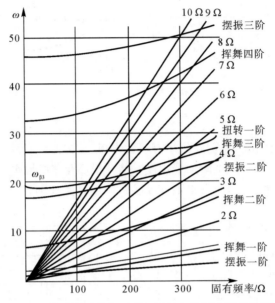

图 7-12 旋翼桨叶挥舞、摆振、扭转各阶固有频率共振图

跷跷板式旋翼桨叶摆振固有特性同样存在对称型(周期型)与反对称型(集合型)两种情况,只不过各阶的振型模态与挥舞情况相反。跷跷板式旋翼,在旋转面频率为 1Ω 的哥氏力对旋翼无人机机体形成了频率为 2Ω 的水平激振力,会成为旋翼无人机严重的振源,为了减少旋翼传给机体的二阶谐波的振动,除了严格控制桨叶固有频率远离 2Ω 外,还采取悬挂布局,即水平铰中心要比带有锥角的两片桨叶轴线的交点高出一段距离。

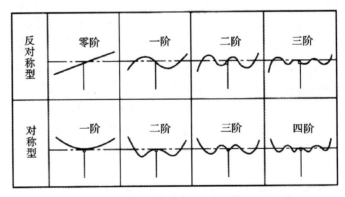

图 7-13 跷跷板式旋翼挥舞运动振型图

跷跷板式旋翼构造简单,改善了轴承受力,不会发生地面共振。但水平铰外伸量为零,失去了桨毂力矩,旋翼的操纵功效和角速度阻尼比铰接式旋翼差,只适用于小型旋翼无人机。

4. 无铰式旋翼和无轴承式旋翼动力学特性

无铰式旋翼和无轴承式旋翼在动力学方面的特点是相似的。无铰式或无轴承式旋翼没有垂直铰,在旋转平面内会有较大的一阶谐波哥氏力存在,使桨根产生较大的交变弯矩,在设计中必须使摆振一阶固有频率与激振力谐波 1Ω 保持足够的距离。

　　工程中一般采用两种设计方法:一种是"摆振柔软"设计;另一种是"摆振刚硬"设计。无铰式或无轴承式旋翼的动力稳定性比铰接式复杂得多。由于一般没有减摆器,摆振阻尼较小,容易发生以摆振为主的不稳定振动。这两种旋翼的气动弹性不稳定性有变距挥舞、变距-摆振、挥舞摆振和挥舞—摆振—变距耦合等类型的气动弹性不稳定性问题,这些结构动力学的强烈耦合效应是无铰式或无轴承式旋翼动力学结构设计的基本特征,不仅影响旋翼系统的动力稳定性,还影响到全机的飞行动力特性。

　　无铰式或无轴承式旋翼的操纵功效和角速度阻尼为铰接式旋翼的 4～5 倍。无铰式旋翼对旋翼无人机重心力矩的增加,客观上改善了旋翼无人机的驾驶品质,提高了旋翼无人机的机动性能和跟随性。

　　无铰式或无轴承式旋翼的动力响应问题较为突出,由于操纵力矩大,加大了旋翼的疲劳载荷,旋翼的动应力与旋翼无人机的平衡直接相关,在机动飞行时旋翼会产生过大应力的风险。同时,交变弯矩沿桨叶半径的分布规律与铰接式差别较大,对于桨叶根部,无铰式、无轴承式的交变弯矩比铰接式大得多。无铰式及无轴承式旋翼挥舞特性的基阶模态都为一阶,根部均为固支,桨叶基阶模态的弯曲变形集中在根部,根部以外的桨叶基本上是直线,所以这两种旋翼一阶模态弯矩根部最大,如图 7－14 所示。

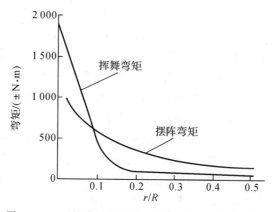

图 7－14　无铰式及无轴承式旋翼一阶模态弯矩分布

　　对无铰式及无轴承式旋翼通常常采用"等效铰"模型处理。用一个等效的带弹性约束的铰接式旋翼代替所分析的旋翼结构,"等效铰"的位置可以由桨叶模态直线段的延长线来确定,也可以取根部柔性组件(如球面弹性轴承)的中点,如图 7－15 所示。无铰式及无轴承式旋翼在额定转速时的挥舞一阶固有频率比一般为 $\overline{\omega}_{\beta 1}$ 在 1.08～1.15 范围内,相应的当量挥舞(等效)铰外伸量为旋翼半径的 11%～21.5%,固有频率及当量水平铰外伸量的大小则主要取决于根部结构的挥舞弯曲刚度。

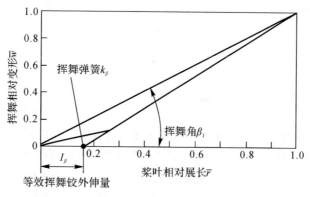

图 7－15　无铰式及无轴承式旋翼"等效铰"模型

7.2 复合材料旋翼桨叶结构设计

旋翼桨叶结构设计要满足旋翼无人机总体设计和气动设计确定的参数要求,桨叶的结构性能应满足旋翼动力学、疲劳与强度、可靠性与维修性、经济型和工艺性的要求。桨叶结构设计工作内容包括桨叶材料的选择与桨叶构型的设计。采用复合材料桨叶时,需要确定桨叶铺层设计及相关的结构参数,并完成桨叶与桨毂的连接结构设计。

7.2.1 旋翼桨叶结构设计特点和选用复合材料的优势

1. 旋翼桨叶结构设计特点

旋翼桨叶结构设计是要通过结构元件布置和主要尺寸参数的确定,使旋翼桨叶具有合适的结构动力学特性(如固有频率、振型等)。旋翼桨叶结构设计步骤首先是进行动力学设计,然后进行静强度校核,最后通过试验考核设计结果,给出使用寿命。此外,桨叶设计还要保证其具有较小的振动和噪声水平。

结构动力学设计一般是通过改变结构的刚度、质量及其分布来调整结构的振动固有特征(如固有频率、振型等);改变结构各个振动自由度相互之间的耦合关系;改变结构的阻尼特性等技术途径来解决动力学问题。

旋翼桨叶是一个柔韧的固有频率较低的细长弹性体,在旋翼轴和桨毂带动下旋转工作时,高速旋转的桨叶承受着很高的离心力载荷和交变的气动载荷作用,产生很高的交变应力。在这些载荷引起的弯矩和扭矩作用下,桨叶结构会发生变形和振动,并反过来导致气动力发生改变。因此,桨叶在工作过程中会出现复杂的振动和气动弹性问题。特别是当旋翼无人机前飞时,旋翼气动载荷中存在着明显不同谐波的周期变化部分,而细长的、刚度很低的旋翼桨叶本身的固有频率又往往难以做到远离主要阶次气动激振力的频率,这样旋翼桨叶实际上是在持续的弹性振动下工作。旋翼结构设计中必须设法降低强迫振动的振幅和避免出现旋翼系统及其与旋翼无人机机体结构耦合振动等动不稳定现象。

旋翼桨叶的结构,一方面要满足旋翼气动效率和疲劳强度等设计要求,另一方面却又要受到材料工艺水平的限制。因此,为了提高旋翼桨叶的气动效率,要求桨叶采用先进翼型、桨叶外形误差小、在局部气动载荷作用下的外形畸变要小;为了提高疲劳强度,设计要求选用疲劳许用应变高的材料,要求结构避免出现引起应力集中的因素。此外,还要考虑旋翼桨叶弦向重心、扭转刚度以及弯曲振动固有频率范围要求等。20世纪70年代以后,旋翼系统采用复合材料桨叶。复合材料的应用为设计和制造非常规桨叶外形提供了条件,使桨叶外形设计可以做到精细化,实现优化设计。通过改变桨叶扭转规律、翼型配置、采用特型桨尖等,使桨叶性能大幅度提高,振动和噪声水平大大降低,使用寿命提高。

2. 旋翼桨叶选用复合材料的优势

与其他结构件选用复合材料的主要目的是为了减重不同,旋翼桨叶选用复合材料不是为了减轻质量,而是因为旋翼桨叶必须具有足够的旋转动能,以保证桨叶在发动机出现故障时能继续自转,继续提供一定的拉力,使旋翼无人机实现自转下滑,缓慢下落,所以旋翼桨叶必须保证具有足够的质量。复合材料桨叶与金属桨叶相比较,具有以下优势:

1)复合材料高比强度、优异的疲劳性能(高的疲劳许用应变)和损伤缓慢扩展特性,对于承受由旋转离心力(展向拉伸力)、挥舞弯矩和摆振弯矩的综合作用等所引起的旋翼桨叶上的相当高的平均拉应力和交变应力幅是十分有利的。同时,也允许采用较大的桨叶扭转角。与金属桨叶相比,在质量和动态特性、质量分布控制相同的条件下,复合材料桨叶处于比较低的应力水平,疲劳寿命可达 6 000 飞行小时以上,甚至是无限寿命。

2)复合材料的高比模量及刚度可剪裁设计以及不同铺层的选择,非常有利于调整旋翼桨叶的质量分布及挥舞、摆振和扭转刚度分布,以达到预定的调频设计要求。

3)复合材料高阻尼特性,如图 7—16 所示,可以用来改善桨叶结构动态特性,以降低飞行载荷在旋翼上产生的载荷的量值和振动水平。

4)复合材料桨叶结构一般采用闭合压模压制固化成型方法制造,能够很好地保证桨叶几何外形精度要求,这是金属桨叶制造工艺很难做到的。复合材料桨叶制造工艺过程是在模压过程中使用上下分离模,并在固化过程中施加内压(由填芯过盈量提供),就能使桨叶精度要求包括桨叶扭转角、表面粗糙度和型面尺寸严格地符合模腔的型面。这种工艺方法允许桨叶有均匀厚度的或非均匀厚度的斜削度、翼型改变;允许桨叶有几何外形非线性扭转以及非均匀的或集中的质量分布,所有这些对旋翼桨叶设计都是十分重要的。这种设计上较大的自由度与金属桨叶制造工艺相比,承载能力比原来几乎提高 10%～15%。这种结构的造

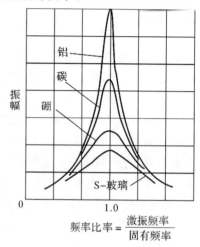

图 7 - 16　材料阻尼特性示意图

型有可能改善对桨叶谐振的控制,使桨叶的固有频率和由气动载荷或惯性载荷引起的振动频率有效地进行分离。完善的结构造型提供了较好的气动特性,也能改进桨叶性能。

5)复合材料强度、刚度性能剪裁设计与桨叶气动力设计相结合,以及模压固化成型工艺技术支持以满足桨叶气动设计精细化的要求,这意味着旋翼桨叶可获得最佳的气动效率、最低的振动响应。

6)以连续纤维缠绕接头衬套形成桨叶根部接头,使桨叶根部连接处的质量和应力集中降至最小,并且能够将纤维增强复合材料的高疲劳寿命的优点扩展应用到关键的根部连接接头上。这也是复合材料旋翼桨叶达到长寿命的先决条件之一。

7)复合材料固有的多路传载特点,使复合材料旋翼桨叶本身就具有一定的抗弹击损伤能力、高的可靠性和生存力。至于设计师担心的复合材料低的层间剪切强度、湿/热环境影响、老化问题,现已证实这些均没有给复合材料旋翼桨叶设计和应用带来太大的麻烦。

7.2.2　旋翼桨叶结构参数的选择和构型设计

1. 旋翼桨叶主要结构参数

旋翼桨叶结构设计要在满足桨叶气动外形、旋翼动力学、疲劳与强度、可靠性与维修性、工艺性和经济性等要求下,通过桨叶主要结构参数的选择和结构元件布置,使旋翼桨叶具有合适的结构动力学特性(如固有频率、振型等)。旋翼桨叶结构参数包括整片桨叶结构参数和桨叶剖面特性参数,这些参数将作为桨叶原始结构参数用于旋翼动力学分析、载荷分析、强度分析和性能计算,同时这些分析和计算的结果又可作为调整桨叶结构参数的依据。

(1)桨叶质量。

计算单片桨叶的质量(单位:kg)要从桨叶根部到尖部,包括单片桨叶所有结构、涂层、配重等所有质量。虽然航空飞行器结构设计通常要遵循质量最轻原则,但是旋翼桨叶的结构设计除了满足强度、刚度和动力学要求之外,还要求旋翼桨叶能够为一旦失去动力时进入自转下滑状态提供足够的能量,因此,旋翼桨叶不能设计得过轻。桨叶结构设计过程中通常设置多种配重,用于调整桨叶质量和质量分布。常见的配重装置有桨叶前缘配重条、桨尖配重及其他必要的可调配重。

(2)桨叶重心。

1)展向重心。整片桨叶重心距旋翼中心的距离定义为展向重心(单位:mm)。桨叶的展向重心主要影响桨叶的静矩和惯性矩。桨叶展向重心外移,桨叶的静矩和惯性矩会增大,同时桨叶的离心力载荷会变大,一般设计在桨叶半径 50%~55% 的位置。

2)弦向重心。整片桨叶重心距桨叶变距轴线的距离定义为弦向重心(单位:mm)。对于前缘平直的桨叶,习惯上用桨叶重心距前缘的距离来表示。桨叶的弦向重心是结构设计的重要参数,因为弦向重心直接影响到桨叶的气动弹性稳定性,如颤振特性。通常要求桨叶的弦向重心位置在弦长的 25% 之前。实际的工程应用中,弦向重心要控制在弦长的 25% 之前是比较困难的,因此一般要求桨叶的有效重心控制在弦长的 25% 之前。

3)有效重心。用一个当量重心代替沿展向变化的弦向重心,它是分析整片桨叶弦向重心比较合理的参数(单位:mm)。

(3)静矩。

静矩又称面积矩,截面对某个轴的静矩等于截面内各微面积乘微面积至该轴的距离在整个截面上的积分。静矩的力学意义是:如果截面上作用有均匀分布载荷,其值以单位面积上的量表示,则载荷对于某个轴的合力矩就等于分布载荷乘以截面对该轴的静矩。静矩是求截面形心和计算截面内各点剪应力的必要数据之一。静矩的控制与桨叶质量和重心控制相关。

1)绕旋转轴静矩。指单片桨叶绕旋转轴(摆振铰)静矩(单位:kg·m)。

2)绕水平铰静矩。指单片桨叶绕水平铰(挥舞铰)支点位置的静矩(单位:kg·m)。

(4)惯性矩。

轴惯性矩是反映截面抗弯特性的一个量,简称"惯性矩"。截面对某个轴的轴惯性矩等于截面上各微面积乘微面积到轴的距离的平方在整个截面上的积分。轴惯性矩恒为正值,构件的抗弯能力和轴惯性矩成正比。

1)绕旋转轴惯性矩。指单片桨叶绕旋转轴(摆振铰)的转动惯量(单位:kg·m²)。

2)绕水平铰惯性矩。指单片桨叶绕水平铰(挥舞铰)支点的转动惯量(单位:kg·m²)。

3)绕变距轴惯性矩。指单片桨叶绕桨叶变距轴线的转动惯量(单位:kg·m²)。

(5)剖面刚度。

桨叶的剖面刚度和质量分布是桨叶结构参数设计的核心工作。剖面刚度和质量特性直接影响桨叶的动力学特性、强度和疲劳特性。动力学设计时,调整桨叶剖面刚度和质量分布来改变桨叶动力学特性,也称调频设计,是多次逼近的复杂的过程。调频设计的主要措施是改变桨叶的质量和刚度分布。

1)剖面挥舞刚度。剖面相对刚心的挥舞刚度(单位:N·m²)。

2)剖面摆振刚度。剖面相对刚心的摆振刚度(单位:N·m²)。

3)剖面扭转刚度。剖面绕扭转中心的扭转刚度(单位:N・m²)。

(6)剖面线质量。

剖面单位长度的质量(单位:kg/m)。

(7)静挠度。

桨叶设计应保证桨叶静挠度要求。影响桨叶静挠度的主要因素是桨叶挥舞方向的刚度分布和桨叶根部的约束刚度,桨叶结构设计时必须严格控制,确保桨叶在各种状态下与机身其他部位之间有足够的间隙,桨尖静挠度一般都在桨叶半径的 $0.05\%\sim0.08\%$。

1)挥舞方向静挠度。一般指桨叶根部水平、安装角为零时,桨叶自重在桨尖产生的垂直位移(单位:mm)。

2)摆振方向挠度。桨叶根部竖直,剖面前缘向上,桨叶自重在桨尖产生的垂直位移。

在进行旋翼桨叶设计时,调整桨叶的结构参数是一项繁杂的工作。表 7-1 给出了两种典型机型桨叶结构参数,其中一种为金属桨叶,另一种为复合材料桨叶。

表 7-1　两种典型机型桨叶结构参数表

参数名称	单　位	金属桨叶	复合材料桨叶
桨叶质量	kg	109.09	34.19
展向重心	mm	4 539.5	2 875.0
弦向重心	mm	135.8	87.5
有效重心	mm	135.0	86 0
绕旋转轴静矩	kg・m²	495.22	95.43
绕水平铰静矩	kg・m²	452.29	88.32
绕旋转轴惯性矩	kg・m²	3 048.98	364.34
绕水平铰惯性矩	kg・m²	2 674.48	306.19
绕变距轴惯性矩	kg・m²		0.209
桨叶静挠度	mm	500	224

2.复合材料桨叶构型设计

进行桨叶构型设计时,要考虑桨叶研制的基础和行业的技术积累,合理选择桨叶的构型。复合材料桨叶构型设计的任务主要是选取合适的桨叶剖面构造形式,选用复合材料的组分材料,基本确定桨叶的构造、动力学特性及工艺性、可靠性等特性。

桨叶构型设计受气动外形、强度、动力学、质量、对旋翼中心惯心矩和复合材料制造工艺等诸多因素的限制,但这些因素往往相互矛盾,相互制约,这决定了桨叶构型设计是一项十分复杂的过程。通常,桨叶结构沿展向可以分为根部段、翼型段和桨尖段三个部分,各部分各有特点和特殊作用,在构型设计中应区别对待。

(1)桨尖段。

桨尖段主要安装有桨尖罩,用来改善旋翼的气动性能与气动噪声,所受的载荷较小,不是主要结构部分。

(2)根部段。

根部段是桨叶与桨毂连接的部位，结构复杂，零组件较多。桨叶所有动载荷和静载荷都要通过它传递到桨毂上，是桨叶结构受力状态最复杂的部位之一。

(3)翼型段。

翼型段是桨叶结构最主要的部分，确定剖面的构造形式是桨叶结构设计的首要任务之一。翼型段一般由蒙皮、大梁、内腔填块、后缘条、前缘包片、平衡配重和调整片等元件构成。大梁是桨叶的主承力部件，设计时可以充分利用复合材料的设计剪裁特性，按需要调整大梁的刚度和质量分布，但要避免铺层产生急剧变化引起应力集中。

图 7-17 所示是典型复合材料桨叶，桨叶内部结构包括在前缘贯穿整个桨叶的大梁，在主截面的泡沫填块和碳纤维肋，在后缘的无纬带层。每片复合材料桨叶桨尖为抛物线型，提高了气动特性。桨叶连接接头为两个由无纬带大梁环绕的不锈钢衬套。该衬套有一个由复合材料和硬质泡沫制造的楔形条。后缘安装 7 片用于桨叶调整的调整片。桨尖处有一个不锈钢槽，内部有桨叶静平衡和动平衡配重。槽口有一个与外表面相连的玻璃纤维口盖。调整螺钉安装在下表面，能起到双重保险的作用。

7.2.3 复合材料桨叶传力路线和结构设计

1.复合材料桨叶主要载荷传力路线

旋翼桨叶的主要受力结构由大梁、蒙皮、后段件和接头等部件组成。

1)大梁是旋翼桨叶的主要承力构件，承受和传递包括离心力、惯性力、气动力和各种复杂的交变载荷。

2)桨叶挥舞弯曲载荷主要由大梁和蒙皮承受和传递。

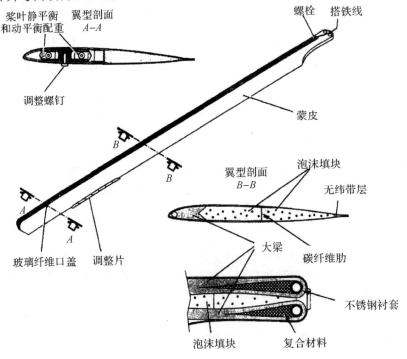

图 7-17　复合材料旋翼桨叶构型示意图

3)桨叶摆振弯曲载荷主要由大梁、后缘条、蒙皮承受和传递。

4)扭转载荷主要由蒙皮和大梁与蒙皮等形成的抗扭盒形件承受和传递。

旋翼桨叶结构沿展向分为根部段、翼型段和桨尖段三个部分,桨叶刚度沿展向变化较大。集中质量一般根据旋翼动力学设计要求进行配置,以实现挥舞振动调频。桨叶结构设计在满足桨叶动力学特性之后,还需对桨叶进行气动弹性稳定性、动力响应、载荷及应力分析的验算。整个设计过程是一个逐次完善的过程。

复合材料桨叶设计中,为了提高扭转刚度,通常采用增加蒙皮厚度或采用高模量纤维材料作蒙皮来解决。扭转刚度的提高,同时也带来了弯曲刚度,特别是摆振弯曲刚度的提高,从而导致摆振固有频率有较大的变化,出现了刚度匹配的问题。其主要原因是蒙皮的刚度占桨叶摆振弯曲刚度的 50% 以上,蒙皮的变化必然引起摆振刚度的较大变化。而桨叶摆振固有频率对刚度的变化又非常敏感;相反,蒙皮对挥舞刚度的影响小,对频率的影响也小。为此,采用改变桨叶后缘刚度的方法进行调频,即用碳纤维后缘条取代玻璃纤维后缘条。桨叶根部连接通常采用大梁纤维连续缠绕接头衬套,形成包绕整个根部端头的桨叶与桨毂连接接头,使桨叶整体可实现使用长寿命。

2.复合材料桨叶大梁结构设计

桨叶剖面构型分析选择直接关系到桨叶的结构承载能力、动力学特性以及成型工艺性、损伤容限特性等诸多性能,是桨叶结构设计的重要一环。复合材料旋翼桨叶的典型剖面构造形式,按照大梁的构造划分为 C 形梁桨叶、D 形梁桨叶和多腔梁桨叶三种类型;按照剖面分隔或封闭区间的划分有单闭腔、双闭腔和多闭腔等形式。

(1)C 形梁桨叶。

复合材料桨叶最简单的剖面构造是 C 形梁单闭腔结构,如图 7-18 所示,这种构型类似金属 C 形梁结构,具有结构简单、工艺性好,易于成型制造且有利于桨叶弦向重心布置等优点。但是采用后部开口 C 形梁结构的旋翼桨叶,因为剖面抗扭刚度低,对于弦长较大的桨叶,翼型后段区蒙皮与填充材料的黏结强度是这种结构的设计难点,所以这种构型通常适用于中小型旋翼无人机的桨叶。

前缘包片　大梁　蒙皮　　芯子　　　　后缘条
(不锈钢)

图 7-18　复合材料旋翼 C 形梁单闭腔桨叶剖面示意图

旋翼复合材料 C 形梁单闭腔桨叶的突出特点是 C 形大梁提供桨叶 75%～80% 的挥舞弯曲刚度、30%～40% 的摆振弯曲刚度,抗扭盒形件或内抗扭层承扭,但扭转刚度偏小。C 形大梁采用玻璃纤维单向带制造,充分利用和发挥了纤维增强复合材料优异的纵向拉伸强度和疲劳强度,以满足桨叶离心力载荷和挥舞载荷的承载设计要求,以及桨叶根部的纤维绕衬套连接,从而实现了桨叶寿命的大幅度提高。复合材料纤维铺放为 C 形梁剖面形状带来设计的灵活性,再加上其与 ±45° 铺层蒙皮相结合,使复合材料桨叶可以实现挥舞刚度、摆振刚度和扭转刚度三者的最佳匹配。

(2)D 形梁桨叶。

　　复合材料桨叶 D 形梁结构既可承受旋转离心力、挥舞弯矩和摆振弯矩，又可承扭，从而大大提高桨叶扭转刚度。但是 D 形梁工艺性复杂，有的旋翼桨叶采用金属大梁，一般为二次黏结共固化成型，填芯块采用泡沫芯、蜂窝芯均可，多用于中型/重型旋翼无人机。

　　D 形梁桨叶的复合材料蒙皮参与桨叶总体受力，因此桨叶扭转刚度得到显著提高。复合材料桨叶 D 形梁一般有一个 ±45° 纤维铺层（或缠绕）的管形件内衬，再在其上铺放 0° 纤维，形成既可承受离心力又可承受挥舞、摆振、扭转载荷的 D 形桨叶大梁。D 形梁桨叶的抗弹击损伤能力优于 C 形梁桨叶，成型工艺性比 C 形梁桨叶复杂，费用要提高。

　　桨叶单闭腔结构的刚度与强度相对较低，对于弦长较大的桨叶，后段区域蒙皮和填充材料的黏结强度要求较高，为此可采用双闭腔结构。双闭腔 D 形梁结构较单闭腔 C 形梁结构相对复杂，但能提高桨叶的扭转刚度和桨叶后缘蒙皮的黏结强度，如图 7-19 所示。

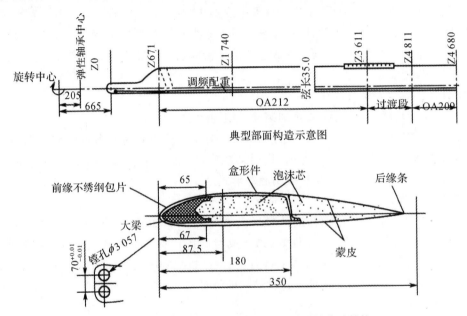

图 7-19　典型复合材料旋翼单闭腔 D 形梁桨叶结构

　　(3)多闭腔结构桨叶。

　　复合材料桨叶多闭腔结构，充分利用了复合材料的可设计性，使桨叶内部的结构设计效能趋于优化，其刚度、质量和强度特性更优。多闭腔大梁的桨叶是一种多路传力结构，桨叶内部有加强梁，如 Z 形梁、I 形梁、Ⅱ 形梁等，桨叶破损-安全特性好。多管梁多闭腔结构形式的桨叶构造最复杂，其构造特点是多路传力，桨叶具有很好的破损-安全特性。但是多闭腔结构复杂，工艺质量要求高，工艺制造难度较大。

　　为了改进复合材料多闭腔结构桨叶制造工艺，可采用多个管梁单元构成大梁，管梁、蒙皮、后缘盒形件可分别预成型后再在模具内共固化成型，如图 7-20 所示，从而大大减少模具占用时间，降低制造成本。这样复合材料桨叶多闭腔结构既可保留 D 形梁优点，又简化了制造工艺，并适合先进薄翼型，达到多路传力、损伤安全性好。

　　图 7-20 所示复合材料多闭腔桨叶采用闭模共固化工艺成型，从工艺考虑可划分为三部分：大梁前盒形件、后盒形件（后缘蒙皮、后缘条）以及泡沫填充结构组件（泡沫芯子、前 Z 形

梁、后 Z 形梁）。桨叶根段结构在大梁前盒形件中增加了颈部补强层,后盒形件逐渐减小至取消,泡沫填充块略有变化。该复合材料桨叶主要结构特点有以下几个方面。

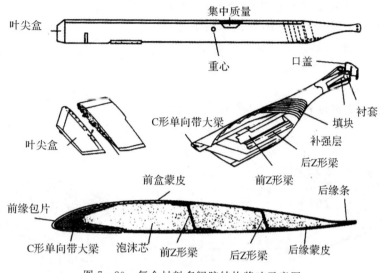

图 7-20　复合材料多闭腔结构桨叶示意图

1)C 形大梁。桨叶大梁材料为高强度玻璃纤维单向带。单向带纤维缠绕桨根处两个不锈钢衬套形成桨叶根部连接接头。桨叶通过衬套连接固定在桨毂上。

2)承扭盒形件。前承扭盒由 4 层高模量碳纤维布 ±45°铺层和外包 1 层玻璃布的前缘蒙皮与 4 层高强度碳纤维布 ±45°铺层的前 Z 形梁腹板构成。后承扭盒由 2 层高强度碳纤维布 ±45°铺层和外包 1 层玻璃布的后缘蒙皮与前 Z 形梁腹板构成。后 Z 形梁仅有 1 层玻璃布 ±45°铺层,用以支撑后缘上、下蒙皮并防止蒙皮脱黏。填充材料为聚氨酯泡沫。

3)后缘条。后缘条玻璃布沿桨叶后缘铺放在后缘上、下蒙皮之间。

4)根部连接区加强。桨叶根部是桨叶受力最严重的部位,又是桨叶的连接接头部位。为此,采用 8 层高强碳纤维布 ±45°铺层补强,以提供抗扭承载能力和刚度。两个不锈钢衬套装在接头填块中,保证大梁纤维粗纱光滑绕过。

5)前缘包片。前缘包片是桨叶的防砂蚀层,由 0.6mm,0.4mm 和 0.5mm 三种厚度不锈钢片构成。包片还起到雷电防护作用,并可提高桨叶砍树能力。

6)泡沫填充块。泡沫填充块在桨叶共固化成型过程中利用其外形过盈(单面余量 0.6mm)提供压力,实现闭合模具内部加压,以保证 C 形大梁具有良好的质量和蒙皮具有良好的表面质量,并对桨叶蒙皮提供支持。桨叶叶身部分采用了 50kg/m³ 的聚氨酯泡沫,在根部连接区有两块采用 80kg/m³ 和 200kg/m³ 的聚氨酯泡沫。

3. 旋翼桨根接头结构设计

旋翼桨叶桨根接头是桨叶与桨毂连接的关键构件,桨叶根部承受较大的离心力和复杂载荷,所有载荷都由接头传递给桨毂。桨根接头有梳形接头、双缠绕衬套和法兰盘接头等形式。

(1)梳形接头。

梳形接头是一种双耳或多耳的连接方式,如图7-21所示。接头与大梁的连接采用螺栓连接和层板黏结方式,接头上下腹板与大梁根部通过螺栓连接成一个整体,腹板的厚度沿展向逐级变薄,实现结构的等强度设计。

(2)双缠绕衬套连接。

双缠绕衬套连接在桨叶根部用两个衬套,通过螺栓或插销与桨毂相连,这种连接形式多用于复合材料桨叶。大梁根部的复合材料纤维绕衬套缠绕,接头相对简单,如图7-22所示。

(3)法兰盘接头。

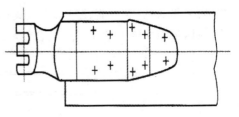

图7-21 桨叶梳形接头结构

法兰盘连接将在桨叶根部布置法兰盘与桨毂的法兰盘通过螺栓组进行连接,接头与大梁的连接采用螺栓和层板黏结方式,如图7-23所示。

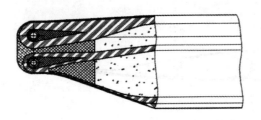

图7-22 复合材料双缠绕衬套连接结构

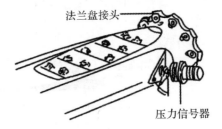

图7-23 法兰盘接头结构

4.复合材料桨叶其他构件结构设计

(1)后段件。

后段件是指桨叶翼型剖面后半部分的结构,由复合材料蒙皮壁板与蜂窝芯或泡沫芯组成的夹层结构构成。夹层结构刚性好,后段件外表型面平整。后段件及其与大梁的连接采用黏结。不连续的盒形后段件不能参加桨叶整体受力,仅把其上的气动力和质量惯性力传给大梁。整体后段件既参与桨叶整体受力,又给桨叶提供一定的弯曲和扭转刚度。后段件的质量对桨叶重心弦向位置影响较大,后段件结构设计和选材应尽可能减小后段件质量,并采取措施,防止后段件进水和积水。

(2)蒙皮。

蒙皮覆盖了整个旋翼桨叶或大部分桨叶表面,它是桨叶结构铺层设计的难点,因为它既是桨叶维形部件,又是重要的承力部件。蒙皮对桨叶的扭转刚度和摆振刚度贡献很大,设计时应充分利用复合材料的可设计性,通盘考虑桨叶的动力学特性要求、剖面弦向重心位置和与桨叶展向分布载荷相适应的强度要求。一般桨叶的最外层蒙皮采用平整致密织物,以提高桨叶的外形质量,内层蒙皮根据结构需要选择材料和铺设方案。复合材料蒙皮使用较多的材料有玻璃纤维、碳纤维和芳纶纤维织物。玻璃纤维蒙皮的桨叶具有好的韧性和制造容差的损伤容限特性,碳纤维蒙皮则具有好的刚度特性和轻的质量特性。蒙皮铺层应尽量采用对称铺层,避免固化后引起结构翘曲,铺层的纤维轴线应尽量与内力拉压方向一致,剪切强度和扭转刚度主要由±45°铺层提供。蒙皮连接宜采用搭接方式,一般搭接宽度要在10mm以上。

(3)桨叶内部的填充物。

旋翼桨叶内部填充物主要起支撑作用,提供桨叶的内部结构定位。复合材料桨叶的内部填充物大多是硬质泡沫塑料和蜂窝。泡沫填充主要考虑泡沫与蒙皮的黏结性能和泡沫的内在质量影响。蜂窝填充主要考虑蒙皮与蜂窝的黏结强度以及桨叶的密封性,防止潮气与水分浸入,避免内部腐蚀。

(4)桨尖罩。

桨尖罩一般由金属板冲压成型,或者采用黏结和铆接成型。桨尖罩位置处于桨叶的高动压区,相对气流速度大。桨尖罩的结构设计除保持外形光滑流线外,在外端还要设有排水孔,防止桨尖罩内积永。桨尖罩一般通过可拆卸的螺栓或螺钉与桨叶主体连接。

(5)前缘包片。

旋翼桨叶前缘包片主要是防止桨叶前缘被砂石撞伤和磨损,通常用不锈钢或钛合金薄板冲压成型,胶黏于桨叶前缘,也可以用耐磨的聚氨酯胶带贴于桨叶前缘。复合材料桨叶的前缘包带可以与桨叶一起模压黏结,也可模压后黏结。金属前缘的保护设计还有两个十分重要的作用:一是形成整个桨叶沿展向的静电释放通路;二是实现防雷击设计。复合材料桨叶多为不良导体,因此,前缘包片又成为桨叶静电防护和抗雷击的可靠保证。

(6)桨叶调整片。

桨叶调整片是为了调整桨叶的铰链力矩和桨叶锥度而设计的。调整片的位置一般布置在桨叶半径的 0.7～0.8 处的后缘,尺寸根据桨叶动平衡调整的需要确定。复合材料桨叶调整片通常采用黏结方式与后段件后缘结合成一体。因为调整片在动平衡和外场使用中需要经常调整角度,所以多采用塑性较好的铝合金板材为调整片,为了便于外场调整与提高调整效率,有时将调整片分成若干小片。出厂前只调整外侧几片,而内侧一片专供外场使用时调整。

(7)配重。

旋翼桨叶配重分为固定配重、桨叶尖部静平衡配重和动平衡配重。固定配重一般有两种:一种是调整桨叶动力学特性,称为调频配重,一般加在桨叶相应阶次模态振型的波峰或波谷处;另一种是调整桨叶重心而施加,在详细设计时对配重质量和固定位置进行考虑。固定配重一般选用密度大的重金属,其体积小、效率高,便于结构布置。对过长的配重可以将其分成若干小段进行铺设。

为了满足桨叶质量特性和平衡要求,通常在桨尖设置静平衡配重和动平衡配重,用来消除或减少因制造误差引起的桨叶间不平衡现象。静平衡配重调整桨叶展向质量静矩,使各片桨叶质量静矩达到一致。通过桨尖动平衡配重弦向位置的改变调整桨叶动平衡。虽然桨尖配重弦向位置变化范围较小,对桨叶弦向重心影响不大,但在旋翼桨叶运转状态下(尤其是大迎角运转状态),桨尖配重弦向位置的变化对动平衡调整作用是显著的。桨尖配重及其连接形式应根据桨叶大梁的结构形式确定,要安全可靠,便于装拆与调整。

7.2.4　复合材料桨叶结构防护设计

旋翼无人机使用环境中的风沙、湿热、雷电、冰冻和腐蚀等多种因素,对旋翼桨叶的性能影响较大。因此,旋翼桨叶结构设计时,必须进行桨叶结构防护设计。

1.复合材料桨叶结构表面防护设计

复合材料桨叶结构表面应进行必要的防护措施,以满足温度、风沙、湿热、盐雾、霉菌及复杂气候条件等多种环境条件下的工作要求。除按一般复合材料结构件要求进行表面处理外,还应考虑尽可能避免电位差较大的双金属接触,必须接触时应选用中间镀层或用非金属层隔绝,缝隙应涂密封胶。在可能产生振动和摩擦的地方,应避免结构之间微动摩擦造成的材料腐蚀,如在接触面之间增加耐磨垫片等。铝合金结构黏结应选铬酸阳极化处理,提高黏结质量;防止结构进水和积水,必要时设置排水孔。

2.复合材料桨叶防雷击(静电)设计

复合材料是雷电不良导体,雷电对复合材料结构的影响和危害是严重的。复合材料旋翼桨叶既是静电容易聚积的部位,又是初始雷击放电附着可能性很大的区域,也是雷击放电从初始附着区域向后扫掠的区域。为确保飞行安全,桨叶应设有有效的防静电和防雷击措施。

旋翼桨叶是最先接触雷击的部件之一,一般桨叶雷击分区如图7-24所示。

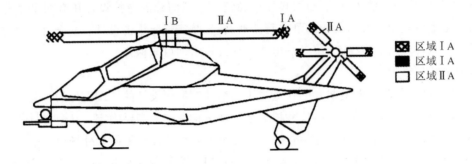

图7-24 旋翼桨叶雷击分区示意图

区域Ⅰ:直接雷击区,指开始接触雷击的表面,桨尖属区域Ⅰ。

区域Ⅱ:扫掠雷击区,指放雷接触点跳跃移动的雷击。

防雷击设计的基本原则是为雷击进入点到雷击离开点之间设计良好的导电性,阻抗低,电荷传输时电压最小。在雷击区域Ⅰ,雷击进入点到雷击离开点之间的导电性应具有200kA峰值电流和1~2 s内传输500C电荷的能力。属于雷击区域Ⅰ的桨尖,可以在外表面铺一层玻璃布过渡层,过渡层外铺一层金属屏蔽网或碳纤维,与前缘金属包片等形成一个强电流的通路。在雷击区域Ⅱ,抗雷击的设计要求是桨叶具有承受多次通过50kA的电击,在桨根、桨尖和中段通过一次200kA电击的能力。

为释放旋翼桨叶运转中产生的电荷,在桨叶前沿有包铁下敷设12mm宽的碳纤维,构成雷电电流通路;桨叶与桨毂、桨毂与主减速器之间都有搭接线,与机身构成雷电电流通路。

3.复合材料桨叶防冰除冰设计

复合材料旋翼桨叶设计应采取可靠的有效措施或装置,能对结冰速率及冰层厚度报警,保证旋翼无人机在许可结冰条件下的安全飞行。结冰探测器有多种形式,一般可分为直观式结冰探测器和自动式结冰探测器两大类,其中自动结冰探测器有振荡式、压差式结冰探测器、放射性同位素结冰探测器等。

复合材料旋翼桨叶通常采用的除冰系统是在桨叶前缘钛合金或不锈钢包片下面安装加温垫,允许桨叶表面结冰,然后通过短时间通电加温,使冰松动并被桨叶旋转离心力甩出,如图7-25所示。尾桨则采用防冰系统,即在尾桨桨叶前缘安装电阻丝加温垫,持续加温,防止冰的形成,避免冰层的脱落损伤危害到主旋翼系统。这种防/除冰系统对电能的需求较大,因此旋翼飞行器必须安装大功率发电机。

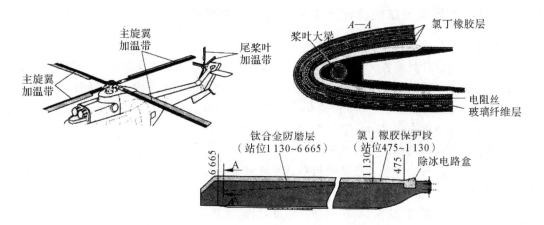

图 7 - 25　典型旋翼桨叶加温带示意图

4.复合材料桨叶防腐蚀设计

复合材料桨叶结构设计时,应采取适当的防腐蚀措施,对零件实施表面处理,保证结构件受腐蚀最小。复合材料桨叶防腐蚀设计方法如下:

1)复合材料桨叶应尽量采取密封结构,防止雨水、雾和海水的渗入。对容易积水的部位设置排水孔,防止桨叶结构内部积水。

2)复合材料桨叶因环境介质引起的腐蚀有两种:一种是介质扩散进入基体,导致基体溶胀而改变聚合物的性质;另一种是介质与基体发生化学反应,改变基体的性能。对基体产生腐蚀的主要介质有石油、煤油、苯等溶解性强的石化产品,以及酸性介质、碱性介质、毒性介质等。

3)复合材料与金属的电偶腐蚀,是因两种不同电位的材料接触而产生的,所以在桨叶结构设计时,要注意不同电位材料结构之间的隔离。材料选择时选用相近的材料,对不宜接触又必须相连的结构,要选择适当的覆盖层进行过渡。

4)尽量避免小的金属件与大面积复合材料接触。对紧固件之类的连接,应采取严格的防护措施。

5)绝缘或密封材料应不吸湿,不含有腐蚀性成分。当表面共固化一层玻璃布做绝缘层时,还必须用密封剂封边,否则会由于玻璃布吸湿而引起相反的效果。

7.3　复合材料旋翼桨毂结构设计

旋翼桨毂是旋翼系统的安装支撑结构,也是桨叶与桨轴连接的传动部件。旋翼系统在工作过程中,作用在桨叶上的各种载荷通过桨毂传给桨轴和操纵系统,再传给机身。与此同时,桨毂还需将发动机的功率和旋转运动传递给桨叶,驱动桨叶正常旋转,并实现桨叶的挥舞和摆振运动。旋翼无人机大部分控制操作是通过对桨叶的变距操作来实现的,桨毂结构还需要将自动驾驶仪的操纵指令准确传递到桨叶上,控制桨叶按指定要求规律运动。

旋翼桨毂结构设计同桨叶结构设计一样,直接关系到旋翼无人机操纵、振动、稳定性、生存力、质量和成本(包括维修成本)。设计一个结构简单、操纵高效、性能可靠、质量轻、成本低、寿命长的桨毂一直是旋翼飞行器研制中的一项关键技术。

7.3.1 旋翼桨毂结构设计要求和复合材料桨毂特点

1. 旋翼桨毂结构设计要求

旋翼桨毂的设计是旋翼无人机结构设计中最为关键也是最为复杂的部分。常见的桨毂结构形式有铰接式、跷跷板式、无铰式和无轴承式等,在进行桨毂的结构形式选择时,在总体设计技术要求下,尽可能降低研制风险和成本,最大限度利用成熟技术,根据所设计旋翼无人机的类型特点和性能要求选择动力性能匹配、技术可行的结构形式。

旋翼桨毂结构主要设计要求如下:

1)能承受并传递桨叶各种载荷给机身。桨叶载荷包括升力、离心力,挥舞弯矩、摆振弯矩和扭矩,垂直切力和水平切力等。

2)能提供桨叶挥舞、摆振、变距运动自由度,以实现满足旋翼无人机气动特性要求和飞行要求的旋翼操纵。

3)在满足刚度、强度条件下,还要有优异的疲劳寿命。

4)要有良好的使用维护性和可修理性。

2. 复合材料旋翼桨毂特点

在旋翼飞行器发展历史上,金属全铰接式桨毂虽然起到了积极重要的作用,但是,它结构复杂、笨重,机械铰使用寿命短、维修成本高,难以满足现代旋翼无人机发展需求。取代机械铰是复合材料旋翼桨毂研制的核心之一。桨叶挥舞、摆振和变距都是在一定幅值内的摆动运动,因此通过柔性件的变形也能满足桨叶运动自由度的要求。利用复合材料各向异性的特点有可能消除各种机械铰。

采用复合材料柔性件和弹性轴承的星形柔性桨毂是复合材料桨毂设计技术的首次突破性进展,而将复合材料设计成柔性元件提供桨叶挥舞和摆振运动,把桨叶和桨毂作为一个整体系统的各种新型桨毂,实现了结构简洁、零件少、质量轻、视情维修、破损-安全、长寿命(甚至无限寿命)的设计目标。此后研制开发的可提供桨叶所有运动自由度,又可传递离心力和挥舞、摆振和扭转载荷的柔性梁桨毂(无轴承桨毂),实现了"无铰"(无轴承)桨毂的设计目标。复合材料旋翼桨毂结构的特点有以下方面:

1)结构简洁,质量轻。

2)破损-安全设计,疲劳寿命大幅度提高。

3)可视情维修,大大降低维修成本。

4)弹击损伤容限增加。

5)可靠性提高。

7.3.2 星形柔性桨毂结构设计分析

1. 星形柔性桨毂结构设计原理

星形柔性桨毂是法国宇航公司研制成功的一种新型复合材料旋翼桨毂形式,并在 SA365 "海豚"系列和 AS350"松鼠"系列及"小羚羊"等旋翼飞行器型号上成功使用。星形柔性旋翼桨毂由中央星形件、球面弹性轴承、黏弹减摆器、夹板等组成,其中中央星形件采用层合复合材料结构设计,并采用弹性轴承取代挥舞、摆振和变距机械铰,可提供桨叶的各种运动并承受桨叶传来的所有载荷,大大简化了桨毂结构,提高了桨毂寿命,减轻了桨毂结构质量,改善了维修性,提高了生存力。

图 7-26 是法国 SA365"海豚"旋翼飞行器星形柔性桨毂的结构示意图,该结构形式相当于有弹性约束的铰接式旋翼桨毂,其球面弹性轴承承受离心力,它与星形件柔性臂端的自润滑关节轴承配合形成轴向铰。桨叶和弹性轴承间的载荷则通过复合材料的上、下连接件传递。星形柔性桨毂中央星形件采用层合板复合材料结构,层合板玻璃纤维增强复合材料在拉伸和弯曲载荷联合作用下,主要破损方式是分层,而层合板复合材料在出现分层破损之后,未破坏的纤维仍能承受桨叶离心载荷。同时,分层损伤的扩展是缓慢的。这样,复合材料的应用使破损-安全结构的桨毂疲劳寿命明显延长成为可能。这种结构巧妙地综合了无铰式和全铰接式旋翼的优点,整体成型的复合材料中央件具有很好的破损-安全特性。

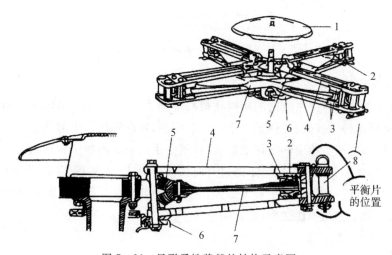

图 7-26　星形柔性桨毂的结构示意图

1—桨毂整流罩;2—自润滑定位轴承;3—黏弹性减摆器(频率匹配器);4—上、下夹板;5—层压球面弹性轴承;6—变距操纵摇臂;7—中央星形;8—桨叶连接销

2. 星形柔性桨毂结构运动受力分析

星形柔性桨毂中央星形件通过螺栓直接固定在旋翼轴接合盘上,球关节轴承装在星形件支臂的外端,轴承座通过粘弹减摆器与夹板相连接。上、下夹板的外端连接桨叶,而内端通过固定在星形件孔内的球面(层合板)弹性轴承与星形件相连接。星形件支臂在挥舞方面是柔性的。星形柔性桨毂是以星形件柔性臂和弹性轴承的弹性变形提供桨叶挥舞和摆振运动,以球面弹性轴承提供桨叶变距自由度所构成的带球面铰的中央柔性件桨毂。

旋翼桨叶上的载荷、离心力、挥舞弯矩、摆振弯矩和扭转载荷均通过夹板传递到中央星形件上。离心力通过夹板传给弹性轴承,弹性轴承以受压方式将离心力传到中央星形件上,如图 7-27 所示。

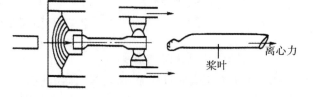

(1)星形柔性桨毂的挥舞运动。

图 7-27　星形柔性桨毂离心力传递示意图

球面弹性轴承是星形柔性旋翼桨毂的核心,它可起到挥舞铰、摆振铰和轴向铰的作用。中央星形件柔性臂在挥舞方向是柔性的。

桨叶挥舞运动时,桨叶连同夹板组件一起绕弹性轴承中心上、下挥舞,弹性轴承本身绕球心产生剪切变形,星形件柔性臂相应产生上、下弯曲变形。挥舞剪力和挥舞弯矩通过夹板传到球面弹性轴承中心,使球面弹性轴承产生剪切弹性变形,再将载荷传给中央星形件,如图 7 - 28 所示。

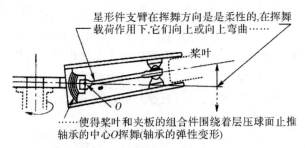

星形件支臂在挥舞方向是是柔性的,在挥舞载荷作用下,它们向上或向上弯曲……

桨叶

……使得桨叶和夹板的组合件围绕着层压球面止推轴承的中心 O 挥舞(轴承的弹性变形)

图 7 - 28　星形柔性桨毂的挥舞运动示意图

(2)星形柔性桨毂的摆振运动。

中央星形件柔性臂在摆振方向的刚度比挥舞方向大很多,是较为刚性的。桨叶摆振运动时,桨叶连同夹板组件,一起绕弹性轴承中心前后摆动,弹性轴承产生剪切变形,星形件柔性臂端部的黏弹减摆器也产生相应的剪切变形,这样既提供阻尼又附加了弹性约束。

在摆振面内,摆振剪力和摆振弯矩通过对应接头传到上、下夹板,一部分载荷在黏弹减摆器处通过黏弹减摆器的变形传给星形柔性臂,其余部分再经上、下夹板传至弹性轴承中心处,使球面弹性轴承发生剪切弹性变形,传给中央星形件,如图 7 - 29 所示。

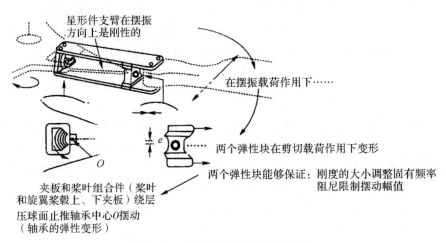

星形件支臂在摆振方向上是刚性的

在摆振载荷作用下……

两个弹性块在剪切载荷作用下变形

两个弹性块能够保证:刚度的大小调整固有频率　阻尼限制摆动幅值

夹板和桨叶组合件(桨叶和旋翼桨毂上、下夹板)绕层压球面止推轴承中心 O 摆动(轴承的弹性变形)

图 7 - 29　星形柔性桨毂的摆振运动

(3)星形柔性桨毂的变距运动。

星形柔性桨毂通过球面(层合板)弹性轴承扭转变形实现桨叶的变距运动,这时桨叶绕球面弹性轴承中心与关节轴承中心连线转动,如图 7 - 30 所示。铰链力矩使上、下夹板产生扭转变形,并由变距拉杆平衡,同时也使弹性轴承发生扭转变形,上、下夹板和弹性轴承载荷应考虑铰链力矩的作用。

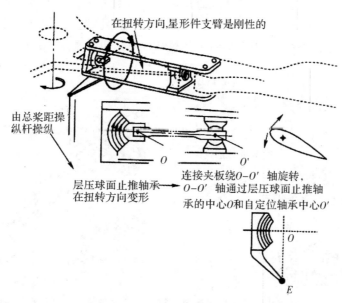

图 7-30　星形柔性桨毂的变距运动

7.3.3　纤维缠绕中央件桨毂结构设计分析

1. 纤维缠绕中央件桨毂结构设计原理

纤维缠绕中央件桨毂是采用复合材料纤维缠绕技术制造的全铰接式复合材料桨毂,基本上保持了原金属全铰接式桨毂的结构布局和设计特点,其主要构件结构件包括中央件、连接件、柔性件、柔性梁、减摆器、动力减振器、限动器和折叠机构等组件。

美国波音 360 旋翼飞行器复合材料桨毂,如图 7-31 所示,是全铰接式复合材料旋翼桨毂的成功范例。该桨毂主要采用玻璃纤维和碳纤维缠绕而成,其中中央件、4 个支臂的 3 个铰连接件都是复合材料结构,铰为弹性轴承。

全铰接式复合材料旋翼桨毂的中央件主要起两大作用:一是使旋翼实现与旋翼主轴的连接,并传递 3 个力和 3 个力矩;二是实现各个支臂上桨叶载荷的汇集、平衡和传输。因此,中央件是一个承受离心力高载荷和挥舞、摆振、变距交变载荷的

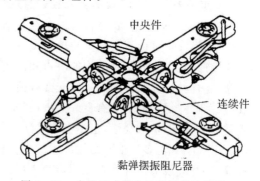

图 7-31　全铰接式复合材料桨毂示意图

动部件。中央件采用纤维缠绕复合材料设计制造的目的是为了充分利用和发挥单向纤维的优异拉伸性能。纤维缠绕的圆环适合承担高离心力载荷。由于其特殊功用,铰接式(含弹性铰式)桨毂构型中中央件的设计一直是复合材料旋翼桨毂设计中最受关注的技术难点之一。

2. 纤维缠绕中央件桨毂结构受力分析

纤维缠绕中央件桨毂的中央件由上下芯组件和内外环带组成,如图 7-32 所示。内外环带组件是主承力构件,采用单向玻璃纤维和碳纤维混合缠绕而成,目的是提高轴承周围的刚度。为了说明中央件采用环带设计的缘由,图 7-33 给出旋翼桨毂的载荷传力路线。从图上

可以看出,单向纤维缠绕环带对承受拉伸载荷是最佳的承载方案。全铰接式复合材料桨毂带有浓厚的传统设计色彩,充分利用了复合材料优异的力学性能(包括疲劳性能)、强度、刚度的可设计性和损伤的缓慢扩展特性,因而达到了桨毂结构简化和明显减重的目的。

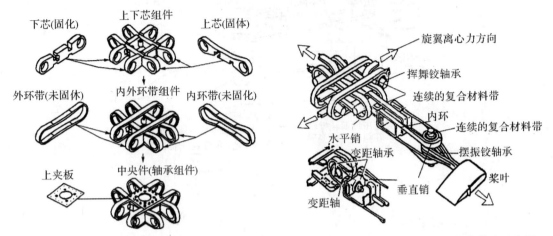

图 7-32　全铰接式复合材料桨毂中央件结构示意图　图 7-33　全铰接式复合材料桨毂载荷传力示意图

全铰接式复合材料旋翼桨毂与同类型金属材料桨毂相比较,其主要的优点除了质量减轻25%和零件数目减少60%之外,桨毂使用寿命达到了 5 000h 以上(主要是弹性轴承的使用寿命,复合材料构件的寿命远超过这一数值),桨毂的维修工时也降低60%。

7.3.4　复合材料无轴承桨毂结构设计

1.复合材料无轴承桨毂结构设计原理

随着旋翼桨毂结构材料、制造工艺及结构动力学技术的发展,旋翼桨毂的结构设计经历了由简单到复杂,再由复杂到更简单的发展过程。复合材料的优点在旋翼桨毂设计上得到了充分的发挥,它为旋翼桨毂结构的改进和优化,以及优良的旋翼动力学特性提供了可能。更重要的是,复合材料大幅度提高了在交变载荷作用下的旋翼使用寿命,由此带来了十分可观的经济效益。此外,复合材料具有良好的破损-安全效能,耐撞击、对缺口效应不敏感,即使被小口径武器击穿,由于扩散缓慢,也不会骤然断裂,这些特性适应了现代旋翼无人机的要求。

近 30 年来,多种不同结构形式的复合材料桨毂同时流行,诸如无铰式、带弹性轴承的铰接式等,这些桨毂的设计都在试图避免常规铰接式桨毂由于“铰”带来的弊端。复合材料无轴承旋翼桨毂是指取消了挥舞、摆振和变距三个机械铰的“无铰”桨毂,桨叶的挥舞、摆振和变距运动自由度都由柔性元件变形提供。由此会产生强烈的变距—挥舞—摆振弹性耦合,它既要影响旋翼结构动力学特性,又要影响旋翼飞行器的飞行力学特性。因此,空气动力学与结构动力学相结合成为无轴承旋翼桨毂设计的突出特点。而无轴承旋翼桨毂的出现也正是旋翼动力学理论及其综合分析技术发展的结果。无轴承旋翼桨毂是旋翼技术的重大进展。

无轴承桨毂的主要结构是单向复合材料制成的柔性梁,柔性梁外端同桨叶相连接,内端同固定的旋翼轴上的连接盘相连接,柔性梁在保证一定的弯曲刚度和强度的情况下,扭转刚度很低,起到了挥舞、摆振和变距铰的作用。无轴承桨毂结构设计关键技术如下:

1)实现无轴承旋翼桨毂设计方案就必须在桨毂中有能适应桨叶大俯仰角(两个方向都达

到 35°)而操纵力又低的扭转柔性臂(梁)取代变距铰(轴承)。设计要求这根柔性臂必须足够的柔软,从而将振动和阵风灵敏性减到最小,但同时又要有足够的强度以承担桨叶离心力。目前,所用的设计方案基本上是采用单或双柔性梁结合变距操纵杆或变距套管(又称根套)的结构布局。柔性梁外端对变距是柔软的,操纵变距杆即可满足变距要求;同时,柔性梁内端对弯矩又是柔软的,提供桨叶挥舞和摆振运动自由度。

2)无轴承旋翼桨毂另一个问题是挥舞等效铰的外伸量控制。旋翼飞行器操纵品质由桨毂中心与挥舞铰之间的距离决定,这个距离称为铰链外伸量(又称铰链偏置量),用旋翼半径的百分数来表示。典型的铰接式桨毂的外伸量为 4%~5%。而复合材料柔性梁的外伸量通常为 12% ~14%。据资料介绍,大量实验数据已证明柔性梁的外伸量可能实现的下限值不会小于 8 %。

2.复合材料柔性梁设计分析

无轴承旋翼桨毂的核心构件就是承受离心力载荷,并实现桨叶挥舞、摆振和扭转运动的柔性梁。随着复合材料旋翼技术的发展,这种简单的旋翼构型更具吸引力。柔性梁设计涉及高载荷传递、组合变形引起的应变、突出的疲劳问题等多种复杂因素,并且有些因素要求之间是相互矛盾、相互制约的。

对旋翼桨毂,设计要求结构紧凑、空气阻力要小;质量尽可能地轻,但高的离心力载荷要求结构承载截面不能小于某一尺寸(或足够大);挥舞运动要求低的挥舞刚度,摆振刚度还要考虑地面共振等的影响,变距则要求低的扭转刚度。因此,柔性梁截面设计是一个难题。

柔性梁设计的基本方案是梁元件与套管组合方案,即离心力载荷和挥舞、摆振弯曲载荷主要由梁元件承担,而变距载荷则主要由套管元件承扭,交叉梁、组合梁和柔性梁无轴承旋翼桨毂,基本上都采用了这一方案。

柔性梁构型所用复合材料的选择也十分关键,材料的不同特性有利于按照载荷的需要进行铺层剪裁。从扭转特性考虑,碳纤维比玻璃纤维具有更高的 E/G 比,质量也更轻。但迄今为止,除了根段连接区域外,柔性梁基本上是选用玻璃单向纤维增强材料,这是出于柔性梁的严酷受力环境要求,也是由玻璃纤维具有更高的破坏应变和对初始工艺制造缺陷更不敏感所决定的。复合材料柔性梁通常为复合材料层合板结构件。柔性梁设计的关键在柔性段结构强度及动力学特性要求之间的匹配,既要保证有足够的强度和疲劳寿命,又要满足总体提出的动力学特性要求。通常情况下,其初始破坏模式为层间剪切破坏,出现分层,而不是增强纤维破坏。这样可以延长疲劳损伤扩展时间,而不会引起支臂特性有明显退化。

柔性梁梁元件截面形状的选择主要考虑:选择合理结构形状(如矩形、十字形和 H 形梁等),降低构件扭转刚度、制造工艺和成本。为了降低柔性支臂的扭转刚度,一般采用无纬带铺设。但在受力比较复杂的连接端,要铺设加强材料,通常采用+45°/− 45°和 0°/90°织物布来承担剪应力,并铺设在柔性梁元件两侧边上,有利于承受弯矩和剪应力。另外,应尽量避免在无纬带上打孔,因为这会破坏纤维的连续性,影响强度和疲劳寿命。

3.无轴承桨毂结构方案的实例

(1)交叉梁无轴承旋翼桨毂方案。

美国西科斯基公司制出一种所谓"交叉梁"式的无轴承旋翼桨毂方案,桨叶的主要承力件是一根单向碳纤维大梁,原理简图如图 7-34 所示。旋翼桨叶采用复合材料多闭腔结构,桨叶的外形由±45°

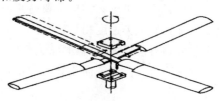

图 7-34 交叉梁式无轴承旋翼桨毂方案

铺层的玻璃钢蒙皮构成,蒙皮与大梁之间充填泡沫塑料,到达根部蒙皮就转变成为空心的扭管,空心扭管与大梁没有联系,其内端连操纵摇臂。作用在操纵摇臂上的操纵力从扭管向外传至大梁,大梁在扭管中的那一部分产生扭转变形而实现变距。这个方案引人注目地采用了交叉梁的布局,桨叶的离心力在大梁中自身得到平衡,有可能大大地减轻旋翼的质量。与一般无铰式旋翼相比,其质量可减轻50%。

(2)双梁和单梁无轴承旋翼桨毂方案。

德国 MBB 公司研制了单柔性梁/变距套管和双柔性梁/变距操纵杆两种方案,如图 7-35 所示。柔性梁采用单向玻璃纤维粗纱(承受离心力,提供挥舞和摆振弯曲刚度)和±45°玻璃纤维(承受扭转和挥舞、摆振剪力)制成。变距套管、变距操纵杆均采用碳纤维复合材料制成。

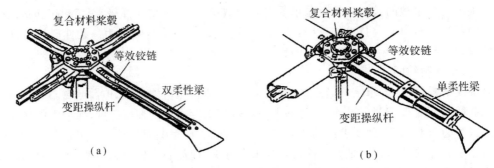

图 7-35 MBB 公司研制的两种无轴承桨毂结构示意图
(a)双柔性梁桨毂示意图;(b)单柔性梁桨毂示意图

7.4 复合材料尾桨结构设计

尾桨是单旋翼无人机的一个重要组成部分,它安装在单旋翼无人机的尾部,主要功用是产生用以平衡旋翼反扭矩的推力,以及改善单旋翼无人机的方向稳定性和实现航向操纵。尾桨的结构设计与旋翼的结构设计方法和程序基本相同,可以沿用旋翼结构设计的基本方法。

7.4.1 无轴承尾桨结构设计分析

尾桨结构典型形式主要有普通尾桨和涵道尾桨等。普通尾桨是相对涵道尾桨而言的,其主要结构有二叶跷跷板式、多叶万向接头式、多叶铰接式、无轴承式等,其中,无轴承尾桨要采用复合材料制造。

1. 尾桨结构设计特点

单旋翼无人机尾桨结构主要特点有直径小,其直径为旋翼直径 1/5~1/6,而尾桨的桨尖速度与旋翼的桨尖速度相当,为 180~240m/s。因此,尾桨的转速远大于旋翼转速,单位质量产生的离心力也就大,桨盘倾角大而锥角小。尾桨桨叶一般比较短而且宽,不带预扭角,旋转面内承弯能力大。为了简化桨毂构造,一般尾桨不设摆振铰,只有总距操纵,没有周期变距操纵等。

2. 无轴承尾桨结构设计原理

为了简化结构以提高尾桨使用的可靠性和寿命,尾桨结构设计同旋翼结构设计一样,都要求取消机械轴承。实际上,无轴承尾桨是 20 世纪 70 年代发展无轴承旋翼的一项先导技术。无轴承尾桨的桨毂和桨叶都采用复合材料结构,尾桨桨毂构造为简单的复合材料板(或梁)结构,尾桨桨叶的挥舞、摆振、变距运动完全靠复合材料大梁桨根区域弹性变形来实现。

20 世纪 70 年代美国西科斯基公司首先采用复合材料设计无轴承尾桨,采用两根碳纤维复合材料大梁十字交叉形成 4 片桨叶尾桨的大梁。大梁长度几乎等于尾桨直径。尾桨叶片的表面为玻璃纤维复合材料蒙皮,采用 Nomex 蜂窝夹层结构。叶根有一个扭矩管实现操纵控制。靠复合材料大梁的变形提供叶片的挥舞、摆振和变距运动自由度,并承受它们传来的载荷。两片尾桨桨叶大梁构成一个整体,离心力在大梁中自身平衡,桨毂由每两片尾桨桨叶大梁的中段垒迭黏结在一起构成,因此没有单独的桨毂,如图 7－36 所示。

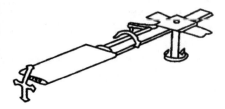

图 7－36　无轴承尾桨原理图

7.4.2　涵道尾桨结构设计分析

1. 涵道尾桨结构设计原理和特点

(1)涵道风扇式尾桨设计原理。

涵道风扇式尾桨是在旋翼无人机垂尾中制成筒形涵道,将尾桨安装在涵道内,利用涵道产生附加气动力。除风扇产生拉力外,涵道壁上还产生吸力转换成相当的推力。大桨距时,涵道产生的推力占整个尾桨推力的一半左右。涵道风扇式尾桨在结构上不需要水平铰和垂直铰,只有总距操纵,桨毂的受力状态与无铰式尾桨相似,如图 7－37 所示。

(2)涵道风扇式尾桨特点。

尾斜梁制成垂直尾翼形状,并采用非对称翼型,当旋翼无人机前飞时产生空气动力,对尾桨起卸载作用;涵道进口和出口的外形一般都要特殊设计以使流经涵道的气流在此处产生附加的空气动力,起到减轻尾桨载荷的作用。尾桨安装在涵道内,旋翼无人机的有害迎风面阻力减小了,避免了斜梁的气动力干扰,减少了功率损失,同时,桨尖损耗也显著降低。

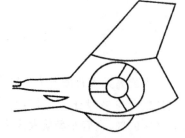

图 7－37　涵道尾桨结构示意图

涵道尾桨的优点是在超低空机动飞行时可防止尾桨的桨叶碰着地面物体;起飞、着陆或地面试车时,可防止尾桨打伤地面工作的人员。尾桨片数目多,又置于涵道中,既利于降噪和减振,又可减小前飞时整机的气动阻力。其缺点是在悬停和垂直飞行时,涵道风扇功率消耗大,如图 7－38 所示,这对旋翼无人机的静升限是不利的。

2. 带静子涵道尾桨结构设计

涵道尾桨工作时,流经涵道的气流具有相当的能量。为了利用涵道气流的能量,除涵道进口和出口采用特殊设计产生推力外,还可在涵道内增加一个静子(气流导向片),使其产生一定的推力以减小尾桨工作的功率,同时也有利于降低尾桨噪声,如图 7－39 所示。另外,静子会增加涵道气流的阻力,对尾桨功效会产生一定的影响。

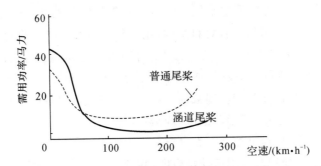

图 7-38　普通尾桨与涵道尾桨需用功率比较(注:1 马力=735.499W)

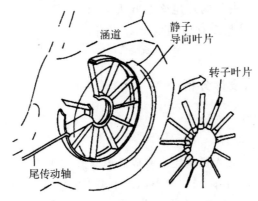

图 7-39　带静子涵道尾桨结构示意图

7.5　多旋翼无人机复合材料螺旋桨结构设计

多旋翼无人机的升力系统大多都采用定距式的空气螺旋桨,桨叶总距固定不变,其结构特点是桨叶与桨毂连成一体,尺寸(直径)比较小。优点是构造简单,重量轻,最高效率可达85%~90%,在轻小型旋翼无人机,特别是多旋翼无人机上得到广泛应用。

7.5.1　空气螺旋桨结构特点和工作原理

1. 空气螺旋桨结构特点

空气螺旋桨两边修成扭转的桨叶,中间开孔与发动机轴相连接。螺旋桨要承受高速旋转时桨叶自身的离心惯性力和气动载荷,还有发动机和气动力引起的振动,如图 7-40 所示。

多旋翼无人机上安装的空气螺旋桨一般都是定距的,即螺旋桨的桨距(或桨叶安装角)是固定的。因此,空气螺旋桨桨叶扭转角较大,原因是桨叶上每一剖面的旋转速度都是相同的,但圆周速度则与该剖面距转轴的距离(半径)成正比,所以各剖面相对气流与旋转平面的夹角随着离转轴的距离增大而逐步减小,为了提高效率,必须使桨叶每个剖面与相对气流都保持在升阻比较大的迎角工作,因此,螺旋桨的桨叶角从桨尖到桨根按一定规律逐渐加大。换而言之,可以形象地说螺旋桨是一个扭转了的旋转机翼。

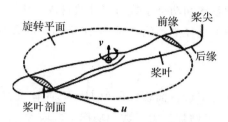

图 7 - 40 空气螺旋桨式旋翼结构示意图

2. 空气螺旋桨工作原理

多旋翼无人机以电动机作为动力来源,采用直流电机作为驱动旋翼旋转的发动机,发动机类型大多为无刷直流电机,也有部分使用有刷直流电机的情况,所有电机运转所需的能量由聚合物锂电池或新能源方式(如燃料电池)提供。电动多旋翼无人机属于旋翼桨距不可控类,即旋翼变速类,其向上的升力大小取决于空气螺旋桨的转速,转速越大升力越大,转速越小升力越小。

空气螺旋桨桨叶的剖面形状与机翼的剖面形状很相似,桨叶在高速旋转时,同时产生两个力,一个是牵拉桨叶向上的空气动力,一个是由桨叶扭角向下推动空气产生的反作用力。从桨叶剖面图(见图 7 - 40)中可以看出桨叶的空气动力是如何产生的,上桨面与下桨面的曲率不一样,在桨叶旋转时,气流对曲率大的上桨面压力小,而对曲线近于平直的下桨面压力大,因此形成了上下桨面的压力差,从而产生一个向上拉桨叶的空气动力,这个力就是牵拉多旋翼无人机升空飞行的动力。另一个力是由桨叶扭角向下推空气时产生的反作用力而得来的。桨叶与发动机轴呈直角安装,并有扭角,在桨叶旋转时靠桨叶扭角把前方的空气吸入,并给吸入的空气加一个向下推的力。与此同时,气流也给桨叶一个反作用力,这个反作用力也是牵拉多旋翼无人机升空飞行的动力。

由桨叶异型曲面产生的空气动力与桨叶扭角向下推空气产生的反作用力是同时发生的,这两个力的合力就是牵拉多旋翼无人机升空飞行的总空气动力。桨叶上的气动力除了有向上的分力构成拉力外,在旋转面内的分量形成阻止螺旋桨旋转的力矩,由发动机的力矩来平衡。螺旋桨效率以螺旋桨的输出功率与输入功率之比表示,输出功率为螺旋桨的拉力与飞行速度的乘积,输入功率为发动机带动螺旋桨旋转的功率。

7.5.2 空气螺旋桨几何参数和功率设计

1. 空气螺旋桨几何参数

螺旋桨几何参数与多旋翼无人机气动力学特性有关,它直接影响到多旋翼无人机飞行性能,包括飞行速度、航程、载重、升限,以及稳定性和操控性等。

(1)螺旋桨直径(D)。

螺旋桨旋转时,叶尖所画圆圈的直径叫作螺旋桨直径 D,它是影响螺旋桨性能重要参数之一。一般情况下,直径增大拉力随之增大,效率随之提高。所以在结构允许的情况下尽量选直径较大的螺旋桨。此外,还要考虑螺旋桨桨尖气流速度不应过大(<0.7 声速),否则可能出现激波,导致效率降低。

(2)桨叶数目(B)。

可以认为螺旋桨的拉力系数和功率系数与桨叶数目成正比。多旋翼无人机一般采用结构简单的双叶桨。只是在螺旋桨直径受到限制时,采用增加桨叶数目的方法使螺旋桨与发动机获得良好的配合。

(3)实度(σ)。

各片桨叶实占面积与螺旋桨旋转面积(πR^2)的比值,叫作旋翼实度,用 σ 表示。它的影响与桨叶数目的影响相似,随实度增加拉力系数和功率系数增大。

(4)桨叶角(β)。

桨叶角随半径变化,其变化规律是影响螺旋桨工作性能最主要的因素之一。习惯上以直径的 70% 处桨叶角值为该桨桨叶角的名称值。

(5)几何螺距(H)。

桨叶剖面迎角为零时,桨叶旋转一周所前进的距离。它反映了桨叶角的大小,更直接指出螺旋桨的工作特性。桨叶各剖面的几何螺距可能是不相等的,习惯上以直径 70% 处的几何螺距做名称值。通常按照直径和螺距标明螺旋桨型号,如 64/34,表示该桨直径为 60 英寸,几何螺距为 34 英寸。

2.空气螺旋桨功率设计

(1)功率型飞行器的定义。

从能量观点来看,多旋翼无人机的螺旋桨是"能量转换器",把发动机的能量转变成有效功,提供给多旋翼无人机作为驱动螺旋桨旋转的动力。螺旋桨旋转所产生的气动力,即多旋翼无人机克服重力所需的拉力。通常人们把这种类型的飞行器称为功率型飞行器。

对于功率型飞行器,电能或燃油消耗率同功率的产出大致成比例,因而飞行器飞行时的功率需求是非常重要的问题。

(2)需用功率和剩余功率。

1)需用功率。多旋翼无人机螺旋桨的可用功率是指发动机的出轴功率减去传动装置等的功率损失后输送给螺旋桨的功率。给定多旋翼无人机的重量、发动机的功率特性、多旋翼无人体的空气动力特性,根据力的平衡原理可以求出在某一高度的可用功率和需用功率随多旋翼无人机飞行速度的变化关系。这个关系就是估算多旋翼无人机飞行性能的依据。

2)剩余功率。多旋翼无人机发动机所能提供的总功率减去相应飞行条件下的需用功率就得到了该飞行条件下的剩余功率。剩余功率描述了发动机功率储备的大小,是多旋翼无人机具备作机动飞行能力的重要度量。多旋翼无人机发动机可用功率减去平飞需用功率的剩余功率基本上都能用于爬高。有了不同高度的曲线族,根据可用功率大于、等于或小于需用功率的情况就可确定多旋翼无人机的各项飞行性能。

7.5.3 复合材料螺旋桨成型工艺

1.复合材料螺旋桨成型工艺的思路

复合材料螺旋桨成型工艺的思路为:在加工制作完成上壳体、下壳体、腹板、内包边模具后,选用碳纤维增强环氧树脂预浸料,采用热压罐成型工艺,分为两次中温固化成型,第一次在热压罐中分别成型上壳体、下壳体和腹板,待腹板胶接后,再在热压罐中将上下壳体合模整体固化成型。

2.复合材料螺旋桨成型选用的材料

复合材料螺旋桨成型选用的主要材料有以下几种类型：

1)上、下壳体材料：碳纤维预浸料。

2)腹板：碳纤维预浸料。

3)腹板胶接及合模胶接：胶黏膜。

复合材料螺旋桨成型过程是综合了结构一体化设计、模具设计制造、热压罐工艺、开合模技术等多学科的系统工程。其具体成型过程细节处还需在实际操作中进行修正，更重要的是在成型完成后要进行一系列的检测及验证工作（包括翼型检验、风洞试验、静强度试验、疲劳试验和环境试验等），以保证复合材料螺旋桨各项性能指标满足需求。

有关复合材料成型工艺的内容将在下一章中做比较系统和全面的介绍，在此不再赘述。

习　　题　　7

1.简述旋翼系统的工作原理和主要功用。

2.旋翼桨叶有哪几种类型的运动？

3.旋翼桨毂的结构形式有哪些类型？画图说明。

4.画出全铰接式旋翼桨叶弯曲振动0～3阶振型示意图和共振图。

5.画出跷跷板式旋翼挥舞运动振型示意图。

6.简述旋翼桨叶结构的发展历程。说明旋翼桨叶选用复合材料有哪些优势？

7.说明复合材料桨叶主要载荷传力路线。

8.复合材料桨叶大梁有哪些类型？说明每种类型的结构特点。

9.简述旋翼桨叶桨根接头和桨叶其他构件的情况。

10.复合材料桨叶结构防护措施有哪些？

11.旋翼桨毂结构设计要求有哪些？复合材料桨毂特点有哪些？

12.简述星形柔性桨毂的设计原理。

13.简述纤维缠绕中央件桨毂的设计原理。

14.简述无轴承桨毂结构的设计原理。

15.简述无轴承尾桨和涵道尾桨结构的设计原理。

16.简述空气螺旋桨结构的特点和工作原理。空气螺旋桨的几何参数有哪些？

第8章 无人机复合材料结构制造

本章主要内容包括以下方面:
(1)无人机复合材料结构制造的基本概念。
(2)复合材料手糊成型、热压罐成型和缠绕成型工艺。
(3)复合材料模压成型、拉挤成型和液体成型工艺。
(4)热塑性树脂复合材料的成型工艺。
(5)复合材料低成本制造、机械加工和无损检测技术。

8.1 无人机复合材料结构制造的基本概念

复合材料成型工艺是无人机复合材料结构设计和制造的基础和条件。先进树脂基复合材料的成型和制造是实现无人机复合材料结构高性能的重要保证,也是降低无人机复合材料成本的一个重要方面。影响无人机复合材料结构性能的因素很多,其中主要因素有增强材料的性能、含量及分布状况,基体材料的性能和含量,以及它们之间的界面结合情况等。根据所选择的制造工艺和材料设计的不同,无人机复合材料结构性能往往差异很大,因此,高效、节能、低成本的成型和制造技术是实现复合材料低成本化的重要方面。

8.1.1 复合材料结构制造成型方法的分类

无人机复合材料的性能在纤维与树脂体系确定后,主要取决于制造过程中的成型固化工艺。所谓成型固化工艺包括两方面内容:一是成型,这就是将预浸料根据产品的要求,铺制成一定的形状,一般就是产品的形状;二是进行固化,这就是使已经铺制成一定形状的叠层预浸料,在温度、时间和压力等因素下使形状固定下来,并能达到预计的使用性能要求。

无人机复合材料结构成型方法按照生产步骤和制造成型工艺通常有以下分类情况。

1.按照生产步骤分类

从无人机复合材料结构成型生产步骤上看,树脂基复合材料的成型与制造技术基本上可分为两大类,即一步法成型和二步法成型,也有叫湿法成型和干法成型。

(1)一步法成型。

一步法成型(湿法成型)一般是直接将液体树脂基体与增强体以不同方式混合,施加到模具上或模腔内成型,传统的方法有挤压、喷射成型等。这和塑料加工的方法类似。其优点是工艺简单,设备简单。如用缠绕法生产管道,就是将纤维束通过胶槽,浸胶后立即缠到芯模上成型。其缺点主要有以下方面:

1)树脂分布不均,易在制品中形成富胶区或贫胶区,严重时会出现未浸胶区(俗称"白丝"

现象），难以保证复合材料制件质量。

2）树脂在成型过程中易受压力或张力作用，挤出而流失，造成浪费。

3）在固化时树脂中的溶剂、水分、低分子挥发物不易完全去除，容易在制品中形成气泡或空洞。

4）现场工作环境差，生产效率低。

针对一步法（湿法成型）缺点太多的情况，以连续纤维作为增强体的高性能复合材料一般不采取这种方法，而采用二步法（干法成型）。

（2）二步法成型。

二步法成型（干法成型）工艺需要分两步进行，

1）第一步。干法成型第一道工序是将纤维和树脂做成预浸料，预浸料是原材料（树脂基体和纤维增强体）和最终复合材料制品之间的一种中间材料，是针对复合材料大多是层合板结构形式而开发的。它的制造方法简单来说就是将连续整齐平行的增强纤维牵引通过树脂浸胶槽浸上胶，再收卷成卷材。这种预浸料叫预浸带，沿纤维方向是连续的，具有一定的厚度和宽度。预浸带制备要用到一种隔离纸，或称离型纸，与浸过胶的纤维带连续贴合在一起同时收卷，这为后续的预浸带层片切割、铺叠提供了极大方便。

通常成品预浸料要在低温下贮存，贮存过程中，预浸料中的树脂基体会固化到一定程度，在常温下呈半干态，这便于铺层。贮存中树脂基体会固化，固化程度与贮存温度和时间有关，而固化程度太高将影响其最终使用，甚至不能再用，因此必须考虑贮存寿命。不同的树脂基体有不同的贮存寿命，这一点对预浸料的使用很重要。

2）第二步。干法成型的第二道工序是热压固化成型，即对叠合好的预浸料坯件进行加热加压使树脂固化，最后成型得到所要求的复合材料制件。这是一种最早用于制造高性能树脂基复合材料的成型技术，目前还在被大量使用。

热压成型包括热压罐、真空辅助热压、热膨胀加压及模压成型等几种，对于大尺寸、形状复杂、整体化程度高的制件，要用热压罐成型。而对于尺寸较小的高精度制件，通常用模压成型。这种采用预浸料的二步法成型，虽然增加了一道工序和专用设备，提高了成本，但却能有效地保证高性能复合材料的性能和质量。

2. 按照制造成型工艺分类

复合材料成型是一个比较复杂的过程。随着各种新工艺、新技术的涌现，复合材料制造成型工艺已成为复合材料加工制造的关键技术之一，涵盖的技术面广、技术含量高，涉及的成本份额占总成本的 80% 以上。复合材料及其制件的成型方法，是根据产品的外形、结构与使用要求，结合材料的工艺性来确定的。目前，已在生产中常用的成型方法有以下方法：

1）手糊成型。

2）喷射成型。

3）真空袋压成型。

4）压力袋成型。

5）热膨胀模塑成型。

6）热压罐成型。

7）缠绕成型。

8）模压成型。

9)拉挤成型。

10)液体成型技术。

11)树脂传递模塑成型。

12)热塑性复合材料成型。

13)真空辅助树脂传递模塑成型。

14)橡胶辅助树脂传递模塑成型。

15)树脂真空浸渗成型。

16)西曼树脂浸渗模塑成型。

17)树脂膜浸渗成型。

18)轻质树脂传递模塑成型。

19)其他成型技术。

8.1.2 复合材料结构成型的要素、选择和发展方向

1.复合材料成型的要素

航空树脂基复合材料在由原材料加工出成品的整个成型过程涉及三个重要的环节——赋形、浸渍和固化,这三个环节也称为成型三要素。对应于制品性能、产量和价格这三个基点,成型工艺三要素实现的手段在不断地进步和改善。

(1)赋形。

赋形的基本问题在于增强材料如何达到均匀或保证在设定的方向上,如何可信度很高地进行排列。将增强材料"预成型",使毛坯与制品最终形状相似,而最终形状的赋形则在压力下靠成型模具完成。

(2)浸渍。

浸渍意味着将增强材料间的空气置换为基体树脂,以形成良好的界面黏结和复合材料的低孔隙率。浸渍机理可分为脱泡和浸润两个部分。浸渍好坏与难易受基体树脂黏度、种类、基体树脂与增强材料配比,以及增强材料的品种、形态的影响。预浸料半成品制备,已将主要浸渍过程提前,但在加热成型过程中还需进一步完善树脂对纤维的浸渍。

(3)固化。

热固性树脂的固化意味着基体树脂的化学反应,即分子结构上的变化,由线型结构交联形成三向网络结构。固化要采用引发剂、促进剂,有时还需要加热,促进固化反应进行。对于热塑性树脂,则是由黏流态或高弹态冷却硬化定型的过程。

赋形、浸渍和固化三要素相互影响,通过有机地调整与组合,可经济地成型复合材料制品。赋形的快慢、浸渍的好坏、固化的快慢同时影响产品性能和生产效率这两个对立的方面。若强调经济性,加快成型周期,就要牺牲一部分性能;反之,若重视性能,就要牺牲经济性。这就意味着因原材料不同,存在着一种最佳的组合,必须制作每种成型方法的三要素相关图,并进行研究,选择其最合理方案。

2.复合材料成型工艺方法的选择

如何选择复合材料成型工艺方法,是组织生产时的首要问题。无人机复合材料结构制造的特点是材料生产和结构件成型同时完成,因此,在选择成型工艺方法时,必须同时满足材料性能、产品质量和经济效益等多种因素的基本要求,具体应考虑以下方面:

1)结构件的外形构造和尺寸大小。

2)结构件的受力分布、传力路径,以及强度和稳定性要求。

3)材料性能和结构件质量要求,如材料的物化性能及表面粗糙度(光洁度)要求等。

4)生产批量大小及供应时间(允许的生产周期)要求。

5)企业可能提供的设备条件及资金。

6)综合经济效益,保证企业盈利。

复合材料成型工艺方法的选择,主要是依据复合材料结构件的产量、成本、性能、形状和尺寸大小等诸多因素进行综合考虑,最重要的因素之一是复合材料的性能要完全满足结构件性能(包括强度、稳定性等)和使用要求。复合材料的制造成本与加工工具、原材料、周期和整装时间等有关,因此复合材料的制造要在综合考虑成本的基础上确定成型工艺方法。不同的工艺会有不同的性能,不同的材料(纤维与树脂)有不同的性能,纤维长度、纤维取向和纤维的体积分数(60%~70%)等均会大大影响复合材料结构的性能。

一般来讲,生产批量大、数量多及外形复杂的小结构件,多采用模压成型等;对造型简单的大尺寸结构件,可采用片状模塑料大台面压机成型,亦可用手糊工艺生产小批量结构件;对于压力管道及容器,则宜用缠绕工艺;对批量小的大尺寸结构件,常采用手糊、喷射工艺;对于板材和线型制品,可采用连续成型工艺。

3. 复合材料制造技术的发展方向

高效低成本复合材料制造技术大致可分为以下六个主要方向:

(1)复合材料液态成型技术。

复合材料液体成型工艺是一种近年来出现的先进复合材料低成本制造技术。其主要包括树脂传递模塑成型及其演变而形成的真空辅助树脂传递模塑、树脂浸渍模塑成型工艺、树脂膜渗透成型工艺、结构反应注射模塑成型和共注射传递模塑等。

(2)复合材料自动化制造技术。

复合材料自动化制造技术其包括自动铺带技术、自动铺丝技术、自动下料和激光辅助定位铺叠技术等。

(3)低温固化复合材料技术。

低温固化复合材料技术以实现低温固化高温使用的应用目的,以降低复合材料制造过程中的高能耗和高模具要求等形成的复合材料制造成本。

(4)非热固化制造技术。

非热固化制造技术,如采用电子束、微波、超声波、X射线、紫外线等辐射固化,提高固化能量的使用效率和提高复合材料制造效率,降低复合材料制造成本。

(5)非热压罐成型技术。

非热压罐成型技术主要指采用真空袋成型技术,以避免使用设备投资大、使用维护费用昂贵的热压罐,以降低复合材料制造成本。

(6)制造工艺过程模拟与优化技术。

制造工艺过程模拟与优化技术以提高复合材料产品质量和成品率为目的,并提高其生产效率,从而降低制造成本。

8.1.3 预浸料的基本概念

1.预浸料的定义和类型

(1)预浸料的定义。

预浸料是用树脂基体在严格控制的条件下浸渍连续纤维或织物,通过一定的处理过程所形成的一种储存备用的半成品。它实际上是一种处于原材料(树脂和纤维)和复合材料之间的连续性的中间材料,采用这样的预浸料为后续的层合板复合材料的制造,包括层片切割、铺叠、固化提供了极大方便,不仅提高了工效,还能有效地控制复合材料的成型工艺质量。

先进树脂基复合材料的增强体主要是高性能纤维,包括玻璃纤维、碳纤维和芳纶纤维等,航空复合材料主要用碳纤维,具体形式有纤维丝束、纤维织物和纤维布、纤维毡和短切纤维等。纤维复合材料大多以层合板结构的形式制造,预浸料是热压罐、模压等工艺中很重要的中间材料。现在预浸料已发展成了一种专门的工艺技术,实现了生产的专业化和自动化,是纤维复合材料技术发展的一个重要方面。

(2)预浸料的类型。

预浸料品种规格很多,通常按照以下条件进行分类:

1)按树脂基体类型分类。预浸料可分为热固性树脂预浸料和热塑性树脂预浸料。

2)按增强材料类型分类。预浸料可分为碳纤维(织物)预浸料、玻璃纤维(织物)预浸料和芳纶(织物)预浸料等。

3)根据纤维长度分类。预浸料可分为短纤维预浸料、长纤维预浸料和连续纤维预浸料,一般以长度 10mm 为分界点来区分长、短纤维。长纤维预浸料是纤维在挤出机头通过浸润然后切粒,一般切粒长度在 10mm 左右;短纤维预浸料一般切粒长度在 0.5~1mm;连续纤维预浸料的挤出过程机头是开放式的,连续纤维通过牵引的方式,引入到熔融的树脂中,通过浸润、冷却、切粒制备成预浸料。

4)按固化温度分类。预浸料可分为中温固化(120℃)预浸料、高温固化(180℃)预浸料以及固化温度超过200℃的超高温固化预浸料等。

5)按物理状态分类。预浸料可分为单向预浸料、单向织物预浸料和织物预浸料。

2.预浸料的基本要求

预浸料是复合材料性能的基础,其质量优劣直接关系到复合材料的质量。因此,对预浸料所采用的原材料、成型工艺和产品质量都有严格要求。

(1)对树脂的要求。

1)黏结强度高。树脂和增强纤维的匹配性要好,以达到优势互补。

2)工艺性能好。树脂具有适当的黏性和良好的铺覆性,以保证保证铺层质量。

3)存放寿命长。树脂要有较长的存放寿命,在低温下至少存放 6 个月后仍能继续使用。

4)挥发分含量小。树脂的挥发分含量尽可能小,一般小于 2%,以减少复合材料中的孔隙率。

5)固化加压带宽。固化成型时,树脂要有较宽的加压带,即在较宽的温度范围内实施加压,对复合材料性能无影响。

6)流动度适当。树脂要有适当的流动度,能均匀地分布在纤维之间并充分浸渍纤维。

(2)对纤维的要求。

1)力学性能好。纤维具有较高的强度、模量和较大的断裂伸长率,性能分散性尽可能小。

2)表面质量好。纤维表面要经过处理,无毛丝、丝团、断纤和污染,以保证和树脂有较好的相容性,能形成较强的黏结界面。

3)纤维要排列平直整齐,分布均匀。

(3)对预浸料成型工艺要求。

1)要有良好的铺覆性。预浸料必须有合适的黏性和良好的铺覆性,以保证后续的铺层操作顺利进行。黏性大小取决于胶液的特性、含胶量、贮存过程中固化度的增加及环境温度等因素。

2)凝胶时间要精准。预浸料的凝胶时间是确定固化加压时机的依据,对产品质量影响很大。不同的树脂基体有不同的凝胶时间,必须采用有关标准和方法进行测定。

3)流动性要适当。预浸料树脂的流出量与其流动性有关,若流动性太大,则易发生严重流胶,造成贫胶,纤维可能被冲乱;流动性过小,会使树脂分布不均,纤维浸润不充分,层间结合薄弱,直接影响制品的含胶量和孔隙率。预浸料树脂的流动性受温度、压力、热压时间、升温速度、预浸料的含胶量及层数等因素的影响,国家和行业标准对这些影响因素均应有具体规定。

4)挥发分含量要控制。少量挥发有助于成型时树脂的流动,但挥发过多会增加产品中的孔隙率,还会降低制品性能,尤其是层间剪切性能。成型过程中挥发分的排出量也受预浸料的含胶量、成型温度、压力、热压时间等因素的影响,必须通过优化工艺条件进行控制。

(4)对预浸料产品的要求。

1)外观纤维应相互平行,依次密排,不允许有明显的交叉和松散。

2)纤维服帖地黏伏在隔离纸上,无皱折、波纹、折断。

3)树脂分布均匀,不能有富胶区和贫胶区。

4)树脂体积分数和挥发分含量符合要求,一般树脂体积分数约 30%,挥发分含量应低于 2%。

5)厚度差别应小于规定的范围。

3.预浸料的制备方法

预浸料按纤维的形式,分单向纤维预浸料和纤维织物预浸料,其中单向纤维预浸料是靠树脂将平行纤维黏结成一体的片材,其厚度较薄,一般在 0.05~0.3mm,便于铺层设计,能充分发挥纤维的作用。纤维织物预浸料是用增强纤维织物浸渍树脂而成的片材,一般厚度在0.1~0.5mm,铺叠组合较方便。预浸料的制备方法按树脂浸渍纤维的方法不同,有溶液浸渍法、热熔法以及粉末工艺法等。

(1)溶液浸渍法。

溶液浸渍法是将构成树脂的各组分按预定的固体含量溶解到溶剂中去,然后一定数量的纤维从纱架引出,经过平行整齐排铺后,同时连续进入胶槽浸胶。纤维通过树脂胶液,黏着一定量树脂,再经挤胶、烘干、垫铺隔离纸(或膜)和压实后,即得到预浸料。生产过程中应严格控制环境温度、胶液黏度、辊间缝隙、纤维前进速度、烘干温度及时间,以保证预浸料的质量。溶液浸渍法优点是树脂对纤维浸透性好、预浸料厚度范围宽、设备造价低,但溶液法制备的预浸料挥发分含量高,易造成环境污染和安全问题。

溶液浸渍法制备预浸料一般在浸胶机上连续进行,如图 8-1 所示。温度通常分为三段控制和调节,目的是为了保证在烘干进程中,预浸料的挥发分能充分气化逸出。收卷装置一般为双收卷装置,配有收卷张力调节控制装置和自动纠偏装置,使收卷产品端面平齐。没有内松外紧现象,预浸料没有皱折,保证收卷质量。

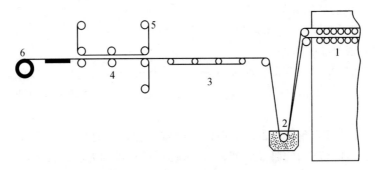

图 8-1　卧式溶液法预浸机示意图

1—纱架;2—浸胶槽;3—通风烘箱;4—碾压辊;5—离型纸;6—收卷装置

典型的浸胶装置如图 8-2 所示。胶槽内装配好的胶液,纤维或织物从浸胶槽的胶液内通过实现浸渍。

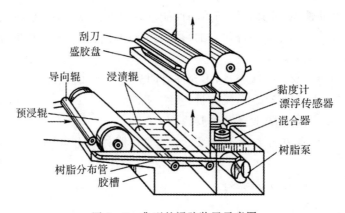

图 8-2　典型的浸胶装置示意图

(2)热融法。

热熔法无需溶剂,树脂以熔融的方式浸渍增强材料制备预浸料。其优点是树脂含量均匀、预浸料挥发分含量低,生产速度快,能够制造挥发分含量很低的预浸料,制造的复合材料结构件的孔隙率小、力学性能好。但热熔法所需设备造价高。热熔法制造预浸料有熔融法和胶膜法两种。

1)熔融法。熔融法制备预浸料示意图如图 8-3 所示,借助加热从漏槽中流出的熔融树脂体系刮涂于隔离纸载体上,随后转移到经整经、排列整齐的平行纤维纱上,同时,纤维的另一面贴附上一层隔离纸,然后三者成一夹芯,经热辊后,使树脂浸润纤维,最后压实收卷。

2)胶膜法。胶膜法的制备工艺如图 8-4 所示。一定数量的纤维从纱架引出,经平行整齐排铺后,夹于干胶膜之间,通过热辊挤压使纤维浸嵌于树脂膜中,加铺隔离纸压实,即可收卷。此法可生产含树脂量低的预浸料。产品中树脂分布均匀,孔隙率低,制品质量好。树脂含量与胶膜厚度、压辊间隙和温度有关。此法解决了那些树脂体系不溶解与普通低沸点溶剂的预浸料的制造问题,成膜性和柔性通常采用添加一定量的热塑性树脂或较高相对分子质量的线型热固性树脂获得,同时也提高了固化树脂的韧性。

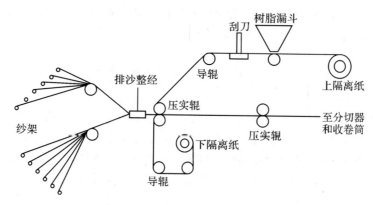

图 8-3　熔融法制备预浸料示意图

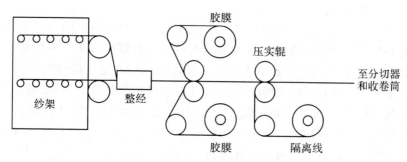

图 8-4　胶膜法制备预浸料示意图

（3）粉末法。

粉末法又分为粉末静电法和粉末悬浮法，主要用于制备热塑性树脂和高熔点难溶解的预浸料。粉末静电法是在连续纤维表面沉积带电树脂粉末，用辐射加热的方法使聚合物粉末永久地黏附在纤维表面，如图 8-5 所示。此法不会引起纤维/树脂界面应力，也不会因聚合物在高温下持续时间过长而导致性能退化。粉末静电法需事先将高聚物研磨成非常细微的颗粒。采用超细颗粒的粉末，可获得柔软的预浸料。

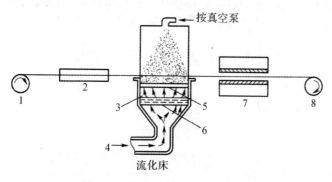

图 8-5　粉末法制备预浸料示意图

1—纱架；2—丝束展开辊；3—离子化空气；4—干空气进口；5—多孔板；6—充电介质；7—烘箱；8—收卷辊

粉末悬浮法通常分为水悬浮和气悬浮两种。前者是在水中悬浮的树脂颗粒黏附到连续运动的纤维上,后者是细度为 $10\sim20\mu m$ 的聚合物颗粒在硫化床中悬浮,聚合物颗粒附着在连续地纤维上,随即套上护管,使粉末不会脱离纤维表面。

8.2 复合材料手糊成型工艺

手糊成型是一种传统的复合材料成型方法,也是复合材料制造中最早采用和最简单的成型方法。其主要工作是用手工完成的,不需要专门的设备,所用工具也非常简单,只要求有一个成型的模具。目前,随着复合材料的应用领域不断扩大,以及复合材料工业的不断发展,机械化水平的日益提高,复合材料手糊成型工艺面临的挑战也越来越大。

8.2.1 复合材料手糊成型工艺的定义、过程与特点

1. 手糊成型工艺的定义

复合材料手糊成型工艺又称接触成型工艺,是指用手工或在机械辅助下将增强材料和热固性树脂铺覆在模具上,经树脂固化而形成复合材料的一种成型方法。手糊成型工艺是一种传统的复合材料成型方法,是复合材料生产行业的工艺基础,在复合材料生产中有着举足轻重的地位。由于手糊工艺具有其独特的优点,该工艺至今仍在沿用而且占据较稳固的地位,其制品占据市场的份额也较大,尤其适用于某些大型、量少、品种多或形状特殊的制品。

手糊成型是我国目前使用最广泛的复合材料成型方法。随着复合材料产业的发展,新工艺不断出现,如树脂传递模塑成型、真空辅助、喷射成型等都与手糊工艺有着不可分割的关系。例如喷射成型是在手糊成型的基础上发展起来的,它将手糊操作中的纤维铺覆和浸胶工作由设备来完成,是一种相对效率较高的成型工艺。

2. 手糊成型工艺过程

手糊成型工艺是树脂基复合材料生产中最早使用和应用普遍的一种成型方法,以手工操作为主,机械设备使用较少。手糊成型的工艺过程是先在模具上涂刷含有固化剂的树脂混合物,再在其上贴一层按要求剪裁好的纤维织物,用刷子或压辊挤压织物,使其均匀浸胶并排出气泡后,再涂刷树脂混合物和铺贴第二层纤维织物,反复上述过程直至达到所需厚度。然后在一定压力和温度下加热固化成型,或者利用树脂体系固化时放出的热量固化成型,最后脱模得到复合材料构件制品。复合材料手糊成型的工艺流程如图 8-6 所示。

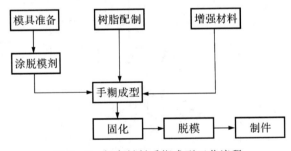

图 8-6 复合材料手糊成型工艺流程

湿法铺层糊制是直接在模具上将增强材料浸胶一层一层地紧贴在模具上,排除气泡,使之密实。手糊过程示意图如图 8-7 所示。铺层糊制必须精心操作,要求做到快速、准确,保证树

脂含量均匀、无明显气泡、无浸渍不良、不损伤纤维及制品表面平整。结构件制品质量的好坏，与操作者操作的熟练程度和工作态度认真与否关系极大。

手工糊制时，先在模具上刷一层树脂，然后铺一层纤维织物，并注意排除气泡，涂刷时要用力沿布的经向；顺一个方向从中间向两头把气泡赶净，使纤维层贴合紧密，含胶量均匀，如此重复，直到达到设计厚度。对于较厚的制品，由于树脂固化放热量大，易产生结构件制品的变形与分层，应分次铺层糊制，每层糊制厚度不超过 7mm。

当结构件制品固化到脱模强度时便可进行脱模。为了能把已经固化了的结构件制品顺利地从模具中脱出，必须在模具的成型面上涂刷脱模剂，才能保证制品表面质量和模具完好无损。选用脱模剂时应注意脱模剂的使用温度应高于固化温度。理想的脱模剂应具有如下特性：不腐蚀模具、不影响树脂固化，对树脂黏附力小；成膜时间短，成膜均匀、光滑；操作简便，使用安全，无毒害作用，价格便宜。一般手工糊制时会同时使用几种脱模剂，可以发挥多种脱模剂的综合性能，以得到良好的脱模效果和理想的结构件。脱模方法可采用顶出脱模、压力脱模等，脱模时最好用木制或铜制工具，以防将模具或结构件划伤。大型结构件制品的脱模可借助千斤顶、吊车等机械。

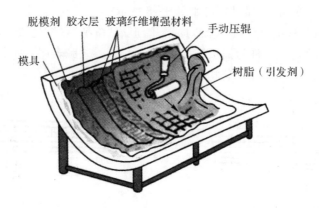

图 8-7　复合材料手糊成型过程示意图

最后结构件制品的修整分为尺寸修整和缺陷修补。尺寸修整是按照设计尺寸进行机械加工切去多余部分，如除去毛边、飞刺等。缺陷修补主要是采用破孔补强、气泡修补、裂缝修补方法等进行修补结构件表面和内部缺陷。

3.手糊成型工艺特点

手糊成型工艺主要特点有以下方面：

(1)优点。

1)不受制品尺寸和形状限制，适宜尺寸大、批量小、品种多、形状复杂制品的生产。

2)设备简单、工艺简单，设备投资小。

3)生产准备时间短，操作简便，易懂易学。

4)可根据产品的设计要求，在不同部位任意补强，灵活性大。

5)树脂基体与增强材料可实行优化组合，也可以与其他材料(如泡沫、轻木、蜂窝、金属等)复合成制品。

6)室温固化、常压成型。

7)可加彩色胶衣层,以获得丰富多彩的光洁表面效果。

(2)缺点。

1)生产效率低,成本高;劳动强度大,生产环境条件差,难以适应大批量生产。

2)制品质量不易控制,性能稳定性不高,受人的因素影响大。

3)结构件制品力学性能较低,只适合对性能和质量要求不高的制品。

4)生产车间占地面积大,需要良好的通风设备。

8.2.2　复合材料手糊成型铺层控制与二次固化拼接

1.手糊成型铺层控制

对于外形要求高的受力结构件,同一铺层纤维尽可能连续,切忌随意切断或拼接,否则将严重降低结构件的力学性能,但往往由于各种原因很难做到这一点。铺层拼接的设计原则是:尽量减小强度损失,不影响外观质量和尺寸精度,手糊施工方便。

拼接的形式有搭接与对接两种,以对接为宜。对接式铺层可保持纤维的平直性,结构件外形不发生畸变,并且结构件外形和质量分布的重复性好。为不致降低接缝区强度,各层的接缝必须错开,并在接缝区多加一层附加布,如图8-8所示。

多层纤维布铺放的接缝也可按一个方向错开,形成"阶梯"接缝连接,如图8-9所示。将纤维布厚度 t 与接缝距 s 之比称为铺层锥度 z,即 $z=t/s$。试验表明,铺层锥度 $z=1/100$ 时,铺层强度与模量最高,可作为施工控制参数。

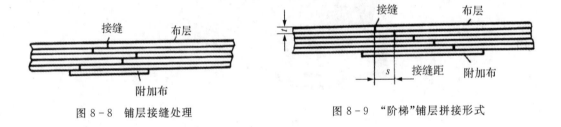

图8-8　铺层接缝处理　　　　　　　图8-9　"阶梯"铺层拼接形式

2.手糊成型铺层二次固化拼接

由于各种原因不能一次完成铺层固化的结构件,如厚度超过7mm时,若采用一次铺层固化,就会因固化发热量大,导致结构件内应力增大而引起变形和分层。于是,需两次拼接铺层固化。先按一定铺层锥度铺放各层纤维布,使其形成"阶梯",并在"阶梯"上铺设一层无胶平纹纤维布。固化后撕去该层纤维布,以保证拼接面的粗糙度和清洁。然后再在"阶梯"面上对接糊制相应各层,补平阶梯面,二次成型固化,如图8-10所示。试验表明,铺层二次固化拼接的强度和模量并不比一次铺层固化的低。

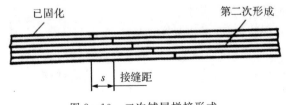

图8-10　二次铺层拼接形式

8.2.3　复合材料手糊成型模具结构与材料

模具是复合材料手糊成型工艺中的主要设备。合理选用模具是保证复合材料制品质量和降低成本的关键之一。

1.手糊成型模具结构

手糊成型的模具根据结构的不同,可分为单模和对模两类。单模又分为阴模和阳模两种。单模和对模都可根据工艺要求设计成整体式或组合式,组合模可用螺钉或夹具,固定成整体,脱模时拆去螺钉或夹具逐渐脱模。

(1)阴模。

阴模的工作是向内凹陷的(见图 8-11(a)),用阴模生产的结构件制品可获得光滑的外表面,尺寸准确。阴模常用作生产各种外表面要求高的产品。但凹陷深的阴模,操作不便、排风困难、某些细小的缺陷亦不易察觉,故质量也不容易控制。

(2)阳模。

阳模的工作面式向外凸出(见图 8-11(b)),它能使制品获得光滑的内表面,尺寸准确、施工操作方便、制品质量容易控制、便于排风,它适用于内表几何尺寸要求较严的制品等。

(3)对模。

对模是由阳模和阴模两部分组成(见图 8-11(c)),并通过定位销固定装配。用对模生产的制品,因其两边都与模具接触,故内外表面均很光滑、厚度精确、质量稳定。对模主要用于制备对外观质量要求高、厚壁均匀的高精度制品,但此类模具在成型过程中要上下翻动,操作难度较大,不适用于大型制品的生产。

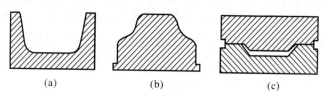

(a)　　　　　　　　(b)　　　　　　　　(c)

图 8-11　手糊成型模具结构类型

(a)阴模;(b)阳模;(c)对模

(4)组合模。

组合模的结构比较复杂,某些因结构复杂不易脱模的产品,为了便于脱模,常将模具制造成两块或若干块,在成型前把模块拼装起来,固化后脱模时再把模块拆开。组合模能解决单模和对模所不能解决的问题,但由于它需经常拼装、拆卸,故生产周期要延长,影响生产效率,同时尺寸精度亦受影响。

2.手糊成型模具材料

手糊成型模具常用材料有木材、金属、玻璃钢、石膏和石蜡等。

(1)木制模具。

做模具用的木材要求质地均匀、无节、不易收缩变形。常用的木材有红松、银杏和枣木等。木模不耐用,不耐高温,表面需经封孔处理,但木模加工容易,制造周期短,比较轻便,适合用于小批量生产的中小型制品或结构复杂而数量不多的结构件制品。

(2)金属模具。

金属模具常用的材料有碳钢、铸铁、铸铝、铝合金等。模具制成后通常要进行镀铬、镀镍等表面处理。金属模具经久耐用，不易变形，尺寸精度高。但制造工艺复杂，制造周期长，造价较高。它适用于小型、大批量生产的高精度制品。

（3）玻璃钢模具。

玻璃钢模具由木模或石膏模翻制而成的。其优点是质轻、耐久、制造方便，适用于表面质量要求高、形状复杂的中小型制品的批量生产。

（4）石膏模具。

石膏模具通常用半水石膏制成。其优点是制造简便，费用低；但易变形不耐用，怕冲击，使用前要预先干燥，其表面也需进行加工和封闭毛细孔处理。它适用于一些形状简单的大型制品或几何形状较复杂的小型制品。

（5）石蜡模具。

石蜡模具制造容易，质量轻，成本低，可回收使用，不须涂脱模剂。但石蜡熔点低、易变形，制品的精度不高，因此多用于制造形状复杂、数量不多且难脱模的制品；制作难以取出的型心，一次性使用，成型后融化掉。

8.2.4 复合材料喷射成型工艺

1. 喷射成型工艺的定义

喷射成型工艺是通过喷射设备将短切纤维和雾化的树脂同时均匀沉积到模具表面上，经辊压，固化成复合材料制品的工艺方法。喷射成型是在手糊成型的基础上发展起来的，其将手糊操作中的纤维铺敷和浸胶工作由设备来完成，是一种相对效率较高的成型工艺。

喷射成型对所用原材料有一定要求，例如树脂体系的黏度应适中，容易喷射雾化、脱除气泡和浸润纤维以及不带静电等。最常用的树脂是在室温或稍高温度下即可固化的不饱和聚酯等。喷射法使用的模具与手糊法类似，但生产效率可提高数倍，劳动强度降低，能够制作大尺寸制品。喷射成型工艺示意图如图 8-12 所示。

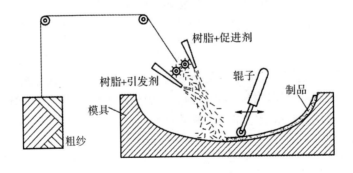

图 8-12 喷射成型工艺示意图

2. 喷射成型工艺流程

采用喷射成型工艺，首先要将分别混有促进剂和引发剂的不饱和聚酯树脂从喷枪两侧（或在喷枪内混合）喷出，同时将纤维无捻粗纱用切割机切断并由喷枪中心喷出，与树脂一起均匀沉积到模具上。当不饱和聚酯树脂与纤维无捻粗纱混合沉积到一定厚度时，用手辊滚压，使纤维浸透树脂、压实并除去气泡,最后固化成制品,如 8-13 所示。

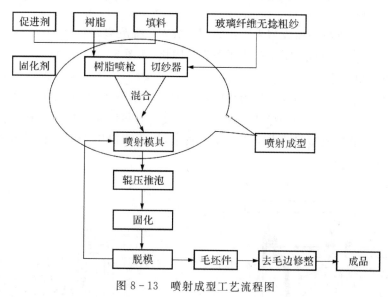

图 8-13　喷射成型工艺流程图

3.喷射成型工艺的特点

喷射成型主要是针对手糊成型工艺中的一些瓶颈问题进行改进,如增强材料的铺敷以及树脂的均匀浸渍等。喷射成型工艺与手糊工艺相比,主要有如下特点:

(1)优点。

1)用喷射成型方法可以制作复杂形状的制品。

2)产品无接缝,层间剪切强度高,树脂体积分数高,抗腐蚀、耐渗漏性好。

3)在生产过程中可自由调节产品壁厚、纤维体积分数及纤维长度等。

4)用纤维粗纱代替织物,可降低材料成本。

5)生产效率比手糊成型工艺高 2~4 倍。

(2)缺点。

1)可控性较差。产品纤维体积分数、厚度和均匀程度都较难精确控制。

2)增强材料以短切形式存在,树脂含量和孔隙率较高,制品强度较低。

3)操作过程中由于需要雾化和分散,原材料的损耗较大,施工现场污染和浪费较大。

4)阴模成型比阳模成型难度大,大型制品比小型制品更适合喷射成型工艺。

8.2.5　复合材料袋压法和热膨胀模塑法成型工艺

袋压法和热膨胀模塑法统称为低压成型工艺。其成型过程是用手工铺叠方式,将增强材料和树脂按设计方向和顺序逐层铺放到模具上,达到规定厚度后,经加压、加热、固化、脱模、修整而获得制品。这两种方法与手糊成型工艺的区别仅在于加压固化这道工序。因此,它们只是手糊成型工艺为了提高制品的密实度和层间黏结强度而作的改进。

1.袋压成型工艺

袋压成型工艺是将手糊成型的未固化制品通过橡胶袋或其他弹性材料向其施加气体或液体压力,使制品在压力下密实、固化。袋压成型工艺的优点是:产品两面光滑;能适应聚酯、环氧和酚醛树脂；产品质量比手糊高。袋压成型方法分压力袋法和真空袋法两种。

(1)压力袋成型工艺。

压力袋成型工艺是将手糊成型未固化的制品放入一橡胶袋,固定好盖板,然后通入压缩空气或蒸汽(0.25～0.5MPa),使制品在热压条件下固化,如图8-14所示。

(2)真空袋成型工艺。

真空袋成型工艺是将手糊成型未固化的制品加盖一层橡胶膜,制品处于橡胶膜和模具之间,密封周边,抽真空(0.05～0.07MPa),使制品中的气泡和挥发物排除。真空袋成型工艺如图8-15所示。真空袋成型工艺由于真空压力较小,故此法仅用于聚酯和环氧复合材料制品的湿法成型。

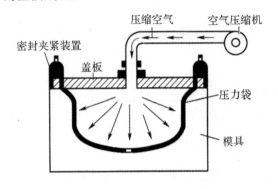

图8-14 压力袋成型工艺的原理

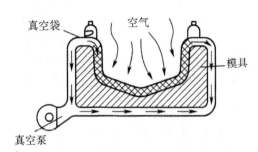

图8-15 真空袋成型工艺的原理

袋压成型工艺应注意的事项有以下方面：

1)袋压成型的模具要有足够的强度,能经受成型过程中的热压作用和外力冲击等。

2)模具和橡胶袋用前要仔细检查,防止漏气。为了防止溶剂对橡胶袋的侵蚀,橡胶袋应用硅酮处理,或采用聚乙烯袋代替。

3)袋压成型加盖胶袋之前,一切工序按手糊工艺操作;覆盖胶袋后,要严格检查,防止漏气。对于形状简单的制品可加盖聚酯薄膜于胶袋和制品之间,改善表现质量。

4)真空袋成型法真空压力较小,成型大尺寸制品时,胶袋表面真空度不够均匀,需要在抽真空过程用刮板加压,排除气泡。

5)加压排气应在树脂凝胶之前开始,加热固化应在排气和凝胶之后进行。

2.热膨胀模塑工艺

热膨胀模塑工艺是用于生产空腹、薄壁高性能复合材料制品的一种工艺。其工作原理是采用不同膨胀系数的模具材料,利用其受热体积膨胀不同产生的挤压力,对制品施加压力。生产空腹制品的模具和预浸料铺层断面示意图如图8-16所示。

热膨胀模塑工艺采用的阳模是膨胀系数大的硅橡胶,阴模是膨胀系数小的金属材料,手糊未固化的制品放在阳模和阴模之间。加

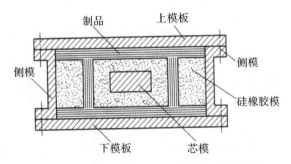

图8-16 热膨胀法生产空腹制品组合断面图

热时由于阳、阴模的膨胀系数不同,产生巨大的变形差异,使制品在热压下固化。

8.3 复合材料热压罐成型工艺

热压罐成型技术是航空等高科技领域重点发展的一项复合材料成型技术。它起始于 20 世纪 60 年代,是目前生产航空飞行器高质量先进树脂基复合材料结构件的主要方法。特别是对于一些大尺寸和形状复杂的结构件,采用整体化的共固化成型时,就要使用这种技术。

8.3.1 复合材料热压罐成型工艺的定义和原理

1. 热压罐成型工艺的定义

热压罐成型工艺是将复合材料坯料组合件、蜂窝夹芯结构件或黏结结构件用真空袋密封在模具上,置于热压罐中,在真空(或非真空)状态和加热、加压的条件下,经过升温,保温(中温或高温),降温和卸压过程,使其成为所需要的复合材料结构件形状和性能的成型工艺方法。

热压罐成型工艺是目前广泛应用的先进复合材料结构、蜂窝夹芯结构及复合材料黏结结构的主要成型方法之一。

热压罐是一种能同时加热和加压的专门设备,其主体是一个卧式的圆筒形金属罐体。热压罐常见的结构是一端封闭,另一端开门的圆柱形金属容器,同时配备有加温、加压、抽真空、冷却等辅助功能和控制系统,形成一个热压成型设备系统,如图 8-17 所示。利用热空气、蒸汽或内置加热元件对预浸料加热,并经过压缩空气(或氮气)加压到 0.2~2.5MPa 固化成型,为先进复合材料的压实和固化提供必要的热量和压力。

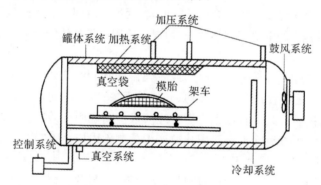

图 8-17　热压罐工作示意图

为了符合制件不同尺寸的要求,按罐体内部空间的大小可分为小型、中型和大型热压罐。小型热压罐的罐体内径在 0.5m,长度在 2m 左右,主要用于小制件的成型。大型热压罐内径可达数米,长度达数十米,主要用于大尺寸和整体化部件的成型。

2. 热压罐成型工艺原理

热压罐成型工艺的工作原理是利用热压罐提供的均匀的压力和温度,促使预浸料中的树脂流动和浸润纤维,并充分压实,排除材料中的孔隙,然后通过持续的温度使树脂固化制成复合材料。温度和压力是热压罐的两个主要技术指标。最大工作温度一般为 250℃,高温热压罐要求到 400℃,主要满足高温型树脂基复合材料成型的需要。此外,升温速率也能精确控制,以保证工艺质量。最大工作压力至少要达到 50 个大气压。罐内温度和压力分布要均匀,以保证大尺寸和形状复杂的制件各点的加热加压均匀一致。

（1）升温。

大多数预浸料中树脂的初始黏度较高，为了降低树脂黏度，增加其流动性，热压罐内首先要加热，即进入升温阶段。这一阶段要选择合理的升温速度，对于大尺寸制件，升温要慢，使整个制件受热均匀，常用的升温速率为2℃/min。这个阶段主要用真空压力，视情况可施加一定压力。

（2）保温。

当热压罐内部被加热时，树脂的黏度急剧下降，并在某一温度下达到最低值。这一温度就是常说的热压罐成型周期中的"保温"温度，对不同的树脂基体，保持的温度和时间有所不同。保温的目的是使树脂熔化浸渍纤维，除去挥发物，确保增强材料完全浸透树脂。这个温度也是树脂最容易形成孔隙的温度，这时加在树脂上的压力是非常重要的，一般成型压力为全压的1/3～1/2，使部分树脂流出，以保证制件最后的树脂含量符合设计要求。

（3）再升温。

经过保温吸胶阶段后，树脂基体已成半固化状态，溶剂和低相对分子质量挥发物已充分排出，将温度升至固化温度。由于热固性树脂的固化反应是放热反应，固化过程中有热量放出，如果升温速度过快，会使固化反应速度急剧加快，热量集中地大量放出，导致材料局部烧坏，这种现象称为暴聚，必须避免其发生。

（4）热压。

在固化温度下，树脂基体进一步固化，这一阶段要加全压，目的是在树脂继续固化过程中，施加全压除去树脂基体中残存的孔隙，使层片之间充分压实。从加全压到整个热压结束，称为热压阶段。从达到指定的热压温度到热压结束的时间，称为恒温时间。热压阶段的温度、压力和恒温时间是热压罐成型过程中的重要工艺参数，必须根据所用树脂基体的配方对其严格控制。

（5）冷却。

在一定保压的情况下，将系统自然冷却或者强制冷却到一定温度或室温，然后卸压，取出制件。冷却时间过短，容易使产品发生翘曲、开裂等现象；冷却时间过长，对制件质量无明显帮助，但会使生产周期拉长。此一阶段也称后处理阶段。高温固化的制件，经过这一阶段在较低温度下保持一段时间，可以消除因高温固化所产生的制件内应力，防止卸压脱模后制件变形。

3. 热压罐共固化整体成型技术

对于某些复合材料制件需要进行热压罐二次成型，进行共黏结或共固化，最后制备具有复杂形状的复合材料制件。热压罐的共固化整体成型技术是实现复合材料制件整体化成型的一种重要方法。无人机结构有不少是典型的薄壁结构件，如承力机身蒙皮、机翼和操纵面蒙皮等，对稳定性的要求很严格。虽然先进复合材料有较高的弹性模量，但是在很多情况下，还需要额外加强。加强的方式无非是选用夹层结构，或选用具有不同横截面形状的加筋板、格栅结构直接加强。不论是夹层结构还是加筋板、格栅结构，它们都需要采用复合材料整体结构的成型技术。

用热压罐实现这种整体结构的成型就叫共固化或共黏结。共固化是将两个或两个以上的预成型结构件采用同一工艺规范一次固化成型为一个整体结构件的工艺方法。这种方法一般要用相同的复合材料预成型结构件。共固化最大的优点在于，与共黏结或二次黏结相比，不需要装配组件间的协调，只需要一次固化过程就能得到结构整体性好的复合材料制件。黏结共固化,也称共黏结,是将一个或多个已经固化成型的部件与另一个或多个尚未固化的预成型结构件通过黏合剂固化黏结成一个整体构件的工艺方法。黏结共固化工艺在航空结构制造中应用比较普遍,其主要不足是,与共固化相比,固化次数多了一次。

8.3.2　复合材料热压罐成型的材料、流程和特点

1. 热压罐成型的原材料

(1)预浸料。

预浸料是复合材料热压罐成型的主要原材料,它是复合材料制备过程中的一种半成品。预浸料的主要成分是纤维和树脂体系,它的质量优劣对热压罐成型制件的力学、物理和化学性能起决定性作用。

(2)工艺辅助材料。

1)真空袋材料与密封胶条。在 100℃ 以下的真空袋材料可用聚乙烯薄膜,200℃ 以下的真空袋材料可利用各种改性的尼龙薄膜,对于更高温度下的真空袋材料需要用耐高温的聚酰亚胺薄膜。

2)有孔或无孔隔离薄膜。它们的作用是防止固化后的复合材料黏在其他材料上或者其他材料粘在模具上。有孔隔离膜还有让气体通过而限制树脂流动的功能。通常采用聚四氟乙烯或者其他改性氟塑料薄膜作为隔离膜。

3)吸胶材料。其作用是吸收预浸料中多余的树脂,控制、调节成型复合材料制件的纤维体积分数,常用的吸胶材料有玻璃布、玻璃棉、滤纸和各种纤维非织布。

4)透气材料。透气材料的作用是疏导真空袋内的气体,排出真空袋系统,导入真空管路。透气材料通常采用较厚的涤纶非织造布或者玻璃布。

5)脱模布。其作用是让预浸料中多余的树脂和空气及挥发分通过并进入吸胶层,同时防止复合材料制件和其他材料黏合在一起,通常采用 0.1mm 厚的聚四氟乙烯布作脱模布。

6)周边挡条。阻止预浸料在固化成型过程中向边侧流散,通常应用一定厚度的硫化或未硫化的橡胶作为挡条。

2. 热压罐成型工艺流程

热压罐成型工艺流程如图 8-18 所示。

图 8-18　热压罐成型工艺流程图

(1)准备过程。

准备过程包括工具和材料的准备、模具的清洗和预处理过程。其中材料的准备包括主体材料和辅助材料的准备,数量、检查有效期以及各自的使用条件等;在模具上涂抹脱模剂,以保证固化后的制件能完好地从模具上脱下来。

(2)裁剪与铺叠。

裁剪与铺叠包括预浸料的裁剪和铺层。按样板裁剪带有离型纸的预浸料,剪切时必须注

意纤维方向,然后将裁剪好的预浸料揭去保护膜,按规定次序和方向依次铺叠,每铺一层都要用橡胶辊等工具将预浸料压实,排除空气,形成如图 8-19(a)所示的坯件。

(3)组合和装袋。

在模具上将预浸料坯料和各种辅助材料组合并装袋,检查真空袋和周边密封是否良好,如图 8-19(b)所示。

(4)热压固化。

将真空袋系统组合到热压罐中,接好真空管路,关闭热压罐,然后按确定的工艺条件抽真空/加热/加压固化,包括坯件流动压实过程和化学固化反应过程。

(5)出罐脱模。

固化完成后,待其冷却到室温,然后将真空袋系统移出热压罐,去除各种辅助材料,取出制件。

(6)检测与修整。

检测包括目测、超声或 X 射线无损检测。修整是通过抛光机、高速水切割机或铣床修整,除去构件上的飞边或毛刺等,也可以通过抛光机或铣床进行修整,以达到设计的要求。

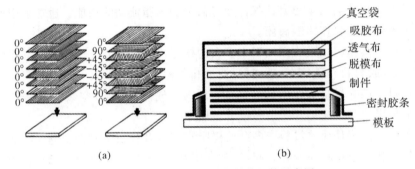

图 8-19 层合板坯件与封装组件示意图

(a)层压板坯件;(b)封装组件示意图

3.热压罐成型工艺特点

热压罐固化成型是航空复合材料结构件传统的制造工艺,仅用一个阴模或阳模,就可得到形状复杂、尺寸较大、高质量的制件,如无人机机身,固定无人机机翼、垂直尾翼、方向舵、升降副翼,以及旋翼无人机的旋翼、尾桨等。热压罐成型工艺的优缺点如下:

(1)优点。

1)成型工艺质量可靠。相比于其他成型工艺,热压罐成型工艺制件的孔隙率较低,树脂含量均匀,纤维体积分数较高,成型的产品重复性好,结构件力学性能稳定、可靠。迄今为止,要求高承载的绝大多数复合材料都采用热压罐成型工艺。

2)成型模具简单。热压罐成型模具相对比较简单,效率高,适合于大面积复杂型面的蒙皮、壁板和壳体的成型。若热压罐尺寸大,则一次可放置多层模具,同时成型或黏结各种较复杂的结构及不同尺寸的构件。

3)适用范围较广。热压罐成型可适用于多种先进复合材料的生产,只要是固化周期、压力和温度在热压罐的极限范围之内的复合材料都能生产,它的温度和压力条件几乎能满足所有的聚合物基复合材料的成型工艺要求,并且可适合制造多种大面积、复杂型面结构的蒙皮、壁板和壳体,以及适用于具有层合结构、夹层结构、黏结结构等多种结构的整体成型。

4)罐内温度场和压力场均匀。由于采用压缩空气或惰性气体向热压罐中的充气增压,作用在真空袋表面各点的压力相同。同时,热压罐内装有大功率的风扇和导风套,加热(或冷却)气体在罐内高速循环,罐内各点的气体温度基本一样,在模具尺寸合理的前提下,可保证密封在模具上的结构件升降温过程中各点温差不大。因此,在成型过程中,可使真空袋内的结构件在均匀的压力场和温度场下成型,制件均匀固化。

5)加压方式灵活多样。对先进复合材料构件加压方式灵活多样,既可抽真空又可加压,从而一方面有利于抽取预浸料中含有的低分子挥发物和夹杂在预浸料中的气体,另一方面有利于压实预浸料,获得结构致密的制件。

(2)缺点。

1)设备投资大。设备成本高,耗能高,能源利用率较低,以及运行成本高。热压罐设备体积大,结构复杂,且是压力容器,因此建设投资费用高,并且每次固化时都需要制备真空密封系统,将耗费大量价格昂贵的辅助材料,提高了制造成本。

2)制件尺寸受限制。制件尺寸受热压罐尺寸限制;超大容积热压罐内部加热和加压速度缓慢,使温度和压力调节相应迟缓。

8.4　复合材料缠绕成型工艺

在复合材料成型技术中,纤维缠绕成型是最早开发且使用最广泛的工艺技术之一,也是目前生产复合材料的重要工艺技术之一。纤维缠绕成型基本做法是将浸过树脂胶液的连续纤维或布带,按照一定规律缠绕到芯模上,然后固化脱模成为复合材料制品。这种方法主要用来制造圆形管道、压力罐和贮存罐等旋转对称形状的产品。

8.4.1　复合材料缠绕成型工艺的定义和类型

1.缠绕成型工艺的定义

复合材料缠绕成型工艺是将连续纤维浸过树脂胶液,在一定的张力作用下,按照一定规律缠绕到芯模上,然后在常温或者加热条件下固化成型,制成一定尺寸(直径为 6mm～6m)的回转体制品的工艺方法,如图 8-20 所示。其特点是成型过程连续,一次性完成;制品形状和尺寸都能得到保证,在直径方向上的强度高。但需要专门的缠绕机器和辅助设备,生产成本较高。

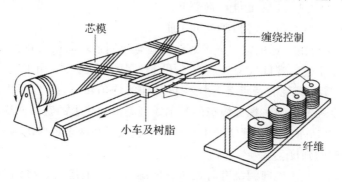

图 8-20　复合材料缠绕成型工艺示意图

缠绕机类似一部机床,纤维通过树脂槽后,用轧辊除去纤维中多余的树脂。为改善工艺性能和避免损伤纤维,可预先在纤维表面铺覆一层半固化的基体树脂,或者直接使用预浸料。纤维缠绕方式和角度可以通过机械传动或计算机控制。缠绕达到要求厚度后,根据所选用的树脂类型,在室温或加热箱内固化、脱模便得到复合材料制品。

利用纤维缠绕工艺制造压力容器时,一般要求纤维具有较高的强度和模量,容易被树脂浸润,纤维纱的张力均匀以及缠绕时不起毛、不断头等。另外,在缠绕的时候,所使用的芯模应有足够的强度和刚度,能够承受成型加工过程中各种载荷(缠绕张力、固化时的热应力和自重等),满足制品形状尺寸和精度要求以及容易与固化制品分离等。常用的芯模材料有石膏、石蜡、金属或合金、塑料等,也可用水溶性高分材料,如以聚烯醇作黏结剂制成芯模。

2.缠绕成型工艺的类型

(1)根据树脂基体的物理化学状态划分。

1)干法缠绕成型工艺。干法缠绕是采用经过预浸胶处理的预浸纱或(或带),在缠绕机上经加热软化至黏流态后缠绕到芯模上。预浸纱(或带)是专业生产,能严格控制树脂含量(精确到2%以内)和预浸纱质量,因此,干法缠绕能够准确地控制产品质量。干法缠绕工艺的最大特点是自动化程度高,生产效率高,缠绕速度可达 $100\sim200\text{m/min}$,缠绕机清洁,劳动卫生条件好,产品质量高。其缺点是缠绕设备贵,需要增加预浸纱制造设备,投资较大。此外,干法缠绕制品的层间剪切强度较低。

2)湿法缠绕成型工艺。湿法缠绕是将纤维集束(纱式带)浸胶后,在张力控制下直接缠绕到芯模上,然后固化成型。其特点是设备比较简单,材料经济,但质量不稳定。

3)半干法缠绕成型工艺。半干法缠绕是纤维浸胶后,在缠绕至芯模的途中,增加一套烘干没备,将浸胶纱中的溶剂除去。与干法相比,提高了缠绕速度,缩短了烘干时间,可在室温下进行缠绕;无须整套设备,省却了预浸胶工序和设备。与湿法相比,可使制品中的气泡含量降低,提高了制件性能和质量。

(2)根据纤维(或带)缠绕方式划分。

1)环形缠绕成型工艺。环形缠绕过程中芯模绕自身轴线匀速旋转,绕丝嘴沿芯模筒体轴线平行方向移动,芯模每转一周,绕丝嘴移动一个纱片宽度的距离,如此循环下去,直到纱片均匀地布满芯模筒体段表面为止,如图 8-21 所示。环形缠绕只能在筒身段进行,只提供环向强度。环形缠绕的缠绕角(纤维方向与芯模轴夹角)通

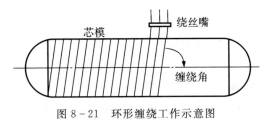

图 8-21 环形缠绕工作示意图

常在 $85°\sim90°$ 之间,主要由带宽决定。环形缠绕最适合于制造环向压力较大管道的罐体。

2)螺旋缠绕成型工艺。螺旋或交叉缠绕是用得较多的缠绕模式,用来制造圆柱零件,通常其缠绕角大于 $45°$。螺旋缠绕的特点是芯模绕自身轴线均匀转动,绕丝嘴沿芯模轴线方同按缠绕角所需要的速度往复运动。螺旋缠绕的基本线型是由封头上的空间曲线和圆筒段的螺旋线所组成,如图 8-22 所示。螺旋缠绕纤维在封头上提供经纬两个方向的强度,在筒身段提供环向和纵向两个方向的强度。

3)极向缠绕成型工艺。极向缠绕有时也叫纵向缠绕或平面缠绕。缠绕时,缠绕机的绕丝嘴在固定的平面内做匀速圆周运动,芯模绕自身轴线慢速旋转,绕丝嘴每转一周,芯模旋转一

个微小角度,相当于芯模表面上一个纱片宽度。纱片与芯模轴的夹角称为缠绕角,其值小于25°。纱片依次连续缠绕到芯模上,各纱片均与两极孔相切,各纱片依次紧挨而不相交。纤维缠绕轨道近似为一个平面单圆封闭曲线。极向缠绕基本线型如图 8-23 所示。

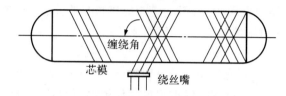

图 8-22　螺旋缠绕工作示意图

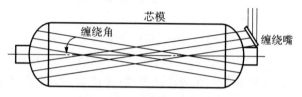

图 8-23　极向缠绕工作示意图

上述三种缠绕方式,都是通过芯模与绕丝嘴做相对运动完成的。如果纤维是无规则地乱缠,势必出现纤维在芯模表面离缝或重叠以及纤维滑线不稳定的现象。显然,这是不能满足产品设计要求和使用要求的,因此,要求芯模与绕丝嘴按一定的规律运动,能使纤维既不重叠又不离缝,均匀连续缠满芯模表面,同时纤维在芯模表面位置稳定不打滑。

8.4.2　复合材料缠绕成型工艺流程和特点

1.缠绕成型工艺流程

复合材料缠绕成型工艺一般由胶液配制、纤维烘干及热处理、芯模或内衬制造、浸胶、缠绕、固化、脱模、打磨喷漆和成品等工序组成。缠绕成型工艺流程如图 8-24 所示。

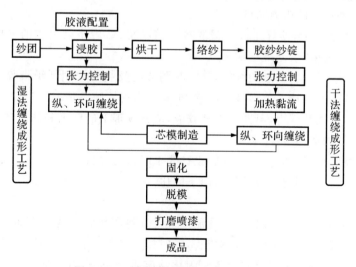

图 8-24　复合材料缠绕成型工艺流程图

(1)原材料准备。

进行缠绕前,需按照相关成型工艺指导文件的具体要求对增强材料、树脂基体及其他辅助材料的名称、规格型号、生产厂家等进行复查。纤维在使用前需进行烘干处理,根据其纱团大小一般在 60～80℃ 的烘箱内干燥 24～48h。芳纶纤维极易吸水,因此在使用过程中应采用密封、加热的方式,使之与湿气隔绝。

(2)胶液配制。

根据工艺设计文件要求,首先选用合适量程的电子秤进行各组分的称量。按照配方要求向树脂基体中依次加入溶剂、固化剂、促进剂或其他辅助材料,经充分搅拌均匀后方可使用。考虑到不同树脂体系适用期不同,一次配制的胶液数量不能过多,以免造成浪费。

(3)设备检验、调试和程序的输入。

缠绕前需对缠绕机进行必要的检验、调试和程序输入等工作。

1)设备检验。对缠绕机进行空转,检查机械系统(缠绕机架、电机、传动系统等)、控制系统、辅助系统(纱架、胶槽、加热器等)、张力控制系统(传感器、控制器、测控系统)的运转情况。如发现异常情况应停止使用,并及时修理。

2)缠绕线型设计与调试。安装缠绕芯模,并将有关设计参数输入缠绕机。线型调试时,将芯模安装到缠绕机上,进行预定线型缠绕,保证不出现纱片离缝、滑线等现象。

3)辅助设备安装调试。对纱架、胶槽、绕丝嘴、加热器等辅助设备进行检验,确保运转正常,不影响缠绕制品的质量。

(4)芯模的处理和安装。

对于金属芯模,在缠绕前首先要清除金属表面的油污,清洗干净,然后在清洗干净的芯模表面涂敷脱模剂,初次使用的模具应反复涂敷几次。对于石膏芯模,将已做好的石膏芯模表面涂敷一层胶液。石膏芯模不适合固化温度高于 150℃ 的产品。

(5)缠绕成型。

1)缠绕前首先进行纤维张力的调节,用张力器测量纤维张力,并对张力控制机构进行调节,以达到工艺文件规定的张力精度。

2)将胶液倒入胶槽中,使纤维经过浸胶槽和挤胶辊,然后将已浸胶的多根纤维分成若干组,通过分纱装置后集束,引入绕丝嘴。

3)按设计要求进行设定线型的缠绕,并随时调节浸胶装置控制纤维带胶量。缠绕时随时将产品表面多余的胶液刮掉。如遇纱片滑移、重叠或出现缝隙等情况,应及时停车处理。

4)缠绕中应不断调节张力,不断添加新胶液,清除胶辊上的纱毛和滴落在缠绕设备上的胶液,保持整个生产线的清洁卫生。

5)当缠绕即将结束时,测其厚度,达到设计要求时即可停机。

6)将产品卸下,进入固化炉或放置室温下固化。

(6)固化。

产品固化应严格按照工艺规定的固化制度进行。将产品放于烘箱、固化炉、真空罐或常温下固化。在固化过程中要严格遵守操作规程,随时检查和调试温度,如遇温度过高、过低或升温过快等情况应停止固化,及时检修设备。固化结束后,通常自然冷却。严禁高温出炉,因为出炉温度过高会使产品收缩产生裂缝,影响产品质量。

(7)脱模。

制品固化后要将其中的芯模脱除,根据芯模结构形式的不同,其脱模的方法也不相同。金属芯模一般采用机械脱模方式,如制作复合材料管道时,需通过脱模设备将金属芯模拔出。组合模具需先将模具拆散,然后小心地移除,注意不要碰伤产品。

(8)加工与修整。

复合材料制品一般都需要机械加工修整,基本上沿用了对金属材料的一套加工方法,如车、铣、刨、磨和钻等,可以在一般木材加工机床或金属切削机床上进行。

2.缠绕成型工艺特点

纤维缠绕是一种复合材料连续成型工艺方法,其优缺点如下:

(1)纤维缠绕成型的优点。

1)能够按产品的受力状况设计缠绕规律,能充分发挥纤维的强度。

2)比强度高。一般来讲,纤维缠绕压力容器与同体积、同压力的钢质容器相比,质量可减轻 40%～60%。

3)可靠性高。纤维缠绕制品易实现机械化和自动化生产,工艺条件确定后,缠绕成型出来的产品质量稳定,尺寸精确。

4)生产效率高。采用机械化或自动化生产,可提高缠绕速度,需要操作工人少,劳动生产率高。

5)成本低。对同一产品,可合理配选若干种材料(包括树脂、纤维和内衬)使其复合,以达到最佳的技术经济效果。

(2)缠绕成型的缺点。

1)缠绕成型适应性小,不能制造任意结构形式的制品,特别是表面有凹的制品。

2)缠绕成型需要有缠绕机、芯模、固化加热炉、脱模机及熟练的技术工人,需要的投资大,技术要求高,因此,只有大批量生产时才能降低成本。

8.5 复合材料模压成型工艺

模压成型工艺是复合材料生产中的一种传统常用的成型方法。它是由普通的塑料制品模压成型演变而来。其主要做法是将一定量模压料(粉末、粒状或纤维状等)放入金属对模中,在一定温度和压力作用下,固化成型复合材料制品。

8.5.1 复合材料模压成型工艺的定义、流程和类型

1.模压成型工艺的定义

模压成型工艺是指将定量的模压料(粉料、粒料或者预浸料)放入敞开的金属阴阳对模中,如图 8-25 所示。闭模后加热使其熔化,并在一定压力作用下充满模腔,形成与模腔相同形状的模制品;再经过加热使树脂进一步发生交联反应而固化,或者冷却使热塑性树脂硬化,脱模后再进行必要的辅助加工即得到复合材料制品。

模压成型工艺在模压成型过程中需加热和加压,

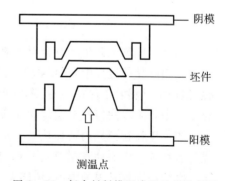

图 8-25 复合材料模压成型工艺示意图

使模压料塑化、流动充满模腔,并使树脂发生固化反应。在模压料充满模腔的流动过程中,不仅树脂要流动,增强材料也要随之流动,所以模压成型工艺的成型压力较其他工艺方法高,属于高压成型,因此,它既需要能对压力进行控制的液压机,又需要高强度、高精度、耐高温的金属模具。

2.模压成型工艺的流程

(1)模压成型工艺发展。

模压成型工艺是一种古老工艺技术,早在20世纪初就出现了酚醛塑料模压成型。20世纪50年代,首次出现了以不饱和聚酯树脂为基本模压料,解决了酚醛、脲醛等早期模塑料在成型、加工及制品性能方面不足,英国首次把这种模压料命名为聚酯料团。聚酯料团具有易成型、成本低、可着色、电性能好等显著优点,但也存在加料操作麻烦,力学性能低等诸多不足。

20世纪70年代出现了经改进的聚酯料团,在国际上被称为块(散)状聚酯模塑料。按美国塑料工业协会的定义,低收缩并经化学增稠的聚酯料团称为块(散)状聚酯模塑料。

20世纪60年代初,联邦德国研究开发出另一种聚酯模压料,称为片状模压料,研究开发这种聚酯模压料的动机是寻找更高效率的复合材料工艺方法。与聚酯料团/块(散)状聚酯模塑料比较,片状模压料更适合成型大面积、结构复杂的制品,具有更高的物理性能和力学性能。

(2)模压成型工艺流程。

复合材料模压成型工艺流程如图8-26所示,包括以下步骤:

1)清洁金属模具后,进行模具预热及涂刷脱模剂。

2)模压料预热及预成型。模压料的主要成分包括合成树脂、增强材料和辅助材料。

3)模压料放入金属对模中,关闭模具。

4)在加热和加压条件下,树脂受热熔化,黏裹着纤维一道流动直至填满模腔。

5)继续加热加压至固化要求的温度和压力值,并保持达到固化所需的时间要求。

6)制品固化结束后,模具降温降压。

7)脱模取出制品,进行整理,辅助加工,检验和包装入库。

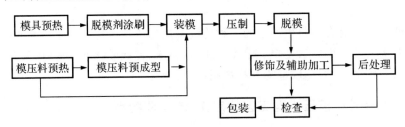

图8-26　模压成型工艺流程图

用模压成型工艺生产复合材料制品时,模具在模压料充满模腔之前处于非闭合状态,用模压料压制制品的过程中,不仅物料的外观形态发生了变化,而且结构和性能也发生了质的变化,但增强材料基本保持不变,发生变化的主要是树脂。因此,可以说模压工艺是利用树脂固化反应中各阶段的特性来实现制品成型的过程。

当模压料在模具内被加热到一定温度时,其中树脂受热熔化成为黏流状态,在压力作用下黏裹着纤维一道流动直至填满模腔,此时称为树脂的"黏流阶段"。

继续提高模具内的温度,树脂发生化学交联,相对分子质量增大。当分子交联形成网状结构时,流动性很快降低直至表现一定弹性。再继续受热,树脂交联反应继续进行,交联密度进一步增加,最后失去流动性,树脂变为不流不熔的体型结构,到达了"硬固阶段"。模压工艺中上述各阶段是连续出现的,其间无明显界限,并且整个反应是不可逆的。

3.模压成型工艺的类型

模压成型工艺按增强材料物和模压料品种分为以下几类:

(1)纤维料模压工艺。

将经过预混或预浸纤维模压料,放进金属模具内,在一定温度和压力下成型复合材料制品。高强度短纤维预混料模压成型是我国目前使用最广的方法。

(2)织物模压工艺。

将先织成所需形状二维或三维织物浸渍树脂胶液,然后放入金属模具中模压成型复合材料制品。这种方法由于配制不方向的纤维而使得制品的层间的剪切强度明显提高,质量比较稳定,适应有特殊性能要求的制品。

(3)层合板模压工艺。

将预浸胶布剪裁成所需的形状,然后在金属模具中模压成型复合材料制品。它适于成型薄壁制品。

(4)碎布料模压工艺。

将预浸胶布切成碎块,放入金属模具中加温加压,模压成型复合材料制品。

(5)缠绕模压工艺。

将预浸过树脂胶液的连续纤维或布(带),通过专用缠绕机提供一定的张力和温度,缠绕在芯模上,然后再放入模具中模压成型复合材料制品。这种方法适合于有特殊要求的管材或制品。

(6)片状模塑料模压工艺。

片状模塑料模压工艺是用不饱和聚酯树脂作为黏结剂,充分浸渍短切纤维或毡片,经增稠而得到片状模塑料,将片状模塑料放入金属对模中,在一定温度和压力作用下成型复合材料制品。

(7)预成型坯模压工艺。

先将纤维制成与制品结构、形状和尺寸相一致的坯料,再将其放入金属对模内与液体树脂混合,模压成型复合材料制品。

(8)定向铺设模压工艺。

将单向预浸料(纤维或无纬布)沿制品主应力方向取向铺设,然后模压成型复合材料制品。

8.5.2　复合材料模压料和模压成型特点

1.复合材料模压料

在复合材料模压成型工艺中,所用的原料半成品称为模压料,通常也称模塑料,模压料是用树脂浸渍增强材料经烘干后制成的。

模压料的品种有很多,可以是预浸料、预混物料,也可以是坯料。当前所用的模压料品种主要有预浸布、纤维预混料、片状模塑料、块状模塑料、团状模塑料、高强模塑料和厚层模塑料等。模压料的主要成分是合成树脂、增强材料和辅助材料。

(1)合成树脂。

模压料对合成树脂组分材料的要求主要有以下方面：

1）合成树脂对增强材料有良好的浸润性能，以便在合成树脂和增强材料界面上形成良好的黏结。

2）合成树脂有适当的黏度和良好的流动性，在压力条件下能够和增强材料一道均匀地充满整个模腔。

3）合成树脂在压力条件下具有适宜的固化速度，并且固化过程中不产生副产物或副产物少，体积收缩率小。

按以上的选材要求，常用的合成树脂有环氧树脂、酚醛树脂、不饱和聚酯树脂、有机硅树脂、三聚氰胺树脂和聚酰亚胺树脂等。为使模压制品达到特定的性能指标，在选定树脂品种后，还应选择相应的辅助材料、填料和颜料。

（2）增强材料。

增强材料有玻璃纤维的无捻粗纱、有捻粗纱、连续玻璃纤维束、玻璃纤维布、玻璃纤维毡等。碳纤维、高硅氧纤维、有机纤维（如芳纶纤维、尼龙纤维等）和天然纤维（如亚麻布、棉布、煮炼布、不煮炼布等）都可用作模压料增强材料。

（3）辅助材料。

辅助材料一般包括固化剂（引发剂）、促进剂、稀释剂、表面处理剂、低收缩添加剂、脱模剂、着色剂（颜料）和填料等。

2．模压成型工艺特点

（1）模压成型工艺优点。

1）生产效率高，便于实现专业化和自动化生产。

2）产品尺寸精度高，制品外观及尺寸的重复性好。

3）制件表面光洁，多数结构复杂的制品可一次成型，无须二次修饰。

4）能适合不同形状和尺寸的制品成型。

5）可实现批量生产，因此模压成型产品价格相对低廉。

（2）模压成型工艺缺点。

模具设计制造复杂，压机及模具投资高，制品尺寸受设备限制，一般只适合制造批量大的中、小型制品。

近年来，随着专业化、自动化和生产效率的提高，使得模压成型制品的尺寸逐步向大型化发展，制品成本不断降低，使模压成型工艺使用范围越来越广泛。

8.6　复合材料拉挤成型工艺

拉挤成型工艺是一种连续生产复合材料型材的方法，它在树脂基复合材料成型方法中是自动化程度最高、产品质量最稳定、原材料利用率最高的先进制造工艺。拉挤成型制品不但具有树脂基复合材料的共性，而且具有其独特的轴向性能和连续性能。

8.6.1　复合材料拉挤成型工艺的定义、流程和类型

1．拉挤成型工艺的定义

拉挤成型工艺是指复合材料纤维粗纱或其织物等增强材料在外力的牵引下，经过浸胶、挤

压成型、加热固化和定长切割等一系列工序,连续生产复合材料线型制品的一种方法。增强材料从纱架引出后,经过排纱器进入浸胶槽,浸透树脂胶液后,进入预成型模,将多余的树脂和气泡排出,最后进入成型模凝胶、固化。固化后的制品由牵引机连续不断地从模具拔出,由切断机定长切断,如图 8-27 所示。

拉挤成型工艺区别于其他成型工艺的地方是需要外力牵引和挤压模塑,故称为拉挤成型工艺。这种工艺方法最适于生产长度不受限制的各种断面形状型材,如棒、管、实体型(工字形、槽形、方形型材)和空腹型材(门窗型材、叶片)等。拉挤成型是一种高度自动化的复合材料成型方法。

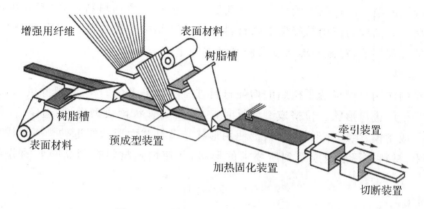

图 8-27　复合材料拉挤成型示意图

拉挤成型技术最早于 1948 年美国研发出来。从 20 世纪 70 年代起,复合材料拉挤成型技术开始步入结构材料领域,并以每年 20% 左右的速度增长,成为复合材料工业十分重要的一种成型技术。从此,复合材料拉挤成型工艺也随之进入了一个高速发展和广泛应用的阶段。

2.拉挤成型工艺流程

拉挤成型工艺流程如图 8-28 所示。

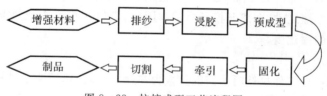

图 8-28　拉挤成型工艺流程图

(1)增强材料排纱。

排纱是将安装在纱架上的增强材料从纱筒上引出并均匀整齐排布的过程。排纱系统包括纱架、毡铺展装置、缠绕机或编织机等。纤维的引出方式有两种:内抽和外引。增强材料输送排纱时,为了排纱平整,一般采用旋转芯轴,纤维从纱筒外壁引出,这样可避免扭转现象。在挤拉成型工艺中所应用的纤维增强材料主要有无捻粗纱、短切原丝毡、连续原丝毡、组合毡、无捻粗纱织物和针织物等,其中用得最多的是无捻粗纱。连续原丝毡、无捻粗纱织物等增强材料通常被剪成窄带使用。在无捻粗纱或织物的送进过程中一般速度较慢,不会出现拉断情况。

(2)树脂浸渍。

树脂浸渍是将排布整齐的增强纤维均匀浸渍上已配制好的树脂胶液的过程。一般有三种形式:压纱浸渍、直槽浸渍和辊筒浸渍。其中,前两种方法最为常用。拉挤成型工艺对树脂的基本要求为黏度低的树脂,对增强材料的浸透速度快,黏结性好,存放期长,固化快,成型时制品不易产生裂纹。拉挤成型工艺常用的树脂主要有不饱和聚酯树脂、环氧树脂和乙烯基酯树脂等。其中以不饱和聚酯树脂为主,占总用量的 80% 以上。

浸胶装置一般包括导向辊、树脂槽、压辊、分纱栅板和挤胶辊等。胶槽长度根据浸胶时间长短和纤维运行速度而定。胶槽中的胶液应连续不断地循环更新,以防止因胶液中溶剂挥发造成树脂黏度加大,不利于对增强材料的浸透。胶槽一般采用夹层结构,通过调控夹套中的水温来保持胶液的温度。挤胶辊的作用是使树脂进一步浸渍增强材料,同时起到控制含胶量和排气的作用。分栅板的作用是确保增强材料在拉挤制品中按设计的要求合理分布,这是确保制品质量的关键环节,对截面形状复杂的制品尤为重要。

(3)预成型。

预成型的作用是使浸透了树脂的增强材料进一步除去多余的树脂,排除气泡,并使其形状接近于成型模的进口形状。拉挤成型棒材时,一般使用管状预成型模;制造空心型材时,通常使用芯轴预成型模;生产异形材时,大都使用形状与型材截面形状接近的金属预成型模具。在预成型模中,材料被逐渐地成型到所要求的形状,并使增强材料在制品断面的分布符合设计要求。

(4)固化。

固化是指成为型材形状的浸胶增强材料进入固化模具,并在模具中固化成型的过程。一般把模具分为三段,即加热区、胶凝区和固化区,加热方法通常有电阻加热或远红外加热等。在模具上使用三组加热板来加热,并严格控制温度。模具的温度主要根据树脂在固化中的放热曲线及物料与模具的摩擦性能来设定。温度低,树脂不能固化;温度过高,坯料一入模就固化,使成型、牵引困难,严重时会产生废品,甚至损坏设备。模腔分布温度应两端高、中间低。树脂在加热过程中,温度逐渐升高,黏度降低。通过加热区后,树脂体系开始胶凝、固化,这时产品与模具界面处的黏滞阻力增加,壁面上零速度的边界条件被打破,基本固化的型材以均匀的速度在模具表面摩擦运动,在离开模具后基本固化,型材在烘道中受热继续固化,以保证进入牵引机时有足够的固化度。

(5)牵引拉拔。

牵引拉拔系统提供工件拉挤时所需的拉拔力与速度控制,拉挤速度对树脂浸润、拉挤制品性能有着重要的影响。牵引机构是将固化的型材从成型模具拉出的装置,它要根据拉挤制品种类来选择牵引力的大小和夹紧方式。牵引力一般为 50~100kN。牵引速度通常采用无级调速,可以根据制品加工工艺要求而定,通常为 0.1~0.3m/min,若采用快速固化配方,牵引速度可大幅度提高。

张力是指拉挤过程中纤维粗纱张紧的力,可使浸胶后的纤维粗纱不松散,其大小与胶槽中的调胶辊到模具入口之间距离有关,也与拉挤制品的形状、树脂含量要求有关。一般情况下,要根据具体制品的几何形状、尺寸,通过实验确定。牵引力的变化反映了产品在模具中的反应状态,它与许多因素(如纤维体积分数、制品的几何形状与尺寸、脱模剂、模具的温度、拉挤速度等)有关系。牵引速度是平衡固化程度和生产速度的参数,在保证固化度的前提下应尽可能提高牵引速度。牵引的方式主要有以下两种:履带式和往复式。

1)履带式牵引机构。履带式牵引机构由上、下两个对置的不断转动的传动带组成,相对运动的上、下传动带紧紧夹住型材,并拖曳向前,如图 8-29 所示。这种牵引系统价格低廉,但通用性略差,对于复杂形状的产品,需要重新加工相应的夹持胶块,以确保能包覆在上、下履带上。

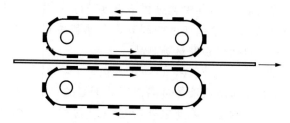

图 8-29　履带式牵引机构系统示意图

2)往复式牵引机构。往复式牵引机构克服了履带式的缺点,采用气压式或者液压式设计,通过两对夹持胶块的循环往复运动,实现生产的连续。当一对胶块夹持住产品并向前运行时,另一对胶块松开产品,同时后退复位,等待下一次夹持,如图 8-30 所示。这种系统便于更换牵引夹具,操作方便,在产品种类较多的情况下具有广泛的适用性。

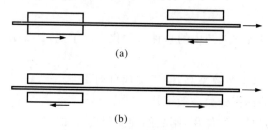

图 8-30　往复式牵引机构系统示意图
(a)夹子夹紧拉拔；(b)夹子复位运动

(6)切割。

切割是在连续生产过程中进行的。当制品长度达到要求时,制品端部拨动限位开关,接通切割电机电路,切割装置便开始工作,首先是装有橡皮垫的夹具,将制品抱紧,然后用砂轮或其他刀具进行切割。切割过程由两种运动完成,即纵向运动和横向运动。纵向运动是切割装置跟随制品同步向前移动,横向运动是切割刀具的进给运动切割过程。

切割过程中,刀具的磨耗非常严重,因此选择刀具材料很重要。实践证明,用厚度不大的砂轮取代钢制圆锯来切割玻璃钢制品效果较好。如果将砂轮两面做成带有网状般的突出物并用金属薄膜覆盖,其效果更为理想。另外,金刚石砂轮锯切制品比碳化硅砂轮具有更显著的效果,它具有生产效率高、成本低、加工质量好、安全可靠和可减轻劳动强度等优点。

3.拉挤成型工艺的类型

复合材料拉挤成型工艺,根据所用设备的结构形式的不同可分为卧式和立式两大类。卧式拉挤成型工艺由于模牵引方法不同,又可分为间歇式牵引和连续式牵引两种。

(1)卧式拉挤成型工艺。

1)间歇式拉挤成型工艺。所谓间歇式,就是牵引机构间歇工作,浸胶的纤维在热模中固化定型后牵引出模,下一段浸胶纤维再进入热模中,固化定型后再牵引出模,如此间歇牵引,而制品是连续不断地按要求的长度定长切割。间歇式牵引法主要特点是：成型物在模具中加热固化,固化时间不受限制,所用树脂的范围较广,但生产效率低,制品表面易出现间断分界线;若采用整体模具时,仅适用于生产棒材和管材类制品。

2)连续式拉挤成型工艺。所谓连续式,就是制品在拉挤成型过程中,牵引机构连续工作。连续式拉挤工艺的主要特点是:牵引和模塑过程是连续进行的,生产效率高。在生产过中控制胶凝时间和固化程度、模具温度和牵引速度的调节是保证制品质量的关键。此法所产的制品性能良好,可生产大型构件,包括空心型材等制品。

(2)立式拉挤成型工艺。

立式拉挤成型工艺是采用熔融或液体金属槽代替钢制的热成型模具,这就克服了卧式拉挤成型中钢制模具价格较贵的缺点。除此之外,其余工艺过程与卧式拉挤完全相同,立式拉挤成型主要于生产空腹型材,因为生产空腹型材时,芯模只有一端支撑,采用此法可避免卧式拉挤芯模悬挂下垂所造成的空腹型材壁厚不均等缺陷。值得注意的是,熔融金液面与空气接触而产生氧化,并易附着在制品表面而影响品表观质量,为此,需要在槽内金属液面上浇注乙二醇等醇类有机化合物作保护层。

8.6.2 复合材料拉挤成型工艺特点和发展

1.拉挤成型工艺的特点

拉挤成型是复合材料成型工艺中的一种自动化生产工艺,其优缺点如下:

(1)优点。

1)生产过程连续进行,生产效率高,便于实现自动化。

2)制品中增强材料的体积分数一般可达 40%～80%。

3)能够充分发挥增强材料的作用,制品的性能稳定可靠。

4)制品具有良好的整体性,不需要或只需要进行少量的后加工。

5)原材料的利用率高,在生产过程中只有少量的树脂和纤维损耗。

6)能够生产截面形状复杂的制品。长度可根据需要定长切割。

7)能够调整制品的纵向强度和横向强度,以适应不同制品的要求。

(2)缺点。

复合材料拉挤成型制品产生缺陷的原因大致有以下三类。

1)材料组成缺陷。由树脂配方、粗纱、纤维毡等材料质量因素引起的缺陷。

2)工艺参数缺陷。由模具温度、拉挤速度等工艺问题引起的缺陷。

3)工艺方法缺陷。与树脂浸渍方法、导纱机构、预成型模具、成型模具和拉挤设备相关联的缺陷。

2.拉挤成型工艺的发展

复合材料拉挤成型工艺还在继续发展中,主要是生产大尺寸、复杂截面、厚壁的产品。其中有代表性的是连续树脂传递模塑拉挤、曲面拉挤和半径拉挤成型等。

(1)连续树脂传递模塑拉挤工艺。

连续树脂传递模塑拉挤工艺实际上是树脂传递模塑与拉挤工艺的结合。增强纤维通过导纱器和预成型模后,进入连续树脂传递模塑模具中,在模具中以稳定的高压和流量注入专用树脂,使其充分浸透增强纤维,并排出气泡,然后浸透树脂的增强材料在牵引机的牵引下进入模具固化成型,从而实现连续树脂传递模塑或称注射拉挤。

这种成型方法所用原料不是聚合物,而是将两种或两种以上液态单体或预聚物,以一定比例加到混合物中,在加压条件下混合均匀后立即注射到闭合模具中,在模具内聚合固化成型成制品。因为所用原料是低黏度液体,用较小压力即能快速充满模腔,所以降低了合模力和模具造价,特别适于生产大面积制品。连续树脂传递模塑拉挤工艺成型要求树脂的各组分一经混合就立即快速反应,并且能固化到可以脱模的程度。成型设备的关键是混合头的结构设计、各组分的准确计量和输送。此外,原料贮罐及模具温度控制也十分重要。

(2)曲面拉挤工艺。

曲面拉挤工艺是美国 Coldwonhy Engineering 公司在现有拉挤技术基础上,开发的一种可以连续生产曲面型材的拉挤工艺。这种工艺的拉挤设备由纤维导向分配器、浸胶槽、射频电能预热器、导向装置、旋盘阴模、固定阳模模座、模具加热器和高速切割器等装置组成。所用原材料为不饱和聚酯树脂、乙烯基树脂或环氧树脂和玻璃纤维、碳纤维或混杂纤维。曲面拉挤的工作原理是用活动的旋转模代替固定模,旋转模包括阴模和阳模,可以通过对其控制实现相对旋转,它们之间的空隙即成型模腔。浸渍了树脂的增强材料被牵引进入由固定阳模与旋转阴模构成的闭合模腔中,然后按模具的形状弯曲定型、固化。制品被切割前始终置于模腔中。待切割后的制品从模腔中脱出后,旋转模即进入到下一轮生产位置。

(3)半径拉挤工艺。

德国的 Thomas 公司,最近开发了一种新的制造技术,即"半径拉挤成型"工艺,这使得有可能生产出几乎所有角度的半径连续弯拉挤型材。该技术能够产生拱形或圆形部分,包括螺旋形部分,使拉挤型材跳出一维,变成三维拉挤型材。

8.7　复合材料液体成型工艺

用热压罐成型工艺来制造先进树脂基复合材料,但设备投资大,能耗高,成本一直居高不下,这成为制约复合材料进一步推广应用的主要因素之一,因而另外一些新型的成型方法得到发展,其中之一就是复合材料液体成型技术,也可称为湿法成型技术。与其他纤维复合材料制造技术相比,复合材料液体成型技术可生产的构件范围广,可按结构要求定向铺放纤维,一步浸渍成型带有夹芯、加筋、预埋件等的大型构件。

8.7.1　复合材料液体成型工艺的定义和原理

1.液体成型工艺的定义

复合材料液体成型工艺是一种近年来出现的先进复合材料低成本制造技术。复合材料液体成型技术模具周边密封和紧固,安装有注射、加热及排气系统。复合材料液体成型技术的做法是首先在模腔中铺垫好按性能和结构要求设计好的增强材料预成型体,然后采用注射设备将专用注射树脂注入闭合模腔或加热熔化模腔内的树脂膜,液态树脂在流动充满模腔的同时完成纤维/树脂的浸润,并经固化脱模后成为复合材料制品。复合材料液体成型工艺是继热压罐成型工艺之后开发最成功的复合材料成型工艺,也是最成功的非热压罐低成本复合材料成型工艺。

复合材料液体成型技术最早起源于 20 世纪 40 年代的 Macro 法。Macro 法相当简单,对模腔抽真空以驱动浸渍过程,美国海军承包商用这种方法开发出了大型玻璃钢增强塑料船体。该工艺在 20 世纪 50 年代称为树脂传递模塑,可以生产双面光滑的产品,树脂的注射压力适中,比手糊工艺优越,所以得到了发展。到了 20 世纪 80 年代,随着航空飞行器的承力构件及次承力构件、国防应用、汽车结构件以及高性能体育用品等的开发,树脂传递模塑成型取得了显著的进展,并且在此基础上开发了真空辅助树脂传递模塑、树脂浸渍模塑成型工艺、树脂膜渗透成型工艺和结构反应注射模塑成型等几类最常见的先进复合材料液体成型工艺技术。

2.液体成型工艺的原理

复合材料液体成型工艺的基本原理就是将纤维增强体直接与树脂液体完全浸渍,再固化成复合材料制件。较传统的湿法纤维缠绕也可归为这类成型技术,但与新型的液体树脂成型还有概念上的差别。实际上,液体树脂成型所用纤维增强体是以预成型件的形式提供的,也就是纤维预先通过编织或缝合等方式制成预成型体,放入模具的模腔内,再将液体树脂注入与之复合,在模腔内固化成型,最后得到所需要的复合材料制件。这与纤维缠绕直接采用纤维丝束或纤维带缠绕到芯模上是不相同的,纤维缠绕大多用来制造对称的旋转体,而液体树脂成型几乎可以用来制造任何形状的复合材料制件。

复合材料液体成型技术可以实现复合材料结构和性能的统一,以及复合材料设计、制备的一体化。与其他纤维复合材料制造技术相比,复合材料液体成型技术可生产的构件范围广,可按结构要求定向铺放纤维,一步浸渍成型带有夹芯、加筋、预埋件等的大型构件。既可制备大型整体复合材料制件,又可制备各种小型精密复合材料制件。同时,既能显著缩短制件生产周期,又可保证制件的整体质量。

复合材料液体成型技术制成的制件具有强度及性能可靠性高、成型工艺简单、生产效率高、尺寸准确、外表光滑、环保性能好等优点。与传统的模压成型和金属成型工艺相比,复合材料液体成型技术的模具质量轻、成本低、投资小。另外,复合材料液体成型技术为闭模成型工艺,能满足日趋严格的苯乙烯挥发控制法规的要求。

8.7.2 树脂传递模塑成型工艺原理、流程和使用材料

1.树脂传递模塑成型工艺基本原理

复合材料树脂传递模塑成型是一种闭模成型技术,可以生产出两面光的制品。树脂传递模塑成型在大型结构部件的制造中表现出了明显的优势,是非常具有竞争力的复合材料成型技术,可以作为预浸料/热压罐技术的补充或替代技术,在各领域中得到了越来越多的应用。

树脂传递模塑成型的基本原理如图 8-31 所示,先在模具的型腔内预先铺放增强材料预成型体、芯材和预埋件,然后在压力或真空作用下将树脂注入闭合模腔内,直至整个型腔内的纤维增强预制件完全被浸润,最后经固化、脱模、后加工成制品。

2.树脂模塑成型的工艺流程

树脂模塑成型的工艺流程大致可分模具准备、预成型体铺放、合模锁紧、注入树脂、固化/成型、脱模和制件后处理等几道工序。

(1)模具准备。

根据实施工艺不同的要求,树脂模塑成型应选用不同的模具。对大型航空飞行器零部件,像翼盒、尾翼,甚至机翼等,大都采用真空树脂导入工艺,使用单片模具和真空袋膜。而形状复杂的零部件采用闭模注射模具。根据不同制品的成型温度和成型压力,模具材料可以选用钢、

铝、复合材料等。不同的模具应进行不同的准备,首先要检查模具的外观,检查模具辅助零部件是否齐全完好;然后进行表面清理;复合材料模具还要检查在存放期间是否出现变形;最后要施加脱模剂。

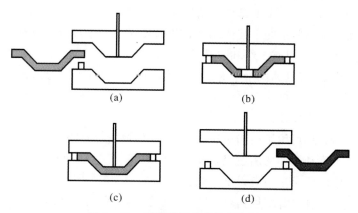

图 8-31　树脂模塑成型的基本原理
(a)铺放增强材料;(b)注入树脂;(c)固化;(d)脱模

(2)预成型体铺放。

纤维预成型体有手工铺放、手工纤维铺层加模具热压预成型、机械手喷射短切纤维加热压预成型、三维立体编织等多种形式。纤维预成型体的目的是纤维能够相对均匀地填充模腔,以利于树脂充模的过程。用于树脂模塑成型的纤维预成型体大多是已经编织好的二维、三维及多维预成型体,也可直接用纤维布或纤维织物。对于后者,在铺放时要保证纤维的取向及用量符合制件的设计要求。

(3)合模锁紧。

在合模和锁紧模具的过程中,根据不同的生产形式,有的锁模机构安装在模具中,有的采用外置的合模锁紧设备,也可以在锁紧模具的同时利用真空辅助来提供锁紧力,模具抽真空的同时可以降低树脂充模产生的内压对模具变形的影响。

(4)注入树脂。

这是最关键的一道工序,它关系到最后制件的性能和质量,在这道工序中,要着重控制几个重要的工艺参数,这些参数包括树脂黏度、注射压力、成型温度、真空度等,同时这些参数在成型过程中是相互关联和相互影响的。在树脂注入阶段,要求树脂的黏度尽量不要发生变化,以保证树脂在模腔内的均匀流动和充分浸渍。

(5)固化/成型。

在注入树脂充模过程结束后,要求模具内各部分的树脂能够同步固化,以降低由于固化产生的热应力对产品变形的影响。树脂模塑成型对于树脂的黏度和固化反应过程以及相应的固化体系都有较高的要求。

(6)脱模和制件后处理。

最后固化成型的制件从模具中取出后,还须进行一些必要的后续加工处理,如外观质量检查、修边、打磨和机械加工等。

除了上述的工艺参数之外,还有其他一些因素影响树脂模塑成型制件的性能,例如纤维类型、表面处理状况、排列方向、树脂和固化剂的种类及用量、固化和后固化工艺、环境温度和湿度等。对于具体的设备和工艺要求,要综合考虑多种因素,使得树脂模塑成型的复合材料性能达到最优化或者满足所需要的要求。

3.树脂模塑成型使用的材料

树脂模塑成型使用的材料主要是树脂基体和纤维增强体。由于树脂模塑成型的特点,对原材料特别是对树脂基体有不同于其他成型工艺的要求。对于纤维增强体,一般都要采用预成型体,预成型体的制备主要有二维和三维编织、缝合、针织等。编织预成型体需要专门的自动化程度高的编织设备,可以编织出不同形状和大小的预成型体,作为树脂模塑成型的重要组成部分。

(1)树脂体系。

大多数热固性树脂都可用于树脂模塑成型,如环氧树脂、酚醛树脂、聚酰亚胺树脂、氰酸酯树脂、聚氨酯树脂、不饱和聚酯树脂或聚氨酯/不饱和聚酯混合物和热固性丙烯酸酯树脂等热固性树脂等。对树脂的要求主要有以下方面:

1)要有高的黏结强度,制品具有良好的力学性能,具有高强、高模和高韧性。

2)工艺性能好,在室温或工作温度下具有低的黏度(一般为 0.5～1.5Pa·s)及一定长的适用期。低黏度意味着树脂在纤维介质中易于流动,特别是在高纤维体积分数时仍能渗透并浸润纤维,而不需要太大的压力,从而可以避免模具的变形和纤维的滑移。

3)与增强材料有良好的浸润性、匹配性、黏附性,能顺利、均匀地通过模腔和浸透纤维,并快速充满整个模具型腔。

4)在固化温度下具有良好的反应性且后处理温度不能太高,固化中和固化后不易发生裂纹,固化放热低,以避免损伤模具;固化时间短,凝胶时间一般为 5～30min,固化时间不超过60min;固化收缩率低,固化时无低分子物析出,气泡能自身消除。

对于航空飞行器高端复合材料结构,大多采用环氧树脂,为了提高制件使用温度,也正研发和应用新型双马来酰亚胺树脂和聚酰亚胺树脂,以满足复合材料的耐高温的要求。

用于树脂模塑成型的环氧或双马来酰亚胺树脂一般都要经过改性,主要是为了提高树脂的工艺性能、降低黏度、改善对纤维的浸润性、提高力学性能等。改性可以是化学改性,采用不同分子结构的聚合物进行共聚、接枝、嵌段、互穿网络等。而物理改性主要是共混,在树脂中加入其他成分,如现在用高性能热塑性树脂对环氧树脂进行增韧改性等。

(2)纤维增强预成型体。

树脂模塑成型的纤维增强体是以各种形状的预成型体的形式提供的。预成型体是将纤维预先制成一定的结构形状和尺寸,放置于模具型腔中,用树脂注入成型。预成型体的纤维材料、构形和编织方式对复合材料的力学性能影响很大。

为了制成树脂模塑成型纤维增强预成型体,需要应用纺织技术中的一些基本纺织工艺,如编织、缝合技术、针织、经编等,其中编织工艺技术一般又可分为两类,即二维和三维编织工艺。这些纺织工艺应用到制造树脂传递模塑成型纤维增强预成型体,能够使两条以上的纱线在斜向或纵向互相交织形成形状复杂的整体结构预成型体。

1)二维编织。二维编织工艺能用于制造复杂的管状、凹陷或平面零件的预成型体,它的研究主要集中在研发自动化编织机来减少生产成本和扩大应用范围。其关键技术包括质量控制、纤维方向和分布,芯轴设计等。该技术通常与树脂传递模塑成型和树脂膜渗透成型工艺技术结合使用,另外也可以与挤压成型和模压成型联合使用。

为了克服二维编织厚度方面强度低的问题,开发了三维编织技术,为制造无余量预成型体提供了可能。但是该技术同样受到设备尺寸的限制。

2)三维编织。三维编织是一种新型的复合材料制造技术,用三维编织与树脂传递模塑成型结合制造的复合材料,在航空飞行器结构上得到了越来越多的应用,已发展成为先进树脂基复合材料的主要制造技术之一。

三维编织复合材料首先利用三维编织技术,将纤维束编织成所需要的结构形状,形成预成型体,然后以预成型体作为增强骨架进行浸胶固化而直接制成二维编织树脂基复合材料,也可利用预成型体制成三维编织碳纤维基、陶瓷基、金属基复合材料等。多年来,三维编织技术、三维编织复合材料制造及其应用研究一直是国内外整体化复合材料结构的研究热点。

三维编织需要专门的自动化编织机,通过计算机辅助设计/计算机辅助制造软件进行纤维束排列布局的设计和编制工艺过程的动态模拟,可实现三维异形整体机织的自动化,提高三维编织复合材料的质量和生产率,加速三维异形整体编织复合材料的发展和推广应用。

通过树脂传递模塑成型或其他液体树脂成型工艺,三维编织可方便地与其他结构件实现共固化的整体成型,不仅可以提高产品整体性能和质量,还能简化成型工艺,有效降低生产成本。

3)缝合技术。缝合技术成型复合材料是采用高性能纤维将多层二维纤维织物缝合在一起,放置于模具型腔中,注入树脂再经固化后而得到复合材料制件。它通过引用贯穿厚度方向的纤维来提高抗分层能力,增强层间强度、模量、抗剪切能力、抗冲击能力、抗疲劳能力等力学性能,从而满足结构件的性能需求。

美国国家航空航天局首先利用缝合技术成功地制造出复合材料机翼,其中采用的是波音公司开发的 28m 长的缝合机制造的飞机机翼蒙皮复合材料预成型体。该缝合机能够缝合超过 25 mm 厚的碳纤维层,缝合速度达 3 000 针/分。除了缝合蒙皮预成型体外,还可缝合加强筋。缝合预成型体采用树脂膜浸渗成型工艺进行热压固化。这样生产出的结构件相对于同样的铝合金零件质量减少 25%,成本降低 20%。

缝合复合材料具有良好的层间性能,成本低,效率高,且可设计。缝合还可代替复合材料传统的机械连接方法,从而提高整体性能,因此可用于大型整体复杂结构件的制造,特别是可用于大型航空飞行器的机体结构制造,可减轻质量和降低成本。该技术的关键技术包括专用设备的研制以及缝合工艺等。

4)Z 向植针增强(Z-pin)。Z 向植针增强(Z-pin)是结构三维加强的一种简单方法,它比三维编织或三维缝合简单。但是它不能用于制造三维纤维预成型体。这个工艺是利用细的指针从 Z 向在固化前或固化时插入二维的碳纤维环氧复合材料层板中,从而获得三维增强复合材料结构。Z 向指针可以是金属材料(一般是钛合金),也可采用非金属材料(一般采用碳纤维环氧复合材料)。

复合材料指针直径一般是 0.25 mm 和 0.5mm。将指针插入的方式有两种,一是采用真空袋热压的方法,如图 8-32 所示;二是采用超声技术,如图 8-33 所示。真空袋热压法更适合于对相对大或无障碍部位进行 Z 向结构加强,而超声法则对难到达部位或局部需要 Z 向加强的结构部位更为有效。另外,超声法还可利用金属指针插入已固化的复合材料中实现分层复合材料的修理。

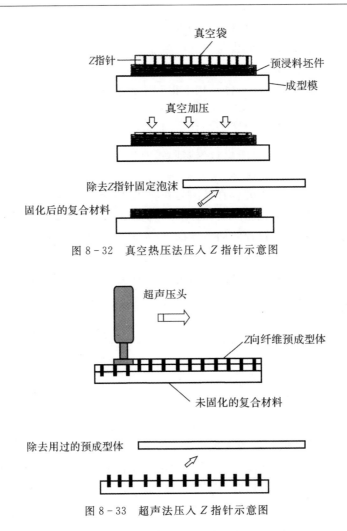

图 8-32 真空热压法压入 Z 指针示意图

图 8-33 超声法压入 Z 指针示意图

穿刺技术与缝合技术的出现和应用极大改进了复合材料的断裂韧性,意味着复合材料能够承受更高冲击强度和剥离应力。例如该技术用于泡沫夹芯蒙皮结构的制造,其挤压强度是传统上采用的铝蜂窝结构的 3 倍。该技术比缝合技术更具发展潜力,主要是因为其节省了高成本的缝合机,尺寸不受限制,特别是能够进行局部结构的加强。

5)针织。针织用于复合材料的增强结构始于 20 世纪 90 年代。针织复合材料的方向强度、冲击抗力较机织复合材料好,且针织物的线圈结构有很大的可伸长性,易于制造非承力的复杂形状构件。目前,国外已生产了先进的工业针织机,能够快速生产复杂的近无余量结构,而且材料浪费少。用这种方法制造的预成型体可必加入定向纤维有选择地用于增强某些部位结构的力学性能。另外,这种线圈的针织结构在受到外力时很容易变形,因此适于在复合材料上成型孔,比钻孔具有更大优势。但是它较低的力学性能也影响了它的广泛应用。

6)经编。针织在航空工业的应用很有潜力,而采用经向针织技术,并与纤维铺放相结合制造的多轴多层经向针织织物一般称为经编织物。用这种技术制造的材料不易弯曲,因此纤维能以最佳形式排列。经编技术可以获得厚的多层织物且按照期望确定纤维方向,不需要铺放更多的层数,可以极大地提高经济效益。目前,国外已经能够在市场上获得各种宽幅的玻璃纤维和碳纤维经编织物。这种技术制备的预成型体有两个优点：一是与其他纺织复合材料预成型体相比成本低；二是它有潜力超过传统的二维预浸带层合板，因为纤维是直的，所以能够在厚度方向增强材料从而提高材料的层间性能。但是目前限制其应用的主要原因是原材料成本高以及市场化程度不够。国外航空工业部门正在研究将这种技术用于次承力和主承力构件的制造，已经在飞机机翼桁条和机翼壁板上进行了验证，预计未来将在飞机制造中广泛应用。

针对以上预成型体制造技术，国外近年还开展了多种研究，如美空军实施的复合材料结构斜织预成型体的开发计划，取消了铺层工序，以降低整体复合材料结构加工的复杂程度及成本。

8.7.3 树脂传递模塑成型工艺特点和派生技术

1. 树脂传递模塑成型特点

树脂传递模塑成型的开发和扩大应用之所以灵活，主要是因为其工艺过程前期树脂和纤维相对分离，纤维材料的组合度非常大，不同类型的纤维以及不同结构形式的编织方法都可以应用，多种类型的树脂也可以根据产品需要来选择。树脂传递模塑成型无须制备、运输、储藏冷冻的预浸料，无须繁杂的手工铺层和真空袋压过程，操作简单。树脂传递模塑成型以其优异的工艺性能，已广泛地应用于航空和民用工业等领域。其主要特点如下：

（1）优点。

1）有无须胶衣涂层即可为结构件提供双面光滑表面的能力。

2）能制造出具有良好表面品质的、高精度的复杂结构件。

3）成型效率高，适合于中等规模复合材料制品的生产。

4）增强材料可以任意方向铺放，容易实现按制品受力状况而设计铺放增强材料。

5）原材料及能源消耗少。

6）模具制造与材料选择机动性强，不需要庞大的、复杂的成型设备就可以制造出复杂的大型构件，设备和模具的投资少。

7）便于使用计算机辅助设计进行模具和产品设计。

8）树脂传递模塑成型属于一种闭模操作工艺，成型过程中散发的挥发性物质很少，对人体健康影响较小，也有利于环保。

（2）缺点。

由于树脂传递模塑成型发展时间较短，不可避免地存在难关和有待进一步解决的问题。树脂传递模塑成型在国内外普遍存在的难点和问题主要表现在以下三个方面：

1）树脂对纤维的浸渍不够理想，制品里存在孔隙率较高及干纤维的现象。

2）制品的纤维体积分数较低（一般为 50%）。

3）大面积、结构复杂的模具型腔内，模塑过程中树脂的流动不均衡，不能进行预测和控制。

2. 树脂传递模塑成型派生技术

在液体树脂成型这一类技术中，最有代表性的和应用最多的是树脂传递成型工艺以及在此基础上发展起来的派生技术。

（1）传统树脂传递模塑成型。

树脂传递模塑成型不需要制备预浸料，将纤维或织物预成型体置于闭合模具中，然后将树脂基体直接注入，最终获得具有优良综合性能复合材料零件。制件成型时闭合模具，向预成型体中注入树脂,注射压力为 0.7~1.4MPa,所得产品的纤维体积分数为 20％～45％。与传统的热压罐成型技术相比,树脂传递模塑成型可降低制造成本 40％左右。

为了进一步提高生产速度,满足复合材料产品对生产条件、产品成本、质量等的要求,在树脂传递模塑成型的基础上发展了一系列各种类型的液态成型工艺。

(2)真空辅助树脂传递模塑成型。

真空辅助树脂传递模塑成型:在注入树脂时采用真空将树脂导入模腔,树脂分布较均匀,制品孔隙较少,纤维体积分数可提高到 50％～60％。

(3)橡胶辅助树脂传递模塑成型。

橡胶辅助树脂传递模塑成型:采用热膨胀系数较大的高温型橡胶制成模具,在加温过程中对预成型体施加压力并抽真空,使树脂在真空作用下被吸入预成型体中,产品的纤维体积分数可达 60％以上。在成型整体化制件或具有内部型腔的制件时,要使用橡胶模具从制件内部进行加压。

(4)树脂真空浸渗。

树脂真空浸渗:利用真空将树脂吸入预成型体中进行纤维浸润,产品的纤维体积分数可达 60％左右。

(5)西曼树脂浸渗模塑成型。

西曼树脂浸渗模塑成型是真空辅助树脂传递模塑成型的延伸和发展。它改变了树脂传递模塑成型采用双边闭合模的办法,它的下模为刚性金属模,用来铺放纤维增强体,而上模则采用真空袋覆盖,如图 8-34 所示。由电脑控制的树脂分配系统先使树脂胶液迅速在长度方向充分流动渗透,然后在真空压力下向厚度方向缓慢浸渗。由于利用真空袋使树脂加压浸渍,浸渍速度快,面积广,树脂在预成型体的厚度方向也能充分浸渍,从而大大改善了浸渍效果,减少了缺陷,产品性能的均匀性和重复性以及质量都能得到有效的保证。

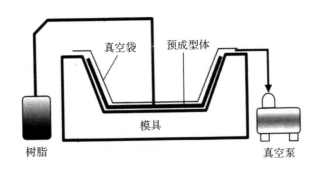

图 8-34　西曼树脂浸渗模塑成型工艺示意图

西曼树脂浸渗模塑成型工艺使尺寸大、厚度大、几何形状复杂、整体性要求高的结构件的制造成为可能。有关资料表明,目前它可成型面积达 18.5m²、厚度为 3～150mm、纤维体积分数达 70％～80％且孔隙率低于 1％的制品。

西曼树脂浸渗模塑成型工艺的技术优势在于能制造性能优良的复合材料部件,用这种方法加工成型的复合材料,纤维体积分数高,制品力学性能优良;产品尺寸不受限制,尤其适合制作大型制品。并且可以进行芯材、加筋结构件的一次成型,以及厚的、具有复杂几何形状大型产品的制造,提高了产品的整钵性。采用西曼树脂浸渗模塑成型制做的构件,不论是同一构件还是构件与构件间,制品都保持着良好的重复性。

另一个优势就是节约了模具成本,降低了制造成本。西曼树脂浸渗模塑成型工艺成型时可以对树脂的消耗量进行严格控制,与手糊成型相比,在原材料相同的情况下西曼树脂浸渗模塑成型工艺的成本节约 50%,树脂浪费率低于 5%,而制件的强度、刚度及其他的物理特性比手糊成型提高 30%,甚至 50% 以上。由于采用封闭成型,挥发性有机物和有毒空气污染物均受到很好的控制。

(6)树脂膜浸渗成型。

树脂膜浸渗成型实际上可以看成是真空辅助树脂传递模塑成型技术的延伸和发展,归类于复合材料的干法成型。它所用的树脂是干态树脂膜或树脂块。其工艺过程是将带有固化剂的树脂膜或树脂块放入模腔内,然后在其上覆以纤维织物或以三维编织等方法制成的纤维预成型体,再用真空袋封闭模腔,抽真空并加热模具,使模腔内的树脂膜或树脂块融化,并在真空状态下渗透到纤维层(一般是由下至上),最后进行固化制得制品。树脂膜浸渗成型工艺原理如图 8 - 35 所示。

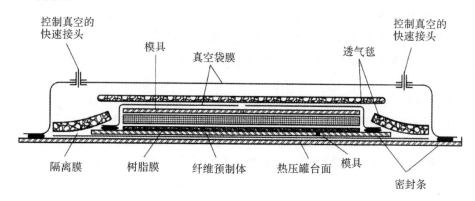

图 8 - 35　树脂膜浸渗成型工艺图

树脂膜浸渗成型工艺中,树脂以固态形式与预成型体一起封装于普通模具中,由于树脂熔融后向上渗入纤维预成型体的能力小于向四周流动的能力,为防止树脂在充分渗入预制体前向四周流动,树脂膜浸渗成型模具中常放置隔栏来保证树脂对纤维预成型体的浸润。另外,当树脂膜熔渗入预成型体后,隔栏高度可能大于预成型体厚度,对于预制成型四周可能造成加压不均匀或压力施加不上,因此常在预成型体上放置多孔板,均匀地将压力充分传递到预成型体上。另外,多孔板还可增加树脂流动路径,从而保证对纤维的充分浸渍。预成型体和多孔板之和要大于隔栏高度。树脂膜浸渗成型是目前能得到综合性能最佳的制件的复合材料成型工艺之一,与传统树脂传递模塑成型相比,其特点有以下方面:

1)树脂基体为固体,存储、运输方便。

2)操作简单,加工周期短,废品率低,可经济快速地成型大尺寸结构制件。

3)树脂膜浸渗成型的内外模具只需要单面加工,大大降低了模具的加工设计费用。

4)树脂膜浸渗成型压力低,模具的选材机动性强。

5)树脂膜浸渗成型不需要大型复杂的树脂计量注射设备,大大降低了设备成本。

6)制品纤维体积分数高(接近 70%),孔隙率低(0~0.1%);工艺不采用预浸料,树脂挥发少,挥发有机化合物含量符合国际有机质量标准,有利于工作安全和环境保护。

树脂膜浸渗成型工艺对干态树脂膜有较高的要求,理想的树脂膜要求所用的树脂基体在室温下具有良好的成膜性,所成薄膜能任意弯曲而不破碎,且不粘手;在工作温度下能够持续一段时间的低黏度,然后随着温度的升高,黏度增长较快;固化温度高于熔融温度,熔融时对纤维预成型体具有良好的浸润性、黏附性;固化收缩率小;作为高性能基体材料,还要具有高耐热性、高强度、高模量和高韧性;在一些特殊条件下,还应有低介电损耗、高电导率及优良的阻燃性等性能。

(7)轻质树脂传递模塑成型。

轻质树脂传递模塑成型是对传统的树脂传递模塑成型在模具上的改进,上模采用厚度小的半刚性的复合材料模代替真空袋。利用真空辅助,使低黏度树脂在闭合模具中流动浸润增强材料并固化成型,这样模具可以多次使用,适合于较大批量的产品制造。树脂和固化剂通过注射机计量泵按配比输出带压液体,并在静态混合器中混合均匀,然后在真空辅助下注入已铺放好纤维增强体的闭合模中,模具周边进行密封,并保证树脂在模腔内沿流道流动顺畅,实现固化。

传统的树脂传递模塑成型,特别是对于大尺寸制件的成型,需要大型的模具。树脂的注入是在较高的压力和流速下进行的,因此模具的强度和刚度要足够大,确保在注射压力下不会变形。通常采用带钢管支撑的夹芯复合材料模具,或用铝模或钢模,成本很高,这样就限制了树脂传递模塑成型在批量产品生产上的应用。

轻质树脂传递模塑成型保留了传统树脂传递模塑成型的对模工艺,但其上模为半刚性的复合材料模,模具厚度一般为6~8mm,并有一个宽约100mm的刚性周边,由双道密封带构成一个独立的密封区,只要一抽真空模具即闭合,非常方便、快捷。模具即闭合后对模腔内抽真空,利用模内的负压和较低的注射压力将树脂注入模具,使树脂渗入预先铺设的增强纤维或预成型体中。轻质树脂传递模塑成型的特点是模具费用低,而且是在较低压力下成型,所用的模具很容易由开模工艺的模具改造过来。轻型树脂传递模塑成型在国外的应用发展很快,有超过传统树脂传递模塑成型应用的趋势。

8.8 热塑性树脂基复合材料的成型工艺

高分子树脂可分为热塑性和热固性两种,它们具有不同的化学分子结构,因而在复合材料成型制造工艺上表现出不同的特点与要求。目前,航空领域使用的复合材料一般为连续纤维增强的热固性树脂。这些树脂在固化过程中产生交联,高度交联使得热固体系具有优异力学性能的同时又表现出不同程度的脆性。热塑性树脂则是线性的大分子结构,加工之前已经充分反应,因而它们在加工时可以熔融、流动,一般不发生交联,所以可以重复利用。只要重新加热到加工温度,它们就可以再次热成型。

8.8.1 热塑性树脂复合材料的定义、制备过程和技术

1. 热塑性树脂复合材料的定义

热塑性复合材料是以碳纤维、芳烃纤维、玻璃纤维及其他材料增强各种热塑性树脂的总称。先进的纤维增强热塑性复合材料,具有韧性、耐蚀性和抗疲劳性高,成型工艺简单周期短,

材料利用率高(无废料),预浸料存放环境与时间无限制等优异性能,得到快速发展。由于热塑性树脂和增强材料种类不同,其生产工艺和制成的复合材料性能差别很大。

热塑料性树脂基体在固体和液体之间的转换是可逆的,即在一定的高温下由固体变为可流动的液体,降低温度又从液体变回到固体,因此热塑性复合材料的成型制造是通过控制树脂基体的温度来完成的。

2.热塑性树脂复合材料制备过程

热固性树脂基体是通过固化来实现复合材料的成型,固化一般需要在树脂原液中加入固化剂(也叫交联剂)来完成,为了提高固化速度,有时还要加温。通过固化,树脂基体由线性的大分子链状结构变成网状交联的立体分子结构,树脂外观由液体变成坚实的固体,将增强材料固结在一起。

大部分热塑性树脂都可作为复合材料的基体,但高性能的树脂基体对耐热性和机械强度都有较高的要求。如在航天、航空领域中使用,要求复合材料所采用的热塑性树脂基体有较高的耐热性,玻璃转化温度应大于177℃,在力学性能上,通常要求拉伸强度大于70MPa,拉伸模量大于2GPa,个别要求能分别达到100MPa和3GPa。例如,英国帝国化学工业集团公司和美国杜邦公司开发出的聚醚醚酮树脂,其熔点高达334~380℃,长期使用温度为240~260℃。

热塑性树脂基复合材料的加工性能主要取决于所选用的树脂基体,高性能的热塑性树脂一般都是难熔(难融),甚至不熔(不融)的,这就给复合材料的树脂浸渍和成型加工造成了困难,加工温度越高,生产过程中树脂越容易热氧化、降解。增强纤维与热塑性树脂基体的复合一般也须先制成预浸料,再根据制品要求选择成型工艺进行深加工。通常,热塑性树脂基复合材料的制备过程如图8-36所示。

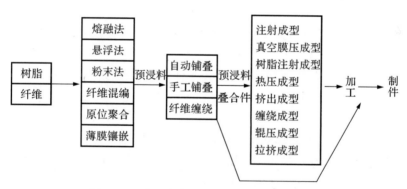

图 8-36　热塑性树脂基复合材料的制备过程

3.热塑性树脂预浸料的制备技术

热塑性树脂的熔体黏度很高,一般大于100Pa·s,难以使增强纤维获得良好的浸渍。因此制备复合材料的关键技术之一是解决热塑性树脂对增强纤维的浸渍问题。相对于热固性树脂,热塑性树脂预浸料的制备难度大,成本也高。目前主要有熔融浸渍、悬浮浸渍、粉末预浸、纤维混杂、原位聚合以及薄膜镶嵌等多种制备技术。

(1)熔融预浸法。

熔融预浸法是先将树脂加热熔融,纤维通过熔融树脂得到浸渍。这是一种最常用的方法,无溶剂污染,特别适于用结晶性树脂制备预浸带。但熔融树脂法要求树脂的熔点较低,并在熔融状态下黏度较低,具有较高的表面张力且与纤维的浸润性好,尤为重要的一点是要求树脂在熔融状态下,基本上无化学反应发生,具有较好的化学稳定性和较小的黏度波动。

(2)悬浮预浸法。

悬浮预浸法根据树脂情况选定合适的悬浮剂配成悬浮液,通过悬浮液使树脂粒子均匀分布在纤维上,然后加热烘干悬浮剂,同时使树脂熔融浸渍纤维得到预浸带。悬浮浸渍法生产的片材中纤维分布均匀,成型加工时预浸料流动性好。它适合制作复杂几何形状和薄壁结构的制品,但与熔融制备方法一样,存在技术难度高和设备投资大的缺点。

(3)粉末预浸法。

粉末预浸法是纤维预先经过扩散器被空气吹松散后进入流化床中,带静电的树脂粉末很快沉积到接地的纤维上,沉积量由流化床电压和纤维通过的速率控制,再经烘炉加热熔化。这种工艺能快速连续生产热塑性预浸带,纤维损伤少,聚合物无降解,具有成本低的潜在优势。适合于这种技术的树脂粉末直径以 $5 \sim 10 \mu m$ 为宜。此法的不足之处是,浸润仅在成型加工过程中才能完成,且浸润所需的时间、温度、压力均依赖于粉末直径的大小及其分布状况。

(4)纤维混编法。

纤维混编法是将热塑性树脂纺成纤维或薄膜带,然后根据含胶量的多少将一定比例的增强纤维与树脂纤维束紧密地合并成混合纱,再通过一个高温密封浸渍区使树脂和纤维熔成连续的基体。该法的优点是,树脂含量易于控制,纤维能得到充分浸润,混编纱可以织成各种复杂形状,包括三维结构,也可以直接缠绕成型得到制件。这是一种很有前途的预浸料制备方法。但由于制取直径小于 $10 \mu m$ 的极细热塑性树脂纤维非常困难,同时编织过程中易造成纤维损伤,使这一技术的应用受到了限制。

(5)原位聚合法。

原位聚合法是利用单体或预聚体初始相对分子质量小、黏度低及流动性好的特点,使其在浸润纤维的同时进行聚合反应,从而达到理想的浸渍效果。采用反应浸渍法要求单体聚合速度快,反应易于控制。存在的主要问题是,工艺条件比较苛刻、反应不易控制,尚不具有实用价值。

(6)薄膜镶嵌法。

薄膜镶嵌法是先将热塑性树脂热熔制成衬有脱模纸的薄膜。铺层时,撕去脱模纸与增强纤维之间的间隔薄膜,然后加热加压将树脂压入纤维区。该法加工比较简单,但要加工低孔隙率的复合材料很难,且仅适用于模压制品的加工。

8.8.2 热塑性树脂基复合材料成型方法的类型和选择

1.热塑性树脂基复合材料成型方法的类型

热塑性树脂基复合材料的成型工艺方法主要是从热固性树脂基复合材料及金属成型技术借鉴而来,既可以像热固性树脂基复合材料那样成型,且无须固化过程,所以成型工艺要简单快捷得多,同时由于它可以进行热成型,使其又具有金属材料成型的特点。

从生产工艺角度分析,热塑性复合材料分为短纤维增强复合材料和连续纤维增强复合材料两大类。短纤维增强热塑性复合材料的成型方法有注射成型工艺方法和挤出成型工艺方法;连续纤维增强热塑性复合材料的成型方法有模压成型、注塑成型、热压成型、缠绕成型、辊压成型和拉挤成型等工艺方法。

（1）注射成型工艺。

注射成型是树脂基复合材料生产中的一种重要成型方法，历史悠久，应用最广。它是根据金属压铸原理发展起来的一种成型方法。注射成型工艺方法适用于热塑性和热固性复合材料，但以热塑性复合材料应用为主。注射成型工艺原理如图 8 - 37 所示，它是将粒状或粉状的纤维与树脂混合料从注射机的料斗送入机筒内，加热熔化后由柱塞或螺杆加压，通过喷嘴注入温度降低的闭合模内，经过冷却定型后，脱模得制品。

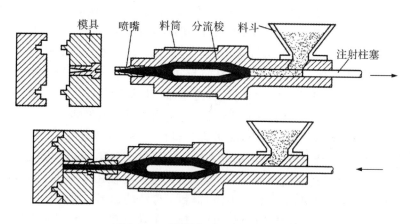

图 8 - 37　注射成型工艺原理示意图

注射成型工艺过程主要产生物理变化，包括加料、熔化、混合、注射、冷却硬化和脱模等步骤。加工热固性树脂时，增强粒料在注射机的料筒内加热熔化至黏流态，以高压迅速注入温度较低的闭合模内，经过一段时间冷却，使物料在保持模腔形状的情况下恢复到玻璃态。因为注射成型工艺过程主要是加热、冷却过程，所以物料不发生化学变化。将粒料加入料斗内，由注射塞往复运动把粒料推入料筒内，依靠外部和分流梭加热塑化，分流梭是靠金属肋和料筒壁相连，加热料筒，分流梭同时受热，使物料内外加热快速融化，通过注射柱塞向前推压，使熔态物料经过喷嘴及模具的流道快速充满模腔，在模腔内当制品冷却到定型温度时，开模取出制品。从注射充模到开模取出制品为一个注射周期，其时间长短取决于制品尺寸的大小。

在加工过程中，由于熔体混合物的流动会使纤维在树脂基体中的分布有一定的各向异性。如果制品形状比较复杂，则容易出现局部纤维分布不均匀或大量树脂富集区，影响材料的性能。因此，注射成型工艺要求树脂与短纤维的混合均匀，混合体系有良好的流动性，而纤维体积分数不宜过高，一般在 30％～40％。

注射成型工艺按物料在注射腔中熔化方式分类，常用的注射机有按塞式和螺杆式两种。由于按塞式注射机塑化能力较低、塑化均匀性差，注射压力损耗大及注射速度较慢等，已很少生产，现在普遍使用的是往复螺杆式注射机。

注射成型法的优点是，所得制品的精度高、生产周期短，一次可成型复杂及带有嵌件的制品，一模能生产几个制品，生产效率高，容易实现自动控制，几乎所有的热塑性树脂都可以采用这种方法成型。其缺点是不能生产长纤维增强复合材料制品以及对模具质量要求较高。

（2）树脂注射成型工艺。

树脂注射成型工艺也称树脂传递模塑工艺，是一种从热固性树脂基复合材料树脂传递模塑成型借鉴过来的成型方法。在成型制品时，首先将树脂粉末在室温下放入不锈钢压力容器中;将绝热的容器逐渐加热到注入温度时,加入引发剂粉末,搅拌均匀;再给压力容器充压,树脂通过底部开口和加热管道注入放有纤维预成型体的模腔中。当树脂充满模腔后,将模具温度提高到聚合温度,树脂进一步聚合;聚合完成后,将模具按要求降温,然后开模即得到最终制品。

(3)挤出成型工艺。

挤出成型又称为挤塑,是热塑性复合材料制品生产中应用较广的工艺方法之一。挤出成型在加工中利用挤出机压力在模具本身的挤出称压出,其工艺过程是先将树脂和增强纤维制成粒料,再将粒料加入挤出机内,经塑化、挤出、冷却定型而成制品。它的工作原理是螺杆连续旋转,将加入料斗的粒料送入机筒,并连续不断向前推进。粒料通过挤出机料筒和螺杆间的作用,边受热融化,边被螺杆向前推送,即粒料在挤出机的料筒内受压、受热、逐渐软化、排气、密实,在继续向前推进的过程中,软化的粒料受自身摩擦和机筒加热作用,转化成黏流态,凭借螺杆旋转运动产生的推力,均匀地从机头挤出,经冷却定型恢复到玻璃态。

挤出成型加工中成型设备包括挤出机、机头和口模,以及冷却定型、牵引、切割、卷曲等附属设备。其中最重要的是挤出机。挤出机分为螺杆式挤出机和柱塞式挤出机。柱塞式挤出机因为生产非连续,且对物料的混合分散作用较差,所以生产上使用并不多。而螺杆式挤出机,则由于能较好地给予物料剪切力,塑化能力高,得到了广泛的运用。螺杆挤出机又可以细分为单螺杆挤出机、双螺杆挤出机和多螺杆挤出机。其中单螺杆挤出机设计简单,如图8-38所示,制造容易,价格便宜,通常都能有效完成成型任务而得到广泛的应用。

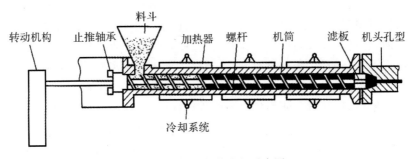

图 8-38　单螺杆挤出机示意图

挤出成型工艺主要特点是,生产过程连续,生产效率高,设备简单,技术容易掌握等。挤出成型工艺主要用于生产管、棒、板及异形断面型等产品。

(4)真空模压成型工艺。

真空模压成型是近年来以金属超塑性成型和热固性树脂基复合材料热压罐成型为基础,开发出的一种新型的适合于制备热塑性树脂基复合材料的成型方法,广泛应用于航空、航天器件的制造。成型时,将预浸料剪裁成符合尺寸要求的片材叠合成预成型体,预热后移到金属模具上,然后进行预成型体和金属模具外周边的包装密封;模腔内抽成真空,片材紧贴在模腔壁上,冷却后脱模即可得到所需要形状的制品。

真空模压成型工艺的优点有较高的生产效率,制品尺寸准确,表面光洁,质量可靠。多数结构复杂的制品可一次成型,无须二次加工,制品外观及尺寸的重复性好,容易实现机械化和自动化等。其缺点主要有模具设计制造复杂,压机及模具投资高,制品尺寸受设备限制,一般只适合制造批量大的中、小型制品。

(5)热压成型工艺。

热压成型是一种快速、批量成型热塑性树脂基复合材料制品的工艺方法。用热压成型工艺制造复合材料制品与制造纯树脂制品不同,预浸料在模具内不能伸长,也不能变薄,预浸料层厚要保持不变,因此对模具的精度要求更高。

(6)纤维缠绕成型工艺。

纤维缠绕成型是一种连续化制备复合材料的方法。一般是将纤维与树脂制成预浸纱(带),然后在缠绕机上成型。热塑性复合材料的缠绕成型工艺原理和缠绕机设备与热固性复合材料的一样,不同的是热塑性复合材料缠绕制品的增强材料不是粗纱,而是经过浸胶(热塑性树脂)的预浸纱。因此,需要在缠绕机上增加预浸纱预热装置和加热加压辊。缠绕成型时,先将预浸纱加热到软化点,再与芯模的接触点加热,并用加压辊加压,使其熔接成一个整体。加热方法有传导加热、介电加热、电磁加热和电磁辐射加热等。在电磁辐射加热中,又因电磁波的波长或频率不同而分为红外辐射加热、微波加热和射频加热等。最近几年还发展了激光加热及超声加热系统,制品成型在缠绕中完成。

近年来,国外许多公司致力于新型纤维缠绕成型工艺的研究,开发出了几种很有特色的成型方法。其中有一步成型法,即纤维通过热塑性树脂粉末沸腾流化床制成预浸纱(带),然后直接缠绕在芯模上;还有通电加热成型法,即对碳纤维预浸纱(带)直接通电,靠通电发热使热塑性树脂熔化,使纤维纱(带)缠绕成制品;第三种是用机器人进行缠绕,可提高缠绕制品的精度和自动化程度,因而受到极大的重视。

(7)辊压成型工艺。

热塑性复合材料辊压成型工艺方法主要借鉴于金属成型方法。设备由一系列(一组或多组)热压辊和冷压辊组成,铺好的预浸料受热后首先通过一组热辊发生变形,然后通过组间距逐渐减小的冷辊成型。

(8)拉挤成型工艺。

热塑性复合材料的拉挤成型工艺与热固性复合材料的基本相似。只要把进入模具前的浸胶方法加以改造,生产热固性复合材料的设备便可使用。生产热塑性复合材料拉挤产品的增强材料有两种:一种是经过浸胶的预浸纱或预浸带,另一种是未浸胶的纤维或纤维带。拉挤成型工艺方法是将预浸纱(带)或是边拉挤边预浸,在一组拉挤模具中加热固化成型,制成具有特定横截面形状和长度不受限制的复合材料,如管材、棒材、槽形材、工字形材、方形材等。热塑性复合材料拉挤成型工艺是一种高度自动化的成型方法。

2.热塑性树脂基复合材料成型方法的选择

热塑性复合材料成型方法的选择主要应考虑以下四个方面:

1)所选的成型工艺方法对材料组元的损伤最小,尤其是增强纤维掺入树脂基体之中时,一些机械的混合方法往往造成纤维或晶须的损伤。

2)能使任何形式的增强材料(纤维、颗粒、晶须)均匀分布或按预设计要求规则分布排列。

3)使最终制成的复合材料在性能上达到充分发挥各组元的作用,即达到扬长避短的目的,而且各组元仍保留着固有的特性。

4)在成型方法的选择上还应考虑性能/价格比,在能达到复合材料使用要求的情况下,尽可能选择简便易行的工艺,以降低制备成本。

8.8.3 热塑性树脂基复合材料的焊接技术

热塑性树脂基复合材料(也称为塑料)焊接是利用加热的方式,将塑料母材及焊条加热到流动点以上,使之成为黏流态,在一定的压力下填满焊缝,而使各零部件相互熔接在一起的方法。不同的塑料焊接方法不外乎加热方式的不同。目前,常用于热塑性复合材料焊接的方式有电阻焊、超声焊和激光焊等。

1.电阻焊接技术

电阻焊接操作时,在两个焊件的待焊表面之间放置植入式加热元件。电流接通时,加热元件通过发热来加热被焊接表面的树脂,使得树脂熔融,然后再通过外加压力使得焊接接头处紧密结合,冷却后即完成焊接操作,如图 8-39 所示。

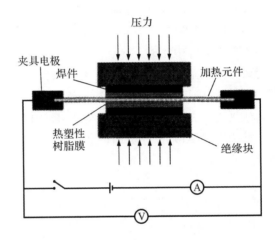

图 8-39 电阻焊接示意图

电阻加热焊接方法的优点:工艺流程短、设备简单灵活、费用低廉、对表面质量要求不高等。其缺点:由于加热电阻丝最终会残留在焊接界面,易在接头处出现应力集中、热变形不统一、易出现异电位腐蚀等。

2.超声焊接技术

超声焊接技术通过采用高频振动使表面的分子摩擦,产生焊接所需要的热量。焊接接头在压力下固定,再施加 20~120 kHz 的超声波振动。机械波能择优在焊接界面上使热塑性树脂表面的分子链由于摩擦生热并使树脂熔化,同时在压力和超声振动的共同作用下形成焊缝,如图 8-40 所示。

超声焊接最突出的优点是,速度快,易于实现自动化,尤其适用于批量生产。其缺点:无法实现连续化的焊接操作;超声探头大小所限,不适宜用于大面积的焊接操作;超声振幅需要严格控制,否则会振断纤维。

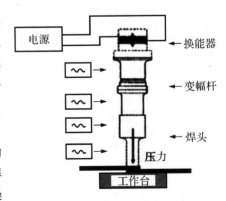

图 8-40 超声焊接示意图

3.激光焊接技术

由于激光的高能性和穿透性,使用激光焊接热塑性树脂时,需确保被焊材料分别具有吸收激光和透过激光的特性。在焊接时,两待焊接部件搭接在一起,激光透过上部透光材料,在下部吸收材料表面处被吸收,在界面处产生热量使上下两种材料发生熔化,在压力的作用下形成焊缝,如图 8 - 41 所示。

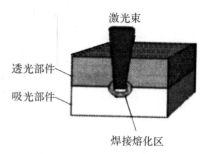

图 8 - 41　激光焊接示意图

激光焊接是一种适应性较强的通用焊接方法,它减少了设计上的条件限制。激光焊接不产生焊接飞边,接头干净,同时极大地减少了振动及热效应对界面处的破坏,使得接头有较高的抗老化和疲劳性能。其缺点是,激光焊接对材料自身的光学特性有非常高的要求,上部材料的透光率和下部材料的吸光率都要求较高。例如,碳纤维增强的热塑性复合材料,由于碳纤维自身的不可透光性,上下面板皆为碳纤维增强的热塑性复合材料,就无法采用激光焊接方法,但可用于透明材料与碳纤维增强热塑性复合材料的焊接。

8.9　复合材料低成本制造技术和机械加工

随着复合材料技术的日益成熟和应用经验的不断积累,其在航空及其他领域的应用在快速增长,但居高不下的成本仍是主要的制约问题之一。有关资料表明,在先进树脂基复合材料的总成本中,原材料成本约占 30%,而结构件的制造成本占到 50% 以上,因此复合材料低成本化的一个主要内容就是发展低成本制造技术。自 20 世纪 80 年代开始,低成本化成为当代高性能复合材料的发展主流,目前有效的措施是采用高度自动化的制造技术和辐射固化技术。其中高度自动化的制造技术主要包括自动铺带技术和自动纤维铺放技术;辐射固化技术主要包括光固化、电子束固化、微波及超声波固化、紫外线固化等多种辐射固化工艺技术。

8.9.1　自动铺放技术

在预浸料热压罐复合材料发展中,复合材料成本的要求及航空飞行器复合材料结构件的尺寸越来越大,因此对预浸料热压罐复合材料制造的自动化制造工艺提出了越来越高的要求,其中发展最成功的就是自动铺放技术,包括自动铺带技术和自动铺丝技术。这两种技术都需要大型高度自动化的设备和专门的控制软件,代表了航空复合材料技术的发展水平。

1.自动铺带技术

自动铺带技术是将单向预浸带的剪裁、定位、铺叠、压实均在自动铺带机自动完成的先进复合材料自动化制造技术,铺带过程中多轴龙门式机械臂完成铺带位置自动控制,铺带头则实施预浸带输送、切割、铺叠、压实工艺。

自动铺带机可分为平面铺带机和曲面铺带机两类。平面铺带机具有 4 个运动轴,通常使用 150mm 和 300mm 宽的预浸带,主要用于平板铺放;而曲面铺带机有 5 个运动轴,主要采用 75mm 和 150mm 宽的预浸带,适于小曲率壁板的铺放,如固定翼无人机机翼蒙皮、大尺寸机身壁板等部件。自动曲面铺带机简要结构如图 8 - 42 所示,由高速移动横梁、龙门式定位平台等部分组成。除了传统数控机床 x,y,z 三坐标定位以外,还有绕 z 轴方向转动轴的 c 轴和绕 x

轴方向摆动的 a 轴,构成五轴联动,以满足曲面铺带的基本运动要求。

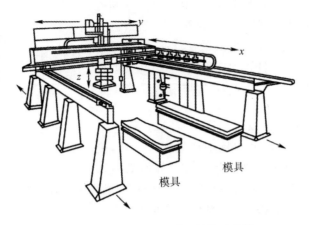

图 8-42　自动曲面铺带机结构示意图

随着自动铺带技术日趋完善,其应用范围越来越广泛。目前,带有双超声切割刀和缝隙光学探测器的 10 轴铺带机已经成为典型配置,铺带宽度最大可达到 300m,生产效率达到每周 1 000kg,是手工铺叠效率的数 10 倍。自动铺带的材料利用率能达到 80%～97%,而手工铺层的材料利用率仅为 40%。与其他成型工艺相比,自动铺带技术具有很大的优势,具体如下:

1)大提高生产效率,节省劳动力,降低制造成本。

2)按照制件的模具形状进行下料及铺放,减少了原材料的废边料量,节省了成本。

3)自动铺带技术可根据设计要求选择铺层方向。铺放设备具有多自由度,不仅可以制造复杂型面的复合材料构件,而且能对铺层进行剪裁以适应局部加厚/混杂、铺层递减以受开口铺层等多方面的需要,能满足各种设计要求。

4)采用压辊装置,既可以实现任意曲面的成型,又可以保证成型压力自动可控,能有效地保证制品的性能和质量,成型的复合材料具有精度高、质量稳定、性能好等优点。

5)自动铺带技术大多采用功能强大的控制系统,自动化程度高,可实现复合材料构件的快速制造,形成批量生产。

2. 自动铺丝技术

自动铺丝技术是在缠绕技术和自动铺带技术的基础上发展起来的。自动铺丝技术针对缠绕技术的局限和自动铺带技术的不足进行改进,融合了缠绕技术和自动铺带技术的优点。纤维丝束铺放设备一般由丝束铺放头、支座、预浸纱架等部分组成,典型的丝束铺放设备系统包括 7 个运动轴和 12～32 个丝束,1/8,1/4,1/2in(1in＝2.54cm)等规格的输送轴。根据丝束铺放支座形式的不同,丝束铺放设备可分为悬臂式和龙门式两种。

复合材料自动铺丝机示意图如图 8-43 所示。丝束铺放头把缠绕技术中不同预浸丝束独立输送和自动铺带技术的压实、切割、重送功能结合在一起,由丝束铺放头将数根预浸丝束在压辊下集束成为一条宽度可变的预浸带(宽度变化通过程序控制预浸丝束根数自动调整)后铺放在芯模表面,加热软化预浸丝束并压实定型。

纤维丝束铺放技术可以在铺层时切割预浸丝束及增减预浸丝束根数,可以对铺层进行剪裁以适应局部加厚/混杂、铺层递减及开口铺层等多方面的需要。由于各预浸丝束独立输送,其铺放轨迹自由度更大,对制品的适应性更强,既可以实现凸面也可以满足凹面等大曲率复杂型面结构的铺叠,能够满足各种设计要求,实现低成本、高性能要求和设计制造一体化。自动丝束铺放技术配套的预浸料丝束技术已成熟并大量应用,预浸丝束既可采用直接预浸丝束,也可采用预浸后分切,其质量和产量均能满足大规模工程应用。

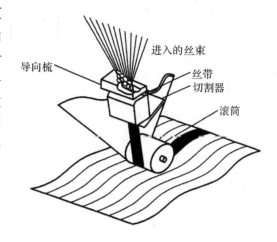

图 8-43　复合材料自动铺丝机示意图

8.9.2　辐射固化技术

固化是热固性树脂基复合材料必不可少的一道工序,固化过程是树脂基体的分子结构改变形态的一种化学反应过程。通过固化,基体由二维的线性链状分子结构变成三维的立体网络分子结构,宏观上,树脂基体从液体状态转变成坚实强硬的固体状态,将增强体固结在一起,由此得到能满足各种使用要求的复合材料。近年来,出现了诸如电子束固化、光固化、微波及超声波固化、紫外线固化等多种辐射固化工艺。这几种固化方法各有优、缺点,尤其是电子束固化技术、光束固化技术和紫外线固化技术以其独特的优势引起人们高度重视。

1. 电子束固化技术

电子束固化技术是一种利用高能电子或产生电子的 X 射线引发聚合物聚合固化的工艺技术。电子束固化采用高能量电子束碰撞目标分子,释放足够的能量使其产生一系列活泼的粒子,当邻近分子发生这一过程时,活泼粒子释放出能量,形成化学键。电子束固化可使聚合物体系性能如模量、强度、冲击强度、硬度、耐热性及抗冲击、抗蠕变等都有一定程度的提高。常用的电子加速器有高压加速器(电子静电加速器)、高频高压发生器、绝缘磁心共振变压器、直线加速器、回旋加速器、脉冲加速器和电子帘加速器等。

与热固化成型技术相比,电子束固化技术的优势有以下方面:

1)成本低。由于能够进行室温或低温固化,材料的固化收缩率降低,减少了固化复合材料的残余应力,可以使用低成本的模具材料,减少了固化所需要的能量(仅为热固化的 $1/20 \sim 1/10$)。

2)效率高。电子束固化速度快,成型周期短,提高效率,降低了制造成本。

3)低污染。电子束固化技术一般不用易挥发的有毒有机溶剂和致癌的固化剂。

4)适宜局部固化。电子束工艺可以在结构件上选择局部区域进行固化,特别适用于复合材料的修补。

5)适用于制造大型结构件。不需要热压罐就可以固化很大尺寸的复合材料构件。

6)工艺性好。电子束固化树脂体系材料在室温、黑暗环境下,可以无限期储存。

7)固化速度快。比热固化速度快 $10 \sim 1\,000$ 倍,大大提高了生产效率。

8)孔隙率和收缩率低。电子束固化复合材料的孔隙率小于 1%,收缩率为 2%~3.5%。

2. 光固化技术

光固化是指由液态的单体或预聚物受紫外线或可见光的照射经聚合反应转化为固化聚合物的过程。光聚合反应是指化合物吸收光而引起分子质量增加的化学过程。光聚合反应除光缩合聚合(也称局部化学聚合)外,就其反应本质而言,多数是链反应机理,即是由活性种(自由基或粒子)引发的链增长聚合过程。这与人们熟知的化学引发自由基聚合和离子型聚合所不同的只是引发聚合的活性种的产生方式。光聚合引发的活性种是光化学反应产生的。因此,光聚合只有在链引发阶段需要吸收光能。与化学引发的聚合相比,光聚合的特点是聚合反应所需的活性能低,因此它可以在很大的温度范围内发生,特别适合进行低温聚合。

光固化技术应用在复合材料结构件修补上比较普遍,其做法是运用光敏树脂浸渍纤维增强材料制成柔性预浸料修理补片,用黏的方法贴补到破坏损伤区,在紫外光的照射下迅速固化,从而在短时间内完成结构的修补。

3. 微波固化技术

微波是频率为 $10^9 \sim 10^{11}$ Hz 的电磁波,其固化机理是极性物质在外加电磁场的作用下,内部介质极化产生的极化强度矢量落后于电场方向一个角度,导致产生与电场相同的电流,造成物质内部功率耗散,从而将微波能转化为热能,使固化体系快速均匀升温而加速反应。

微波辐射固化的原理就是利用微波辐射产生热量,使温度升高而发生热固化反应。这就是所谓的微波"致热效应"。微波加热属于"分子内"加热,微波固化不像热固化存在温度梯度,微波能以快速、独特的加热方式对固化树脂结构和性能产生较大影响,具有加热速度快、温度均匀、无滞后效应等特点,因此能加快热固化速度。除此之外,微波对化学反应的作用激励是不能仅用微波致热效应来描述的。微波除了具有热效应外,还存在一种不是温度引起的非热效应,微波作用下的有机反应,改变了反应动力学,减低了反应活化能。有学者认为,微波非热效应对反应的加速作用可能起了决定作用,微波降低了反应的活化能。

8.9.3 复合材料结构件的机械加工技术

复合材料结构件固化成型脱模制成以后,在总体装配时是否还需要进行机械加工,需要由具体情况而定。复合材料的各向异性和性能分散性明显,使机械加工处于不稳定状态,难于保证进行机械加工后尺寸精度和表面质量,因此,一般最好不要进行机械加工,如确实必须进行机械加工时,也要在结构件设计中事先考虑周到,使机械加工的加工量尽量少,以及在结构件尺寸上留出加工余量。

1. 复合材料机械加工特点

虽然复合材料机械加工方法基本上沿用对金属材料的一套机械加工方法,如车、铣、刨、磨和钻等。但是纤维复合材料的性质与金属不同,因此在机械加工上有它的特殊性。

(1)切削条件极恶劣。

复合材料是由硬度高的纤维增强材料和软质的树脂组成,进行机械切削加工时,是软硬相间,每分钟可达百万次以上冲击,不仅刀具磨损严重,而且极易对复合材料造成损伤。

(2)切削发热温度高。

树脂基为黏性弹性体,韧性、导热性差,机械加工时产生的热量不易散发,引起切削刀具温度高,容易造成局部过热,使切削刀具退火,因此要选择耐热和耐磨性好的刀具。

(3)碎屑极易黏刀。

复合材料中的树脂不耐高温,高速切削时胶黏状的碎屑遇冷又硬化,碎屑黏刀。因此切削速度要适当,不能太高。

(4)纤维易变质。

复合材料中的纤维增强材料是硬而脆的弹性体,高速切削时如果温度过高,容易造成有机纤维变质,以及使树脂烧焦、软化,因此要有降温措施。

(5)层间抗剪强度低。

复合材料是层合板结构,切削加工时,会产生过热和震动,这些导致出现分层、起皮、撕裂等现象,所以在切削加工时要考虑切削力方向,选择适当的切削速度。

(6)粉尘污染环境。

复合材料制品在进行机械加工过程中,会产生大量粉尘,因此,必须采取有效的除尘通风措施。

2.复合材料机械加工专用设备

纤维增强复合材料结构件加工过程中易产生两种主要缺陷:一是切口损伤,二是层间分层。切口损伤主要表现为切口边缘附近产生出口分层、撕裂、毛刺、拉丝等缺陷;层间分层主要指复合材料层与层之间发生分离,致使零件内部组织疏松,从而降低了结构件强度和其他性能。有统计数据表明,切削力及切削热是导致复合材料加工缺陷产生的主要因素。

为了消除传统的对金属材料的一套机械加工方法所带来的缺陷,要求复合材料机械加工需配备大型自动化高压水切割机、超声切割设备和数控自动化钻孔系统等专用设备,以满足复合材料制件经加工后无分层磨损,且符合装配尺寸精度的要求。

(1)高压水切割机。

航空飞行器大型机翼蒙皮层合板一般要采用大型高压水切割机进行净形切割,世界上最大切割机的床身为 $36m \times 6.5m$,这种磨粒喷水切割机可以快速切割厚的层合板而不致产生层合板过热,25mm 厚的层合板可以 0.67m/min 速度切割,对 6mm 薄的层合板,切割速度可以高达 3m/min,厚的蒙皮可以 0.39m/min 速度切割。

(2)超声切割机。

超声切割机将超声振动能量加载在切割刀具上,可有效地分离纤维材料的边界,从而有效解决传统切割方法带来的问题。超声切割技术的切割质量优良,具有无毛刺、无刀具磨损、无碳化材料、切割力小、不易造成分层,切割速度快、精度高等特点。

(3)数控自动化钻孔系统。

数控自动化钻孔系统集微电子技术、计算机技术、自动控制技术和机械检测技术于一体,采用新型电镀超硬磨料刀具对复合材料构件进行钻孔加工。钻头的扩孔段有一定的锥度,与复合材料作用时,形成垂直于母线的力的垂直分力可以有效地抑制复合材料撕裂分层等缺陷的产生,形成较好的加工表面,使得孔壁获得更高的表面质量,同时保证孔径具有较高的加工精度。

3.柔性装配技术

柔性装配、自动钻铆等先进技术集成应用于复合材料大型部件的自动装配中。航空飞行器柔性装配技术考虑作为装配对象的航空产品本身特征,基于产品数字化定义,通过柔性装配流程、数字化装配技术、装配工装设计、装配工艺优化、自动定位与控制技术、测量、精密钻孔、伺服控制、夹持等实现航空飞行器零部件快速精确的定位和装配,可减少装配工装的种类和数量,提高装配效率和装配准确度,提高快速响应能力,缩短装配周期,增强快速研制能力。

8.10 复合材料无损检测技术

无损检测技术是产品质量控制中不可缺少的基础技术,它具有不破坏产品使用特性的特点,可直接针对各制造阶段和使用阶段的产品,对其缺陷、尺寸等质量特性进行检测与评价。因此,该技术成为保证产品完整性和可靠性的重要手段,产品无损检测成为产品质量控制的重要环节。尤其对于航空产品而言,其产品质量和可靠性关系到人身安全,关系到国家的国防能力建设,采用无损检测技术进行质量保障意义尤为突出。

8.10.1 复合材料常见缺陷和无损检测的定义和特点

1.复合材料常见的缺陷

在复合材料结构的制造和使用过程中,由于各种原因,如环境中的杂质、工艺实施不完善和使用不当等因素或原因,会造成复合材料结构存在不同类型的缺陷与损坏,极大地影响了复合材料的可靠性,制约了复合材料的应用。复合材料结构常见缺陷与损坏的形式有分层、脱黏、气孔、孔隙率、夹杂、疏松、纤维断裂、缺胶、厚度不均等,其中分层、脱黏、气孔、孔隙率是其最主要的缺陷类型。复合材料结构中的缺陷可能单一形式存在,也可能是多种缺陷形式并存。

(1)分层。

分层即层间的脱黏或开裂,是复合材料层合板结构中最常见的缺陷,通常有两类:一是指层合板内部不同层之间存在的局部的明显分离,其特征为薄的大面积间隙;二是复合材料结构连接孔边缘产出的分层。

(2)脱黏。

脱黏是复合材料黏结结构两侧材料未被黏结上的区域,一般出现在夹芯结构或板/板黏结结构的黏结区域。

(3)气孔。

气孔一般是由于树脂间存在的空气和树脂中挥发物形成的孔洞。

(4)孔隙率。

孔隙率是指复合材料内部的微型密集孔隙的含量,这些孔隙存在于纤维的丝间、束间和层间,呈明显的体积分布。

2.无损检测的定义和特点

(1)无损检测的定义。

无损检测是以物理或化学方法为手段,利用物质的声、光、磁和电等特性,借助现代化的技术和设备器材,在不伤害被检测对象内部组织,不损害或不影响被检测对象使用性能的前提下,检测被检对象内部及表面的结构是否存在缺陷、损坏或不均匀性,给出缺陷大小、位置、性质和数量等信息。目前,复合材料应用的无损检测方法主要有目视法、敲击检测、超声检测、射线检测、声发射法、激光散斑、红外检测和涡流检测等。

(2)无损检测的特点。

1)无损检测能在不损坏试件材质、结构的前提下进行检测,所以实施无损检测后,产品的检查率可以达到100%。

2）由于各种无损检测方法都具有各自的特点，为提高检测结果可靠性，应根据被检测对象的结构、材质、制造方法、工作介质、使用条件和失效模式，预计可能产生的缺陷种类、形状、部位和取向，选择合适的无损检测方法。

3）在进行无损检测时，必须根据无损检测的目的，正确选择无损检测实施的时机。

4）任何一种无损检测方法都不是万能的，每种方法都有自己的优点和缺点。因此应尽可能多用几种检测方法，互相取长补短，以保证无损检测结果的完整性和正确性。

5）在无损检测的应用中，还应充分认识到，检测的目的不是片面追求过高要求的"高质量"，而是应在充分保证安全性和合适风险率的前提下，着重考虑其经济性。

6）并不是所有需要测试的项目和指标都能进行无损检测，无损检测技术也有它自身的局限性。某些试验只能采用破坏性试验才能得到比较准确的结果，因此，在目前无损检测还不能代替破坏性检测的情况下，只有把无损检测的结果与破坏性试验的结果互相对比和配合，才能做出准确的评定。

8.10.2　复合材料常用的无损检测技术

随着复合材料制件结构更加复杂、尺寸更大、安全性要求更高，如何准确有效地评价复合材料制件的质量则成为亟待解决的关键问题。可应用于复合材料结构缺陷无损检测的技术方法很多，下面重点介绍以下常用的几种。

1. 目视检测法

目视检测，又称外观检验，是利用人眼的视觉加上辅助工具、仪器来对结构件表面进行直接或间接的侦查和检视，从而判断各种表面缺陷的一种无损检测技术。目视检测法是使用最广泛、最直接的无损检测方法，主要用于观察结构零件、部件和设备等的表面状态，配合面的对准，外观形状或是泄漏迹象等。它可以检查出复合材料褪色、表面划伤、裂纹、起泡、表面久压、起皱、橘皮、凹痕、富胶、贫胶等缺陷；尤其对透光的复合材料产品，可用透射光检查出内部的某些缺陷和定位，如夹杂、气泡、疏松、搭接的部位和宽度、蜂窝芯的位置和状态、镶嵌件的位置等。另外，利用反射光可以观察到表面不平和其他缺陷。

目视检测可分为直接目视检测、间接目视检测和遥测目视检测三种检测技术方法。

（1）直接目视检测法。

直接目视检测是指直接用人眼或使用放大倍数为 6 倍以下的放大镜，对试件进行检测。直接目视法是最简单、最直接的无损检测方法，快速、简便、低成本且不需要使用仪器。它可以检查出被检结构表面划伤、表面裂纹、起泡等表面损伤，也可以利用反射光来发现表面不平，但受人为因素影响很大，依赖检测人员的经验。

（2）间接目视检测法。

间接目视检测是指不能凭人眼直接进行目视观察而要借助于普通光学仪器或设备进行目视观察的方法。对于凭人眼无法直接进行观察的区域，可以辅以各种光学仪器或设备进行间接观察，如用反光镜、望远镜、工业内窥镜，光导纤维或其他合适的仪器进行检测。间接目视检测必须至少具有直接目视检测相当的分辨能力。

（3）遥测目视检测法。

遥测目视检测是指使用特殊的机械装置加光学设备，人在相对远和安全的地方通过遥控技术对试件进行目视检测的方法。在实际工作中，有些区域，既无法进行直接目视检测，又无法使用普通光学设备进行间接目视检测,甚至这些区域附近人员无法较长时间停留,或根本无法接近。因此,必须使用专用的机械装置加光学设备对这些设备进行目视检测。

2.敲击检测法

敲击检测是凭敲击复合材料产品或结构件时发出的声响来判定质量的方法。敲击工具是硬币、木棒、尼龙棒或带有弹性把手的尼龙小锤等,轻轻地连续叩击产品或结构件表面,根据音响回声清脆或沉闷来判断缺陷是否存在,以及确定缺陷的大致位置。敲击法仅是一种定性和比较的方法,在产品的初检中有实用价值,其准确程度依靠检测人员的经验。

敲击检测是最常用的一类复合材料结构无损检测方法,包括传统敲击检测法和智能敲击检测法两种类型,其中智能敲击检测法是利用声振检测原理,通过数字敲击锤激励被检件产生机械振动,经测量被检件振动的特征来判定黏结零件的缺陷及测量黏结强度等,可以用于蜂窝结构检测、复合材料检测、黏结强度检测等。智能敲击检测法因其设备轻巧、操作简单、自动化程度高、可方便地用于复合材料结构原位检测的优点,现在已广泛应用于航空领域。

(1)传统敲击检测法。

传统的敲击检测法是对产品、零部件进行粗略的检测,检测者用硬币、小锤等工具对被测件进行适力的敲击,并辨别被测件发出的"声音",根据听到的声音评判被测件的损伤状况。当被测件在内部有损伤或连接松动时,被测件的固有的物理特性发生了变化,与之对应,发出的"声音"也随之发生变化,检测者利用自己的"耳朵"接收到"声音",并用"大脑"识别出其中的变化,根据经验判断被测件是否存在损伤等潜在安全威胁。

(2)数字敲击无损检测。

现代数字敲击无损检测是利用传感器代替"耳朵"的作用,用电路信号处理模块代替"大脑"的作用,利用加速度传感器采集被测件的振动特征,通过运算电路以及软件程序对采集信号的后期处理,来评判被测件是否有缺陷或损坏,从而摆脱了人的主观制约因素,不再以操作者的经验获取判断结果,更加客观、便捷,利于程序化、标准化,使之成为复合材料结构检测的客观依据。

3.声阻法

声阻法又称机械阻抗分析法,它是通过测量结构件被测点振动力阻抗的变化来确定是否有异常的结构存在。声阻仪是专为复合材料与蜂窝结构件的整体性检测发展起来的便携式检测仪器,可检测出黏结结构件或蜂窝结构的单层,多层板分离区域。此方法操作简单,效果很好,能满足设计和使用要求。

材料的力学阻抗与材料结构存在着一定的关系,因此通过对换能器特性的测量来判断材料力学阻抗的变化从而达到检测目的。点源激发被检测材料使被检测材料作弯曲振动的声阻法一般用来检测黏结质量(如薄蒙皮黏结和蜂窝结构黏结质量)等。根据对换能器测量参量的不同,可分为振幅法、相位法和频率法。从检测信号工作频率的不同,声阻检测方法又可以分为常规声阻检测法与声谐振检测法。

4.射线检测技术

对于先进复合材料而言,射线检测仍然是最直接、最有效的无损检测技术之一,特别适合于检测先进复合材料中的孔隙和夹杂等体积型缺陷,对垂直于材料表面的裂纹也具有较高的检测灵敏度和可靠性,对树脂聚集与纤维聚集也有一定的检测能力,也可测量小厚度复合材料铺层中的纤维弯曲等缺陷,但对复合材料中最为常见的分层缺陷检测比较困难,对平行于材料表面的裂纹射线检测技术也不敏感。

在所有的射线检测技术中,胶片射线照相技术应用最为广泛,经过多年的发展,该技术已经比较成熟,许多国家都建立了针对复合材料的胶片射线照相技术规范或标准。近年来,随着计算机技术的迅速发展,射线实时成像检测技术日趋完善,并应用于结构的无损检测。

5. 超声检测技术

超声检测技术是基于超声波在结构件中的传播特性而实现的。这些传播特性包括超声波在通过材料时能量会损失,在遇到声阻抗不同的两种介质形成的界面时,会发生发射与折射,在传播过程中会产生散射与衍射等。超声检测方法主要包括有脉冲反射法、穿透法、反射板法、共振法、阻抗法等类型,它们各有特点,可根据材料结构的不同选用合适的检测方法。对于一般小而薄、结构简单的平面层合板及曲率不大的复合材料构件,宜采用水浸式反射板法;对于小而稍厚的复杂结构件,可采用喷水脉冲反射法或接触带延迟块脉冲发射法;对于大型复杂材料结构宜采用水喷穿透法或水喷脉冲反射法。

采用超声波可以检测复合材料中常见的分层、气孔、孔隙率、夹杂、脱黏、疏松、纤维断裂、厚度变化等缺陷。但是操作者需要经过专门培训,对于不同零件不同缺陷要采用不同的技术进行检测和分析,一般需要耦合剂。对于复合材料层合板类结构,超声检测的主要目的是检测其分层、裂纹、气孔及孔隙等内部缺陷;对于夹层结构,除了上述层合板内部缺陷之外,还需特别注意检测蒙皮与芯子之间的脱黏情况。超声检测方法优点在于易于操作、便携、快速、可靠、灵敏度高、且可精确确定缺陷的位置、大小与分布,对人体无害。

6. 红外检测技术

红外辐射又称红外光,在自然界中只要物体本身具有一定温度(高于绝对零度),都会辐射红外光。红外检测,全名称为红外热波成像检测,是利用红外辐射原理来对结构件表面进行检测,扫描记录或观察被检测工件表面上由于缺陷与材料不同的热性能引起的温度变化,来判断是否有缺陷。当复合材料结构件内存在缺陷时,采用适当的热加载方式加热结构件表面时,热波会在结构件内部传播和扩散。如果试件内部存在着裂纹、气孔、分层等缺陷,会引起试件的热传导、热容量等性能的改变,经过一定的时间,就会在缺陷附近发生热量堆积,而这些热量的堆积必定会以不同的温度分布反映出来,使得有缺陷区域的表面温度不同于没有缺陷区域对应的表面温度,当用红外探测器扫描或观察试件表面时,就可以测定结构件表面的温度分布状况,在试件加热或冷却过程中探测出表面温度变化的差异,进而判明缺陷的存在与否及其大小和位置。

红外检测的优点是,能实现非接触测量,检测设备简单可移动、探头轻便,检测直观、效率高,适用面广、速度快(每次检测一般只需几十秒钟),检测面积大,十分适合外场、现场应用和在线、在役检测,能检测出复合材料中的脱黏、裂纹、分层等缺陷,尤其适用于航空飞行器蒙皮的加强筋开裂与锈蚀的检测,机身蜂窝结构、碳纤维和玻璃纤维增强复合材料缺陷的检测、表征、损伤判别与评估。其缺点是,红外检测需要结构件传热性能好,表面反射率高,适用范围稍微有些限制。

7. 激光散斑检测技术

激光是一种单色、具有高方向性和高相干性的光源,当它照射在粗糙物体的表面时,物体的表面产生漫反射,此时表面每一点都可以看成一个点光源,从物体表面反射的光在空间相干叠加,就会在整个空间发生干涉,形成随机分布的、或明或暗的斑点,这些斑点称为激光散斑。物体发生变形,激光散斑也随之发生变化,它们之间有着一一对应的关系。把物体表面变形前后所形成的两个散斑图分别拍摄成像,图像上的每个小区域和物体表面的小区域一一对应,当此区域足够小时,图像上对应的小区域内的两个散斑图几乎完全相同,只是错动了一个与物体表面位移有关的小的距离,这时各个斑点都成对出现。其错动的距离和方位,代表所对应的物体表面小区域的移动。

激光散斑检测是利用激光干涉原理,通过被检物体在加载前后的激光散斑图的叠加,从而在有缺陷部位形成干涉条纹。由于是利用物体表面反射的光通过棱镜后产生的微小剪切量形成散斑干涉图,不需要参考光路,外界干扰的影响小,检测时不需要防震工作台,便于在现场使用。采用电荷耦合器件(Charge Couple Device, CCD)摄像机输出干涉图像信号,可直接将输出的数字化信号与计算机连接,自动处理,并可在计算机屏幕上实时观察到干涉图形,现场应用十分方便。

激光散斑检测技术具有全场性、非接触、大面积、无介质、无污染、高精度和高灵敏度、快速实时检测等优点,不仅检测灵敏度高,缺陷可以直观数码成像,还可以精确测量缺陷的尺寸、位置,操作简捷方便、速度快,成为复合材料生产或现场无损检测专门解决方案。目前,高分辨率的激光散斑检测系统可检测出 91.4cm 视场范围内大小仅 0.64cm 的机身脱黏缺陷,用于登机检测的便携式激光散斑摄像器最轻质量仅有 141.8g。

8.微波检测技术

微波在复合材料中穿透能力强、衰减小,适合于复合材料的无损检测。它可以克服常规检测方法的不足(如超声波在复合材料中衰减大、难以检测内部较深部位缺陷,射线检测对平面型缺陷灵敏度低等),对复合材料结构中的气孔、疏松、基体开裂、分层和脱黏等缺陷具有较高的灵敏性。

习　题　8

1.复合材料结构制造成型方法有哪些类型?

2.什么是预浸料? 说明预浸料的基本要求和制备方法。

3.简述复合材料手糊成型工艺的定义、过程、特点及其模具结构。

4.简述复合材料热压罐成型工艺的定义、原理和特点。

5.复合材料热压罐成型的生产分为哪几个步骤?

6.什么是复合材料缠绕成型? 如何进行分类?

7.简述复合材料缠绕成型工艺流程和特点。

8.画出复合材料模压成型工艺的流程图,并加以说明。

9.复合材料模压料有哪些类型? 说明模压成型特点。

10.画出复合材料拉挤成型工艺的流程图,并说明其工艺特点和发展。

11.简述树脂传递模塑成型工艺原理、流程和使用材料的内容。

12.树脂传递模塑成型派生技术有哪些? 说明它们的特点。

13.简述热塑性树脂复合材料制备过程、预浸料和成型方法。

14.常用于热塑性复合材料焊接的方式有哪些? 说明它们的原理。

15.复合材料自动化制造技术主要包括哪些内容? 简单说明它们的工作原理。

16.复合材料机械加工有哪些特点?

17.复合材料常见缺陷有哪些类型? 常用的无损检测技术有哪些方法?

参 考 文 献

[1] 陈绍杰.复合材料设计手册[M].北京:航空工业出版社,1990.

[2] 沈真.复合材料结构设计手册[M].北京:航空工业出版社,2001.

[3] 杨乃宾,章怡宁.复合材料飞机结构设计[M].北京:航空工业出版社,2002.

[4] 杨乃宾.新一代大型客机复合材料结构[J].航空学报,2008,29(3):596-604.

[5] 杨乃宾,倪先平.直升机复合材料结构设计[M].北京:航空工业出版社,2008.

[6] 杨乃宾,梁伟.大飞机复合材料结构设计导论[M].北京:航空工业出版社,2009.

[7] 姚卫星,顾怡.飞机结构设计[M].北京:国防工业出版社,2016.

[8] 潘荣华,宋国栋,杨学永.无人机复合材料结构和制造工艺[J].南京航空航天大学学报,2009,41(S):119-122.

[9] 张呈林,郭才根.直升机总体设计[M].北京:国防工业出版社,2006.

[10] 陈康,刘建新.直升机结构与系统[M].北京:清华大学出版社,2016.

[11] 路录祥,王新洲,王遇波.直升机结构与设计[M].北京:国防工业出版社,2009.

[12] 郦正能.飞机结构分析与设计[M].北京:北京航空航天大学出版社,1996.

[13] 贺天鹏,张俊,曾国奇.无人直升机系统设计[M].北京:国防工业出版社,2016.

[14] 谢鸣九.复合材料连接[M].上海:上海交通大学出版社,2011.

[15] 益小苏,杜善义,张立同.复合材料手册[M].北京:化学工业出版社,2009.

[16] 杜善义,章继峰,张博明.先进复合材料格栅结构AGS应用与研究进展[J].航空学报,2007,28(2):419-424.

[17] 王世勋,石玉红,张希.复合材料格栅结构研究进展与应用[J].宇航材料工艺,2017(1):5-12.

[18] 符长青,符晓勤,马宇平.航空型号工程项目管理[M].西安:西北工业大学出版社,2017.

[19] 符长青.无人机空气动力学与飞行原理[M].西安:西北工业大学出版社,2018.

[20] 益小苏.复合材料结构整体化技术研究进展[J].航空科学技术,2011(2):4-8.

[21] 章怡宁,杨旭.复合材料翼面结构综合优化设计技术[J].航空学报,1997,18(6):656-660.

[22] 万志强,杨超.大展弦比复合材料机翼气动弹性优化[J].复合材料学报,2005,22(3):145-149.

[23] 张彦飞,刘亚青,等.复合材料液体模塑成型技术(LCM)的研究进展[J].塑料,2005,34(2):31-35.

[24] 刘雄亚,谢怀勤.复合材料工艺及设备[M].武汉:武汉理工大学出版社,1994.

[25] 郑晓玲.民用飞机复合材料结构设计与验证[M].上海:上海交通大学出版社,2011.

[26] 刘卫平.民用飞机复合材料结构制造技术[M].上海:上海交通大学出版社,2016.

[27] 刘雄亚,谢怀勤.复合材料工艺及设备[M].武汉:武汉理工大学出版社,1994.

[28] 徐竹,等.复合材料成型工艺及应用[M].北京:国防工业出版社,2017.

［29］ 包建文,等.高效低成本复合材料及其制造技术［M］.北京:国防工业出版社,2012.

［30］ 史亦韦,梁菁,何方成.航空结构材料与制件无损检测技术新进展［M］.北京:国防工业出版社,2012.

［31］ 季晓光,李屹东.美国高空长航时无人机——RQ－4“全球鹰”［M］.北京:国防工业出版社,2011.

［32］ 陈迎春,宋文滨,刘洪.民用飞机总体设计［M］.上海:上海交通大学出版社,2012.